清洁生产与循环经济丛书 1

清洁生产理论与方法

张 凯 崔兆杰 编著

U0232387

科 学 出 版 社
北 京

内 容 简 介

本书是《清洁生产与循环经济丛书》之一；介绍和论述了清洁生产的理论和基础知识，包括清洁生产的产生与发展，概念的内涵和外延，清洁生产的环境经济学基础及末段治理与全过程控制理论，清洁生产指标体系，清洁生产法律法规和政策体系等同时还介绍了实施清洁生产的方法学，包括清洁生产的实施途径，清洁生产审核和清洁生产审核范例分析等。

本书能够帮助企业管理和工程技术人员以及从事清洁生产审核工作的有关人员了解清洁生产的理论与方法，掌握实施清洁生产的基本途径，以便自行开展清洁生产审核活动，同时本书也可作为工业部门、环保部门、行业协会的管理人员、研究院所的科研人员以及大专院校师生的参考书。

图书在版编目(CIP)数据

清洁生产理论与方法/张凯，崔兆杰编著.—北京:科学出版社,2005
(清洁生产与循环经济丛书　1)
ISBN 978-7-03-014831-5

Ⅰ.清…　Ⅱ.①张…　②崔…　Ⅲ.无污染工艺-研究　Ⅳ.X383

中国版本图书馆 CIP 数据核字(2004)第 141985 号

责任编辑:朱　丽/责任校对:张　琪
责任印制:吴兆东/封面设计:王　浩

科 学 出 版 社 出版
北京东黄城根北街 16 号
邮政编码：100717
http://www.sciencep.com

北京虎彩文化传播有限公司 印刷
科学出版社发行　各地新华书店经销

*

2005 年 3 月第 一 版　　开本:B5(720×1000)
2022 年 1 月第六次印刷　　印张:15 1/4
字数:278 000

定价：40.00 元
(如有印装质量问题,我社负责调换)

序 一

改革开放以来,我国经济持续快速发展,取得了举世瞩目的成就,人民生活水平显著提高。但伴随着经济高速发展的同时,环境问题也日益突出。我国人口多,资源匮乏,生态环境脆弱,环境承载能力低;而粗放式的经济增长方式,忽视了经济结构内部各产业之间的有机联系和共生关系,忽视了经济社会与自然生态系统间的规律,不仅造成了对资源的过度消耗,而且造成了严重的环境污染和人体健康的重大损害。发达国家上百年分阶段出现的环境问题,在我国快速发展的二十多年中集中显现,呈结构型、复合型、压缩型的特点。环境保护与治理的难度进一步加大,环境问题仍然是制约经济社会健康发展的重要因素。

在我国总体进入工业化中期的现阶段,要继续保持经济的持续快速增长,发挥后发优势,实现全面建设小康社会的目标,就必须实现发展方式的根本性转变。正是基于对当前经济、社会和环砍发展状况的深刻认识,党和国家将环境保护摆到更加重要的位置,坚持以人为本,人与自然和谐发展,坚持全面协调可持续的科学发展观。

从根本上解决环境问题,就必须将污染消除在生产、生活过程中,实现污染物的零排放和废物的循环与综合利用。清洁生产作为一种全新的生产模式,通过对企业生产全过程控制,从源头上减少甚至消除污染物的产生和排放,是对污染防治末端治理和传统发展模式的根本变革,是走新型工业化道路,实现企业经济效益和环境保护双赢的可行办法,是发展循环经济的基础和切入点,是实现可持续发展战略的有效途径。

自20世纪90年代初以来,国家先后采取一系列措施推动清洁生产,在企业示范、人员培训、机构建设、法制建设和国际合作等方面取得了巨大的进展,积累了丰富的经验。2003年1月1日,《中华人民共和国清洁生产促进法》的正式实施,标志着我国清洁生产走向法制化和规范化管理,这是我国清洁生产工作十多年来最重要和最具有历史意义的成果。

随着清洁生产的深入开展,它作为企业污染防治和可持续发展的有效途径日益为各国所采纳,但它作为一种新兴的理念,无论是从理论还是从实践,尚还存在许多有待发展完善的方面。《清洁生产理论与方法》一书对清洁生产的基础理论与实施方法做出了系统全面的论述,这将对我们学习和推广清洁生产,进一步推进循环经济提供极大的帮助,希望此书的出版能为我国清洁生产工作的开展做出积极的贡献。

序　二

随着经济的快速发展,环境问题日益成为制约社会进步的重要因素。传统的粗放型经济发展模式以牺牲环境和资源为代价换取经济发展,通过对资源的高强度开采和粗放式、一次性的利用来实现经济的数量型增长。作为一种物质单向流动的线性经济发展模式,曾为社会发展起到一定的积极作用,但随着社会的不断进步,传统的经济发展模式弊端日益显露。如粗放经营、高消耗、高污染、高投入、低产出、低效益,片面考虑经济发展,忽视了人口、资源、环境的协调发展,决策缺乏科学性和持续性等。传统发展模式在推动经济发展的同时,向自然环境直接排放了大量废物并极大地浪费了资源,造成生态环境的严重破坏和资源的枯竭,如果继续按照这种模式发展下去,自然环境和资源将无法满足经济发展的要求,最终将严重影响经济社会的发展。再者,传统的环境管理模式以末端治理为重点,随着经济规模的不断壮大,污染负担日益加重,污染的末端治理费用在 GDP 中所占比重逐年增加,已使企业不堪重负,而环境污染问题却未得到有效解决。特别需要提出的是,当代的污染已经由单因素污染向复合型、持久性有机污染物和二次污染发展。其影响的规模越来越具有全球性的特点。面对这种严峻的局面,人类不得不对未来进行慎重的思考。

20 世纪 80 年代,人类在全面总结经验和教训的基础上,重新审视了自己的社会经济行为,提出了一种全新的"可持续发展"战略。它强调经济、社会、环境的协调发展,追求人与自然、人与人之间的和谐,其核心思想是既满足当代人的需求,又不损害子孙后代生存和发展的需要;既满足本区域发展的需要,又不对其他区域的发展构成危害,使人类能够持续、健康地发展下去。

我国正处在现代化、工业化和城市化的进程中,资源短缺和环境污染已成为制约我国经济社会可持续发展的关键因素,如何协调经济发展与环境保护之间的关系,成为保障我国经济持续快速健康发展所要面对和深入探索的重要课题。党的十六届三中全会明确提出树立科学发展观,统筹人与自然和谐发展,建立促进经济和社会可持续发展的机制,坚持以人为本,树立全面、协调、可持续的科学发展观,促进经济、社会和人的全面发展。发展循环经济,建设生态产业,真正体现了科学发展观的内在要求,是一条符合我国国情的新型工业化道路。清洁生产作为一种全新的生产模式,以可持续发展理论为指导,顺应经济、社会和自然发展规律,倡导污染治理由以末端治理为主的污染控制转向生产全过程的污染预防,改变传统的污染治理方式,通过原材料替代、工艺改进、设备更新、技术改造、优化控制和科学管理以及废物的资源化循环利用等途径,从源头上减少污染物的产生,最终从根本上消除污染。实践证明,清洁生产具有良好的社会、经济和环境效益,是实现经济、社会和环境协调发展的重要手段。

清洁生产作为实施可持续发展战略的优先行动领域和有效途径之一,在国内外得到了广泛和深入实施。迄今为止,清洁生产工作在我国绝大多数省市已全面推行,取得了巨大的经济、社会和环境效益,正在逐渐占领经济发展和环境保护的主战场。当前,我国政府正在大力提倡发展循环经济、建设生态产业,清洁生产是实现这一目标的有效载体和基本途径,将该书作为清洁生产与循环经济系列著作的开篇之作,真正体现了清洁生产在可持续发展研究领域的基础地位。

《清洁生产理论与方法》从清洁生产工作实践出发,对当前清洁生产中所面临的众多问题进行了系统的研究,全面论述了清洁生产的理论知识,深入研究了清洁生产指标体系的建立和赋值方法,对清洁生产的众多促进工具和政策法规手段的运用进行了探索,并选择部分行业进行了清洁生产审核范例分析,极大地丰富和完善了清洁生产的理论体系,拓展了清洁生产的研究领域,无论在理论上还是方法上都有诸多创新和突破,对清洁生产的具体实践具有重要的指导意义和现实意义。该书的出版必将对我国清洁生产工作的深入实施起到积极的推动和促进作用。

李文华

前　　言

　　进入 20 世纪以来,工业化与城市化进程飞速发展的同时也加剧了环境污染和生态破坏,能源危机和资源短缺已成为全球性的重大问题,严重制约了经济发展,危及到人类自身健康、生存和发展。人们已经认识到,只有将经济发展与环境保护协调起来,实施清洁生产,走可持续发展道路,才能达到既发展经济又保护和改善环境的目的。

　　清洁生产是在末端治理方法不能有效解决环境问题背景下首先由发达国家提出的一种创造性的思维方式,它要求把污染预防的战略持续运用于生产过程、产品和服务中,通过源头削减和全过程控制,以提高原材料和能源的利用效率,减少污染物对人类和环境的风险。20 世纪 80 年代后期,联合国环境规划署在总结了各国开展清洁生产活动并加以分析和提高后,提出了完整的清洁生产内容和方法框架,并迅速得到了国际社会普遍认可和广泛采纳。

　　清洁生产已成为工业发展阶段解决环境污染问题的最佳途径。对政府部门而言,清洁生产是制定经济和环境政策的理论基点;对于企业而言,它是实现经济效益和环境效益统一的有力工具;对于公众来说,它是衡量政府部门和工业企业环境表现及可持续性的尺度。

　　清洁生产是实现经济和环境协调发展的一项重要战略措施,已被确立为可持续发展的优先行动领域。特别是自 1992 年联合国环境与发展大会以来,越来越多的国家积极响应并主动实施,导致了一场全新意义的工业革命,同时我国政府也作出积极响应,出台了一系列政策。

　　1992 年党中央和国务院批准的《环境发展十大对策》明确提出新建、扩建、改建项目技术起点要高,尽量采用能耗物耗小,污染物排放量少的清洁工艺。1993年召开的第二次全国工业污染防治工作会议提出了工业污染防治必须从单纯的末端治理向对生产全过程控制转变,实行清洁生产。1994 年国务院通过的《中国 21世纪议程》把推行清洁生产作为优先实施的重点领域。1996 年召开的第四次全国环境保护会议,会后颁发的《国务院关于环境保护若干问题的决定》再次强调了推行清洁生产。1997 年 4 月国家环保局正式行文[环控(1997)232 号]"关于印发国家环保局关于推行清洁生产若干意见的通知",通知明确提出了推行清洁生产。

朱镕基总理在第九届全国人大第二次会议上所作的《政府工作报告》指出:要强化全民族的环境保护意识,继续增加环境保护投入,加强对重点城市、区域、流域、海域的污染治理,鼓励清洁生产。

温家宝总理在第十届全国人大第二次会议上所作的《政府工作报告》指出:加大执法力度,强化生态环境监管,严格控制主要污染物排放,抓紧解决严重威胁人民群众健康安全的环境污染问题。大力发展循环经济和清洁生产。

2003年1月1日起,《中华人民共和国清洁生产促进法》颁布实施,这是世界上第一部关于清洁生产的专门立法,将极大程度地推进我国的清洁生产工作,确保清洁生产的质量。

以上政策说明,我国政府对清洁生产的重视程度逐年加大,推行清洁生产已势在必行。实施清洁生产的核心是从源头抓起,贯彻预防为主和全过程污染控制。因此,实施清洁生产是防治工业污染的最佳模式,是实现经济增长方式转变的重要措施,是实现经济与环境协调可持续发展的必由之路。

本书由张凯、崔兆杰编写完成,谢锋、殷永泉、于萍、张波、宋薇、刘长灏、刘雷等也参加了编写工作。阿姆斯特丹大学依万姆(IVAM)研究所的莱乃·范·贝克尔先生(Rene Van Berkel)及德瑞询环境能源咨询公司(INTEGRATION Environment & Energy)的多比亚斯·贝克尔先生(Tobias Becker)等对本书的编写提出了许多富有建设性的意见,在此表示诚挚的谢意。同时,本书的出版也得到了国内有经验的清洁生产专家、政府管理人员的关心和帮助,在此一并表示衷心感谢。

由于编者水平有限,书中错误及不妥之处在所难免,敬请广大读者不吝指正。

编　者

2004年6月

目　　录

第一章　清洁生产的产生与发展

第一节　人类社会的发展及环保历程

一、人类社会的发展与环境问题的产生

人类社会存在和发展的基础是物质生产。原始社会由于生产力低下,只能被动适应自然。随着智慧的积累和工具的发展,人类进入农业生产时代,形成了第一产业,人类的世代定居生活培育出了浓重的乡土观念,因而萌发了环境意识,由于对土地的依赖和生产力的落后,人们的活动还未对自然产生巨大的影响,人类史进入自然社会的初始和谐阶段,出现了第一个"天人合一"的时代。

随着农业的发展,社会出现了分工,生产力和科学技术的进步使人类由农业社会进步到工业社会。此时的生产活动已由生活资料的生产向生产资料的生产转变,资源由地表延伸到地下,能源由可再生的分散能源转化为集中的不可再生能源,经济形式由自然经济转化为商品经济。随着工业化的普及和发展,人们的观念由"天人合一"转到"主宰自然、人定胜天"上来,人类开始了第一次向自然掠夺资源。尤其是人类社会进入工业化以后,科技的飞速发展和生产力的大大提高使人们占有自然、征服自然的欲望日益强烈,不合理开发、成片毁灭和一味消耗型的生产生活方式对自己的生存环境产生了严重影响。世界上先后出现了众多环境污染事件,影响重大的主要有:

(1) 马斯河谷烟雾事件

1930 年 12 月 1~5 日,比利时马斯河谷工业区因 SO_2 与 SO_3 烟雾和金属氧化物粉尘的综合作用,造成环境污染,导致一周内几千人出现呼吸道疾病,60 多人死亡,主要症状是咳嗽、流泪、胸痛、呕吐、呼吸困难。

(2) 多诺拉烟雾事件

1948 年 10 月 26~31 日,美国宾夕法尼亚多诺拉镇因 SO_2、SO_3、金属元素及硫酸盐气溶胶的综合作用而出现大气污染,对人呼吸道造成影响,使人出现喉痛、头痛、咳嗽、胸闷、呕吐、腹泻等症状,结果四天内镇内有 43%(5 911 人)的居民发病,17 人死亡。

(3) 伦敦烟雾事件

1952 年 12 月 5~8 日,英国伦敦市因数日受高气压控制,地面无风、雾大,工厂及住所排出的大量 SO_2、粉尘无法散去,SO_2 及在金属颗粒催化作用下生成的 SO_3、H_2SO_4,凝结在烟尘上形成的酸雾,使人出现胸闷、咳嗽、呕吐、喉痛等症状,最

终造成四天内有 4 000 多人死亡,呼吸道疾病患者为平时的 4 倍。

（4）洛杉矶光化学烟雾事件

20 世纪 40 年代初期的每年 5~11 月,美国洛杉矶的居民经常出现眼病、呼吸道病、头痛等病症,严重时 2 天内死亡 400 多人。造成这种状况的原因是洛杉矶市位于三面环山的盆地,很少有风,5~10 月份阳光强烈,全市 250 多万辆汽车向大气排放大量的 CO、NO_x 及碳氢化合物在太阳紫外线作用下易形成以臭氧为主的光化学烟雾,刺激眼、鼻、喉、气管、肺部,引发病症。

（5）水俣病事件

20 世纪 50 年代初期,日本九州熊本县水俣镇发生居民中毒的事件,其主要症状是口齿不清、步履不稳、面部痴呆,进而耳聋眼瞎,全身麻木,最后精神失常,身体弯曲至死亡。后经查实,事情发生的原因是工厂生产氯乙烯和醋酸乙烯时采用了 $HgCl_2$ 和 $HgSO_4$ 催化剂,工厂的含汞废水被排入了水俣湾,使鱼、贝等受到污染,人食用甲基汞中毒的鱼类而发生甲基汞中毒。结果最终导致 283 人中毒,其中 60 人死亡。

（6）富山疼痛病事件

1955~1972 年间,日本富士县神通川流域的居民出现关节痛、神经痛、最后骨骼软化萎缩等症状,在 1963~1979 年间共 130 人发病,81 人死亡。经调查发现其原因是 Zn 和 Pb 冶炼废水污染了农田和水体,导致流域内居民镉中毒。

（7）四日市哮喘事件

1961~1972 年间,日本四日市因工厂排放含有 Co、Mn、Ti 等重金属粉尘的 SO_2 而形成酸雾,刺激呼吸道,引起哮喘,结果造成 817 人发病,死亡 10 多人。

（8）米糠油事件

1968 年日本北九州市爱知县一带居民由于误食含多氯联苯的米糠油而导致 5 000 多人中毒,16 人及几十万只鸡死亡,其症状主要是眼皮肿,掌心出汗,全身起红疙瘩,重者呕吐、咳嗽、肌肉痛、肝功下降。造成污染的原因是企业使用多氯联苯做热载体,将其混入米糠油中。

（9）切尔诺贝利核电站大爆炸

1986 年 4 月 26 日,在原苏联乌克兰境内切尔诺贝利核电站由于反应堆燃料棒的结构设计和保护系统不合理而引发大爆炸,使周边超过 20 万 km^2 的区域遭受核污染,直接导致 27 万人背井离乡,约 700 万人直接或间接地成为事故受害者,核电站周围地区癌症患者,尤其是儿童甲状腺癌以及血癌患者急剧增多,其后患将会影响人类一百年。

（10）博帕尔毒气泄漏惨祸

1984 年 12 月 3 日,印度市北郊一个生产农药和杀虫剂的工厂发生了严重毒气泄漏事故,储存有 45t 剧毒原料异氰酸甲酯的不锈钢储罐爆炸,结果导致 3 000

多人死亡,1 000多人双眼失明,20多万人受到严重伤害,67万人健康受损。

纵观人类社会工业化的成果不难看出,人类文明很大程度上是建立在对环境资源掠夺的基础上的。尤其自二战以后,人类对环境和资源无节制的开发、利用和破坏,导致自然生态环境对人类报复的加剧,主要表现在:

① 生态环境质量日益恶化,土地退化、荒漠化严重,导致贫困饥荒日益增多;

② 能源危机,资源枯竭、品位下降,导致生产力下降;

③ 臭氧层破坏、温室气体增加、极地冰川融化,气候异常、灾难增加,导致动植物物种灭绝;

④ 环境空气和水环境质量恶化日趋严重,影响人类生活环境,导致人类疑难病症增加,健康受到严重威胁。

因此,人口、资源、环境问题已成为全人类所面临的共同问题,已成为社会进步和人类生活条件改善的严重障碍。造成这种后果的主要原因是由于长期实施粗放型的经济增长方式,技术和管理水平落后,投入多,产出少,消耗高,浪费大。如果继续采用这种经济发展模式,势必会造成资源和环境的更大压力,阻碍经济社会的持续发展,甚至危及子孙后代。为了减轻污染物对生态环境的危害和影响,人类开始重视环境问题,采取了一系列方法来控制和消除污染的环境影响,开始了环境保护的艰难历程。

二、人类社会发展中的环保历程

纵观社会发展,人类保护环境的历程,大致经历了四个阶段,即:

(1) 第一阶段——直接排放阶段

20世纪60年代以前,人们将生产过程中产生的污染物不加任何处理便直接排入环境。由于当时的工业尚不十分发达,污染物的排放量相对较少,而环境容量较大,因此环境污染问题并不突出。

(2) 第二阶段——稀释排放阶段

进入20世纪70年代,人们开始关注工业生产所排放的污染物对环境的危害。为了降低污染物浓度、减少环境影响,采取了将污染物转移到海洋或大气中的方法,认为自然环境将吸收这些污染。后来,人们意识到自然环境在一定时间内对污染的吸收承受能力是有限的,开始根据环境的承载能力计算一次性污染排放限度和标准,将污染物稀释后排放。

(3) 第三阶段——末端治理阶段

进入20世纪80年代,特别是进入高度工业化时代以后,科技的飞速发展和生产力的极大提高使人们占有自然、征服自然的欲望日益强烈。由于受当时科技和认识上的限制,人类过分自信,盲目认为:环境问题是发展中的副产物,只需略加治理,就可以解决。因此,在环境保护工作中,采取了"头痛医头,脚痛医脚"的做法,清除人类活动中产生的废物的不良影响,即"末端治理"。

据美国环保署(EPA)统计,美国用于空气、水和土壤等环境介质污染控制总费用(包括投资和运行费用),1972年为260亿美元(占GNP的1%以上),1987年猛增到850亿美元,80年代末期达到每年1 200亿美元(占GNP的2.8%)。再如杜邦公司每磅废物的处理费用以每年20%~30%的速率增加,焚烧一桶危险废物的可能花费达300~1 500美元,但即便付出如此之高的经济代价也难达到预期的污染控制目标。

和世界发达国家以前的状况一样,我国的环境质量也出现了持续恶化的趋势,这是由于环保投入增加的速度不能抵消污染物排放增加的速度。"六五"期间,我国的环境投资占同期GNP的0.5%,"七五"期间提高到0.7%,"八五"期间进一步提高到0.8%,但大气污染日益严重,水资源短缺和污染严重的局面仍在加剧,工业废物的排放量迅速增加,土地沙化严重,物种退化、数量锐减,环境状况持续恶化的趋势尚未得到有效遏制。因此,一味地采用末端治理不仅使企业不堪重负,而且环境污染问题还未得到根本解决,臭氧层破坏、气候变暖、酸雨、有毒有害废物增加等许多新环境问题的出现使人类的生存环境更加危险。面对这种严峻的局面,人类不得不对未来进行慎重的思考。

(4) 第四阶段——清洁生产与可持续发展阶段

1984年,国际上成立了"环境与发展委员会",提出了"持续发展"的思想,指出工业的持续发展方向,即提高资源和能源的利用效率,减少废物的产生。至此,经过人类近20年的探索,环境管理手段的完善和科技的发展,使可持续发展这一科学思想体系基本形成,并得以应用。

社会发展过程中的环保历程和工业污染管理方式变革的关系可见图1.1。

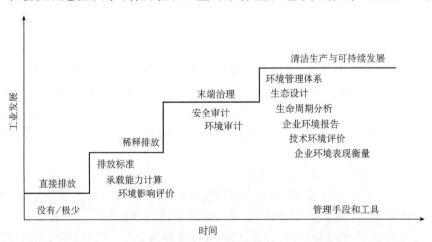

图1.1　社会发展过程中的环保历程和工业污染管理方式变革

第二节　清洁生产概念的产生和发展

一、清洁生产概念产生的基础

20 世纪 60 年代美国学者鲍丁提出的宇宙飞船经济理论,指出我们的地球只是茫茫太空中一艘小小的宇宙飞船,人口和经济的无序增长迟早会使船内油料(有限资源)耗尽,而生产和消费过程中排出的废料将使飞船污染,毒害船内的乘客,此时飞船会坠落,社会随之崩溃。为了避免这种悲剧,必须改变这种经济增长方式,要从"消耗型"改为"生态型",从"开环式"转为"闭环式"。经济发展目标应以福利和实惠为主,而并非单纯地追求产量。1968 年成立的著名的"罗马俱乐部"则更深刻地讨论了人类未来面临的困境,出版了著名的"里程碑式"的报告——《增长的极限》和《人类的转折点》。书中指出:未来历史的焦点应该集中在资源的合理利用和整个人类的生存方面,提出了"有组织性的增长"的概念。在这个时期还出现了一些影响深远的著作,如《熵——一种新的世界观》《未来的冲击》《第三次浪潮》《世界面临挑战》《人与自然》《生态危机和社会进步》等,都对人类过去的发展历程进行了反思,认真分析了人类面临的环境问题和成因。至此,"环境与发展"问题已成为人类发展中的最突出、最紧迫和全球性的任务,也引起了首脑层的广泛关注。1972年巴西里约热内卢召开了世界环境与发展大会,提出了五个方面的转变,即思想观念的转变,要求人类从征服自然转为与自然友善相处,从技术论转为唯生态论;人口增长的转变,要求人口增长要与环境承载力相适应;能源结构的转变,从不可再生能源转变到利用可再生的清洁能源;经济发展战略的转变,从消耗型转向效率型,并兼顾当代人和后代人的利益;工业模式的转变,从环境有害转为环境友好模式。随着认识的日益深刻和科技的飞速发展,清洁生产的轮廓已初步形成,人类逐渐进入环境保护的新阶段,即清洁生产阶段。

清洁生产概念[1,2]源于 20 世纪 70 年代。1979 年 4 月欧洲共同体理事会宣布推行清洁生产的政策,同年 11 月在日内瓦举行的"在环境领域内进行国际合作的全欧高级会议"上,通过了《关于少废无废工艺和废料利用的宣言》;美国国会于1984 年通过了《资源保护与回收法——有害和固体废物修正案》,规定:废物最小化,即"在可行的部位将有害废物尽可能地削减和消除";1990 年 10 月,美国国会又通过了《污染预防法案》,从法律上确认了应在污染产生之前削减或消除污染。在此期间,清洁生产所包含的主要内容和思想在世界上不少国家和地区均有采纳,但在不同的国家和地区有不同的表述,如污染预防、废物最小化、清洁技术等等。表 1.1 汇集了部分与清洁生产相关的名词。

其中,美国环保局对废物最小化技术所作的定义是:"在可行的范围内,减少产生的或随之处理、处置的有害废物量,它包括在污染物的产生源头进行的削减和组织循环两方面的工作"。这些工作有助于减少废物的总量,降低废物的毒性,减少现在和将来对人类健康与环境的威胁。但这一定义主要针对有害废物而言,未涉及资源与能源的合理和持续利用及产品与环境的相容性问题。

表 1.1　部分与清洁生产相关的名词

中　文	英　文
预估和预防战略	Anticipate-and-prevent strategies
回避战略	Avoidance strategy
首尾管理	Front-end resource management
废物预防	Waste prevention
源削减	Source reduction
源控制	Source control
清洁工艺	Clean technology
低、无废物工艺	Low-and non-waste technology
低废物工艺	Low waste technology
低污染工艺	Low polluting technology
污染控制工艺	Polluting control technology
废物预防	Waste prevention
废物回避	Waste avoidance
废物削减	Waste reduction
污染预防	Pollution prevention
废物最小化	Waste minimization

美国对污染预防的定义为:"污染预防是在可能的最大限度内减少生产场地所产生的废物量。它包括通过源削减(源削减是指:在进行再生利用、处理和处置以前,减少流入或释放到环境中的任何有害物质、污染物或污染成分的数量;减少与这些有害物质、污染物或组分相关的对公众健康与环境的危害),提高能源效率,在生产中重复使用投入的原料,以及降低水的消耗量来合理地利用资源。常用的两种源削减方法是改变产品和改进工艺(包括设备与技术更新、工艺与流程更新、产品的重组与设计更新、原辅材料的替代,以及促进生产的科学管理、维护、培训或仓储控制)。污染预防不包括废物的厂外再生利用、废物处理、废物的浓缩或稀释,以及减少其体积或有害性、毒性成分从一种环境介质转移到另一种环境介质中的活动"。污染预防这一概念主要在于鼓励不产生污染,但它未明显地包含现场循环。

到 1984 年,国际上成立了"环境与发展委员会",对人类发展过程中存在的环境和社会问题进行了系统研究,提出了处理环境与发展问题的具体建议和行动计划,出版了《我们共同的未来》,提出了"持续发展"的思想,要求人类活动既要满足当代人的需要,又不对满足后代人的需要能力构成危害。该书中明确指出,持续发展"不但是发展中国家的目标,也是发达国家的目标"。要求决策者在制定政策时,确保经济增长绝对建立在生态基础上,确保这些基础受到保护和发展,使它可以长期增长,因而环境保护是持续发展思想的固有特征,它应集中解决环境问题的根源而不是症状,实现工业的持续发展,即更有效地利用资源,更少地产生污染和废物,更多地立足于再生资源,最大限度地减少对人体健康和环境的不可转逆的影响。至此,通过人类近 20 年的探索、管理手段的完善和科技的发展,清洁生产这一科学思想体系基本形成,并得以应用,在 1992 年的"联合国环境与发展大会"上,清洁生产被确定为可持续发展的优先行动领域。

二、清洁生产的发展现状

清洁生产是在较长的工业污染防治过程中逐步形成的,也可以说是世界各国 20 多年来工业污染防治基本经验的结晶。自 1989 年联合国环境规划署(UNEP)提出清洁生产概念并积极推动清洁生产的实施以来,美国、丹麦、荷兰、英国、加拿大、澳大利亚等国都兴起了清洁生产浪潮,并获得了很大的成功,成为全球关注的热点。

1. 国际清洁生产的现状与发展趋势

自 1989 年联合国环境规划署工业与环境中心(UNEPIE)根据 UNEP 理事会的决议,制定了《清洁生产计划》以来,该机构先后在中国、印度和巴西等 8 个国家建立了国家清洁生产中心,成立了金属表面处理、皮革鞣制、纺织工业、采矿工业、制浆造纸、政策与战略、教育与培训、数据联网和可持续产品开发等十个清洁生产工作小组。建立了国际清洁生产信息交换中心和相应数据库,出版了《清洁生产简讯》等刊物,并且召开了全球清洁生产会议,交流经验、沟通信息、完善清洁生产技术体系及转让网络,以促进各国清洁生产不断向深度和广度拓展。联合国清洁生产计划历史概括如下:

1989 年 5 月,环境署理事会提出清洁生产概念。

1990 年 10 月,坎特伯雷清洁生产会议推出概念和网络。

1992 年 6 月,联合国环境与发展大会提出加强清洁生产的建议。

1992 年 10 月,巴黎清洁生产会议调整清洁生产计划,使之成为联合国环境与发展大会的后续行动。

1993 年 5 月,环境署理事会做出关于清洁生产技术转让的决定。

1994 年 10 月,华沙清洁生产会议对世界各国开展清洁生产的情况进行了回顾和总结,并做出加强信息交流和清洁生产能力建设的决定。

1998 年 10 月,汉城清洁生产会议签署了《国际清洁生产宣言》。

目前,美国、澳大利亚、荷兰、瑞典、加拿大等国家在清洁生产立法、组织机构建设、科学研究、信息交换、示范项目和推广等领域已取得明显成就[3~5]。其主要工作领域概括如下:

(1)国外清洁生产的政策、法规与管理

有效的政策、法规和管理条例是推行清洁生产的重要保障,国外许多国家都非常注重政策、法规的制定与实施。近年来,为推行清洁生产,确保清洁生产在环境和经济持续协调发展中的作用,许多国家制定了一系列推行、管理和监督清洁生产行为的政策、法规和管理条例。

经济合作组织中的一些国家已把清洁生产作为环境政策中的首要问题来考虑,即对现有的和计划进行的工业生产活动实施清洁生产。该组织要求各国政府对清洁生产的研究与开发、制订清洁生产计划和建立专门的清洁生产中心给予支持和资助,并在促进清洁生产技术转让、信息交流、生态标志和清洁生产审核等领域发挥监督和管理职能。

美国是世界上较早提出并实施清洁生产的国家,在1984年通过的《资源保护与回收法—有害和固体废物修正案》中提出,要在可能的情况下,尽量减少和杜绝废物的产生;1988年,美国环保局还颁布了《废物最小化机会评价手册》,系统地描述了采用清洁工艺(少废、无废工艺)的技术可能性,并给出了不同阶段的评价程序和步骤;在最初"废物最小化"的基础上,1990年10月,美国国会通过了《污染预防法》,其目的是把减少和防止污染源的排放作为美国环境政策的核心,要求环保局从信息收集、工艺改革、财政扶持等方面来支持实施该法规,推进清洁生产工作。

加拿大政府通过广泛的政策协调,将清洁生产与污染预防紧密地结合起来,并形成了有效的政策体系。如在由联邦、各省和地区政府采纳的1993年加拿大空气质量管理综合框架中,将污染预防原则纳入了各项原则中,规定防治与纠正行动将建立在预防原则、可靠的科学性等的基础上;将环境、经济和社会问题紧密地结合起来,从多角度考虑问题,制定了相应的清洁生产政策和法规,使政策的实施发挥了应有的作用,有效地避免了负面影响,如加拿大绿色计划中采取了对长期存在的有毒物质进行管理的方法;加拿大涉及环境保护和可持续发展的政策通常是以法律的形式体现,包括指南,这就有效地规范了清洁生产等行为,其相应的监督管理职能由其执法部门履行。

荷兰是清洁生产活动开展较早、取得成效较好的国家,其清洁生产的推行主要靠宣传和培训,并有效地借助于政策法规和环境管理制度的实施。如荷兰环境保护部规定,在排污许可证制度的实施过程中,必须结合实施清洁生产审核,各级环境保护部门建立了相应的监督管理职能,负责清洁生产审核和排污许可证的发放,对于未通过清洁生产审核的企业拒绝发放排污许可证。

德国在清洁生产活动中采取了务实的态度,如在污染预防方面采用了基于技术的方法(称为可获得的最好技术),并将经济可行性作为一个限制因素。为鼓励企业实施清洁生产,政府给予一定量的资金援助与扶持,并建立了一系列优惠的激励政策和措施,鼓励企业从清洁生产中获得环境、经济和社会效益,实施清洁生产标志制度。

丹麦于1991年6月颁布了新的丹麦环境保护法(污染预防法)。该法案的目标就是努力防治大气、水和土壤污染以及振动和噪声带来的危害,减少对原材料和其他资源的消耗和浪费,促进清洁生产的推行和物料循环利用,减少废物处理中出现的问题。该法案在清洁工艺和回收一节中规定:对通过采用清洁工艺和回收利用而大幅度减少对环境影响的研究和开发项目提供资助,并对清洁工艺和回收利用方面的信息活动给予资助;对某些会对公共行业或社会整体带来效益的项目提供高达100%的资助;对其结果属于应用性的项目和研究提供不超过75%的资助;对工厂回收研究项目提供25%的资助;对用于收集所有类型废物的设备进行研究提供75%的资助。

韩国政府和工业界对清洁生产的认识较高,非常重视清洁生产活动。政府的污染防治政策,包括清洁技术的使用,是通过"通知"或"法案"实施的。例如1992年通过了《关于促进资源节约与重复利用的法案》;1995年颁布了《环境标志标准的通知》,该通知提出了环境友好产品和清洁产品认证体系;1994年通过了《关于环境技术开发与支持法案》,目的在于促进环境技术的开发。其清洁生产活动的政策支持手段主要包括:财政支持(研究与开发拨款和贷款,先进工艺技术开发项目拨款和贷款等)、生态标志体系、清洁技术开发奖励、信息等方面的支持措施及各种支持计划等。

泰国、新加坡、印度尼西亚、印度等国家都积极采取措施推进清洁生产,并利用其法律和政府管理系统来监督和管理清洁生产行为。如印度1992年发布了《污染削减政策声明》,旨在全国范围内推动清洁生产的实施。印度政府为解决工业用水严重污染问题,采取了政策扶持和强制执行等措施,其政策扶持包括低息贷款和资金援助等。再如古巴政府还制定了有关的政策来鼓励和促进企业广泛开展废物的回收利用和循环利用等清洁生产活动。

(2) 国外清洁生产的工作内容

美国有一半的环境保护局增设了污染预防办公室,建立了污染预防信息交换中心和污染预防研究所,编辑出版了企业污染预防指南和制药、机械维修、洗印等行业的污染预防手册,广泛启动清洁生产示范项目,鼓励中小企业以创新的方式开展污染预防,并及时交流、推广污染预防工作中取得的经验。美国各大化学工业公司在清洁生产方面,开发和实施了清洁工艺和技术。如杜邦公司自1980年开始执行一项将废物产生量减少到技术、经济上可行的最低限度的方案。经多年研究,杜邦公司开发了一个新的催化剂系统,可使丁二烯转化为己二腈的生产过程中不产生含盐废水,新工艺生产效率高,且催化剂能循环利用,并能回收副产品,极大地提高了经济和环境效益。

澳大利亚政府把清洁生产视为企业最佳环境管理手段,积极在企业中宣传、推广。1992年,澳大利亚制订了国家清洁生产计划。1993年,建立了国家清洁生产中心,全面开展清洁生产咨询服务、技术转让和人员培训等工作。率先在汽车工业、玻璃工业、印刷工业和塑料工业等领域进行清洁生产试点和示范。对有意实施清洁生产和清洁生产卓有成效的企业,分别给予赠款、低息贷款支持和"清洁生产奖"。

荷兰早在 1988 年开展了"用污染预防促进工业成功项目(PRISMA)",在食品加工、电镀、金属加工、公共运输和化学工业等 5 个行业 10 家企业中开展污染预防研究。结果表明,工业企业废物减量与排放预防的潜力很大,仅仅通过"加强内部管理"就能使废物削减 25%～30%,若能改进工艺、革新技术,还能进一步削减 30%～80%。1990 年,荷兰出版了颇具影响的《废物与排放预防手册》,使清洁生产有章可循,逐步走入正轨。

加拿大政府在制定了清洁生产的原则后,具体工作往往由顾问公司承担,工作成效显著。如啤酒工业 1995 年和 1990 年相比,能耗有了大幅度降低;造纸工业能源消耗持续下降,原材料利用率不断上升,悬浮物、BOD 等污染物的产生和排放量也不断下降。

波兰工业部和环境部联合签署了《清洁生产政策》,发表了《清洁生产宣言》,制订了清洁生产计划。全国已有 670 多家企业参加清洁生产活动,有 440 多人获得清洁生产专家资格。仅 1992～1993 年间,因实施清洁生产,全国固体废物、废水、废气和新鲜水用量就分别削减了 22%、18%、24% 和 22%。清洁生产在波兰正日益普及,已经成为工业企业实现可持续发展的有力手段。

印度在联合国工业发展组织的支持下,于 1993 年在草浆造纸、纺织印染、农药加工等行业实施企业废物削减示范项目(DESIRE)。示范结果表明,许多企业都有自身可以把握的废物削减机会,不一定非要依靠发达国家的技术支持。换句话说,企业应立足使用本国的清洁技术。印度的这一经验不仅有助于本国拓展清洁生产,对其他国家也是一个启示。

2. 国内清洁生产的推行情况

我国政府十分重视清洁生产,1994 年将清洁生产明确写入《中国 21 世纪议程》,并具体落实在首批优先项目之中。1992 年,国家环境保护局制订出全国推广清洁生产行动计划。1993 年,第二次全国工业污染防治会议进一步指出了工业企业开展清洁生产的重要性,明确推行清洁生产是我国 20 世纪 90 年代工业持续发展的一项重要战略性举措。接着,国家环境保护总局又将清洁生产纳入世界银行推进中国环境技术援助项目。并随之在北京、浙江绍兴、湖南长沙和山东烟台等地开展了清洁生产试点,建立起首批 29 个清洁生产示范项目。通过多年实践,培养了人才,积累了经验,为我国更加广泛地开展清洁生产打下了坚实的基础。几年来,国家环保局、国家经贸委(现为国家发改委)、国务院有关部门、某些省市自治区在推行清洁生产方面做了大量工作,取得了明显的成效[1,6~12]。

(1) 政策、法规、监督和管理

我国在先后颁布和修改的《大气污染防治法》《水污染防治法》《固体废物污染防治法》和《淮河流域水污染防治暂行条例》等法规中,均将实施清洁生产作为重要内容,明确提出通过实施清洁生产防治工业污染。各部门在制订"九五"、"十五"规划时,也将推行清洁生产、防治工业污染作为重要内容予以考虑。国家环保总局、国家计委、国家经贸委在研究制定的《国家环境保护"九五"计划和 2010 年远景目标》中,将依靠科技进步推行清洁生产作为防治工业污染、实现总量控制、治理"三河"和"三湖"的重要措施。

国家环境保护总局于 1997 年 4 月发布了"关于推行清洁生产的若干意见"。"意见"从转变观念,提高认识;加强宣传,做好培训;突出重点,加大力度;相互协调,依靠部门;结合现行环境管理制度;加强国际合作等方面提出了要求。"意见"为如何结合现行环境管理制度的改革、推行清洁生产提出了基本框架、思路和具体做法。吉林、北京、陕西、江苏、广东、四川等省市转发了"意见"。另外,为推进清洁生产,规范清洁生产行为,确保清洁生产的实施效果,各地在制定清洁生产政策方面也有显著进展。如太原市于 1999 年制定了《清洁生产条例》,沈阳市颁布了《沈阳市推行清洁生产若干规定》,甘肃省出台了《甘肃省关于推行清洁生产的若干意见》,上海市、北京市、陕西省、辽宁省等许多省市都针对清洁生产的推行和实施制定了相应的政策法规和监督管理办法。其政策内容主要包括:支持性政策、经济性政策、强制性政策和与环境管理制度结合等。

2003 年 1 月 1 日,《中华人民共和国清洁生产促进法》颁布实施,该法共六章、四十二条。第一章总则,包括立法目的、清洁生产定义、适用范围、管理体制等;第二章清洁生产的推行,规定了政府及有关部门推行清洁生产的责任;第三章清洁生产的实施,规定了生产经营者的清洁生产要求;第四章鼓励措施;第五章法律责任;第六章附则。

(2) 机构建设

清洁生产涉及从原材料购置到产品的最终处理、处置的全生命周期,涉及众多的部门。由于我国清洁生产发展历史相对较短,相应的管理部门的管理职能尚未形成体系,法规政策尚不健全,缺乏必要的技术政策扶持。因此,加强清洁生产的机构建设不仅是推行清洁生产的需要,而且是当前改革发展的需要。只有加强相关的机构建设,并制定相应的法规政策,才能使清洁生产健康发展,确保清洁生产的推行和实施效果,才能将清洁生产的监督和管理纳入法制化轨道。近年来,随着经济体制和政治体制改革的不断深入,原有的环境管理机构和职能均发生了相应的变化,使清洁生产的管理和推行面临许多新问题。根据国务院机构改革后的职能分工,结合清洁生产发展的需要,中国清洁生产管理机构应分为三个层次:第一层次是政府的行政性管理,第二层次是行业协会以及相关的自律性及支持性管理,第三层次是企业的自主管理。其中,第一层次的管理职能将会随着清洁生产工作的深入而不断加强和完善,第二层次的管理机构在我国发展加快,而且以技术支持为主要目的。目前,现已成立的行业清洁生产中心有 4 个:中国石化总公司清洁生产中心、化工清洁生产中心、中国航空工业总公司清洁生产中心和冶金工业清洁生产中心。轻工总会正在筹建清洁生产中心。现已成立的地方清洁生产中心有 16个:北京市环保培训中心,陕西省、江西省清洁生产指导中心,上海市、天津市、山东省、黑龙江省、福建省、安徽省、甘肃省、新疆维吾尔自治区、山西省、辽宁省、云南省、内蒙古自治区和呼和浩特市清洁生产中心,有些行业和省市正在筹备清洁生产中心。第三层次的管理机构和职能在实施清洁生产的企业中已初具规模和实力,基本能促进企业持续实施清洁生产。

(3) 宣传教育和培训

在宣传方面,部分地区和有关部门充分利用宣传工具和媒体,采用多种形式开展清洁生产的宣传和培训工作,如山东省四次组织了小清河流域的环保主管部门和排污企业进行清洁生产培训,四次举办清洁生产研讨和经验交流会,一次举办全国清洁生产工作会议,多次利用报纸、电台和电视台进行清洁生产宣传教育,许多行业主管如石油液化局、冶金局、化工局等也分别对系统内的管理部门和企业进行了清洁生产培训,组建了山东省清洁生产经验交流网络,出版了山东省清洁生产快讯,承办了《中国清洁生产》杂志等。再如北京市在全国先期试点和积极推行清洁生产的过程中,已有 35 人获挪威注册工程师协会颁发的"职业发展证书"。与此同时,还组织国内培养的清洁生产专家编写教材,讲授清洁生产技术和现场指导企业实施清洁生产,为更加广泛、深入地开展清洁生产提供了条件。迄今为止,全国已举办大大小小约 140 个有关清洁生产的培训班,近 1 万人受到了教育和培训。通过宣传教育和培训,使许多不同层次的领导对清洁生产有了进一步的认识,使从事具体工作的人员掌握了清洁生产审核的专门知识和技能。国家清洁生产中心在全国举办了多期清洁生产审核员培训,有 240 人获得了清洁生产审核员资格。另外,各地和行业还安排清洁生产管理和技术人员赴有关省市和国外进行交流和学习。如此,提高了公众和各级领导,特别是企业领导的清洁生产意识,提高了实施清洁生产的主动性和积极性。

(4) 示范和推行

自 1993 年以来,全国已在 24 个省、市、自治区开展了清洁生产审核工作,建立了 2000 余家清洁生产示范企业,2 个清洁生产示范省。清洁生产工作在全国已经广泛展开和深入实施,在可持续发展、生态省建设、生态市建设和循环经济发展模式的构建等方面已被确立为优先行动领域和有效的实施途径,制订了详细的和可操作的清洁生产审核推行计划,设置了清洁生产审核岗位责任制和计划任务书。

自 1993 年推行清洁生产以来,我国已在造纸、纺织印染、石油化工、酿造、淀粉、氯碱、冶金、电子、机械制造、化工、制药等十余个行业建立了清洁生产示范行业,培育了区域清洁生产示范项目,建立了不同类型的生态工业园和循环经济园,实现了清洁生产工作由点到线、由线到面的转化,提升了清洁生产的质量和效益。

虽然国内外多年的实践证明通过实施清洁生产可以获得明显的经济和环境效益,但清洁生产作为一种新思想还未被公众所普遍认识。因此,我们在具体工作中,应把示范企业所获得的经济、环境和社会效益作为动力,利用现场会、经验交流会、行业管理会和新闻媒体大力宣传清洁生产,有效地促进清洁生产的普及与深化。

(5) 国际合作与交流

较早实行清洁生产的国家在推行和实施清洁生产过程中积累了大量经验。为提高质量,确保效益,中国非常重视清洁生产的国际合作,先后与荷兰、加拿大、德国、美国、瑞士、澳大利亚、联合国环境署等国外清洁生产咨询机构、政府管理部门、各高等院校进行了多方面合作,并建立了长期稳定的友好合作关系。例如,中国—加拿大清洁生产国际合作项目,是由前国家经贸委牵头与加拿大国际发展署(CIDA)共同组织实施的项目。其内容包括:清洁生产政策和管理办法研究,在轻工和化工行业选择两个企业进行试点,清洁生产的宣传培训和建立清洁生产信息系统等。另外,有关部门及部分省如国家环保总局、山东省、辽宁省、上海市、北京市、山西省和陕西省等与国际组织或外国政府也开展了清洁生产的双边和多边合作。通过国际合作,不仅为我国培育了一批清洁生产专门人才,提高了清洁生产效果,学习了国外在清洁生产方面的先进经验,而且为企业开拓了国际合作的新途径,有利于企业产品参与国际竞争,有利于中国经济的外向型发展。

第三节　清洁生产概念及内涵

一、清洁生产与末端治理的关系

工业革命之前,人类在创造文明的同时,因毁林开荒、超载放牧和不合理灌溉等行为,引起一系列严重的环境问题,撒哈拉沙漠地区曾经是埃及人的粮仓,因为长期不合理耕作而成为今日的不毛之地。工业革命开始之后,由于煤的大规模使用,产生大量的烟尘、二氧化硫和其他污染物质,而冶炼工业、化学工业、造纸工业等行业生产排放的有毒有害物质危害更大。进入 20 世纪后,环境污染和生态破坏更是从局部问题转变成区域问题,进而演变成全球性问题。因此,人类在获取巨大的资源、改善生活条件的同时,也遭受了环境对人类的报复。为改善人类的生存和生活条件,人类在发展过程中逐步认识到保护和改善生态环境的重要性,实施了一系列的防治措施。其中最成功的当属末端治理,但末端治理也给经济发展带来了巨大的影响,已成为经济可持续发展的严重障碍。国内外污染防治的经验证明,清洁生产是工业污染防治的最佳模式和有效途径。清洁生产与末端治理相比,其最大优势就是经济效益和环境效益的统一,见表1.2。

尽管清洁生产与末端治理相比有明显的优势,但两者并不矛盾和排斥。因为工业生产过程中或多或少都会产生一定的污染,而污染的产生量与技术、工艺、设备、管理等诸多因素有关,有些行业受工艺、技术等限制,目前尚无法避免污染物的

表 1.2 清洁生产与末端治理效果比较一览表

项 目	清洁生产	末端治理
污染控制方式	生产过程中控制,产品生命周期全过程控制	污染物排放前控制,污染物达标排放控制
污染物产生量	减少	无变化
污染物排放量	减少	通过治理后减少
污染物转移和二次污染的可能性	减少	增加
资源利用效率	增加	无显著变化
资源消耗量	减少	增加了治理过程的消耗
产品质量	改善	无变化
产品产率	增加	无变化
产品生产成本	降低	增加
经济效益	增加	减少
治理费用	减少	增加
治理效果	很好	在一定程度上减少
实施的主动性	积极主动	消极被动

产生,而且,用过的产品也需进行必要的处理和处置,因此,末端治理是清洁生产的补充,是清洁生产的最后环节,两者应长期并存[13,14]。

二、清洁生产的定义

1. 联合国环境署的定义

(1) 1989 年定义

1989 年,UNEP 巴黎工业与环境活动中心在总结各国的经验后,对清洁生产定义如下:

清洁生产是对工艺产品不断运用一种一体化的预防性环境战略,以减少其对人类和环境的风险。

——对于生产工艺,清洁生产包括节约原材料和能源,消除有毒原材料,并在一切排放物和废物离开工艺之前,削减其数量和毒性;

——对于产品,战略重点是沿产品的整个寿命周期,即从原材料获取到产品的最终处置,减少其各种不利影响。

(2) 1996 年定义

1996 年,联合国环境规划署在总结了各国开展的污染预防活动,并加以分析提高后,完善了清洁生产的定义。其定义如下:

清洁生产是一种新的创造性的思想,该思想将整体预防的环境战略持续地应

用于生产过程、产品和服务中,以增加生态效率和减少人类和环境的风险。

——对于生产过程,要求节约原材料和能源,淘汰有毒原材料,减降所有废物的数量和毒性;

——对于产品,要求减少从原材料提炼到产品最终处置的全生命周期的不利影响;

——对服务,要求将环境因素纳入设计和所提供的服务中。

UNEP 的定义将清洁生产上升为一种战略,该战略的作用对象为工艺和产品,其特点为持续性、预防性和综合性。

2.《中国 21 世纪议程》的定义

清洁生产是指既可满足人们的需要,又可合理地使用自然资源和能源,并保护环境的实用生产方法和措施,其实质是一种物料和能耗最少的人类生产活动的规划和管理,将废物减量化、资源化和无害化或消灭于生产过程之中。同时对人体和环境无害的绿色产品的生产亦将随着可持续发展进程的深入而日益成为今后产品生产的主导方向。

3.《中华人民共和国清洁生产促进法》的定义

《清洁生产促进法》第二条规定:"本法所称清洁生产,是指不断采取改进设计、使用清洁的能源和原料、采用先进的工艺技术与设备、改善管理、综合利用等措施,从源头削减污染,提高资源利用效率,减少或者避免生产、服务和产品使用过程中污染物的产生和排放,以减轻或者消除对人类健康和环境的危害。"

4. 其他定义或解释

中国国家环境保护总局的杨作精,根据我国长期以来的环境保护实践认为,清洁生产是以节能、降耗、减污、增效为目标,以技术、管理为手段,通过对生产全过程的排污审核筛选并实施污染防治措施,以消除和减少工业生产对人类健康和生态环境的影响,从而达到防治工业污染、提高经济效益双重目的的综合性措施。这一概念是从清洁生产的目标、手段、方法和终极目的等方面阐述的,相比较而言,较为具体、明确,易被企业所接受。

三、清洁生产原则

1. 持续性

清洁生产不是一时的权宜之计,而是要求对产品和工艺持续不断地改进,所谓的清洁是相对而言的,是对现有的生产状况的改进。这样,经不断的持续改进使企业的生产、管理、工艺、技术和设备等达到更高水平,达到节省资源、保护环境的目的。因此,清洁生产是人类可持续发展的重要战略措施之一。从清洁生产实施所需的时间来看,一条具体的清洁生产措施,可能涉及到清洁生产技术的研究与开发、清洁生产技术的采纳、配套的管理措施乃至企业文化的转变,因而其显著效果往往需要较长时间才能显示出来。而从清洁生产的字面意义来理解,清洁意味着零排放,这在实际生产过程中是不可能做到的。因为所有废物都是潜在的污染源,而且有的废物的产生是无法避免的。但对已有的产品和工艺持续不断地改进,逐步减少污染物的产生和排放,最终使得污染物排放水平与环境的承载力和转化能力相平衡,这一点还是可能的。正是出于这种原因,用 Cleaner Production 代替 Clean Production,以强调清洁生产的持续性。

2. 预防性

清洁生产强调在产品生命周期内,从原材料获取,到生产、销售和最终消费,实现全过程污染预防,其方式主要是通过原材料替代、产品替代、工艺重新设计、效率改进等方法对污染物从源头上进行削减,而不是在污染产生之后再进行治理。

3. 综合性

清洁生产不应看作是强加给企业的一种约束而应看作企业整体战略的一部分,其思想应贯彻到企业的各个职能部门。就清洁生产而言,其工作涉及到生产的方方面面,而且只有全员参与才能确保清洁生产的实施效果。鉴于消费者的环保意识不断增强,清洁产品市场日益扩大,有关环保的政策和法律愈来愈严格,清洁生产已经成为提高企业竞争优势、开拓潜在市场的重要手段。同时,清洁生产对社会也将产生深远的影响。因此,从这个角度看,清洁生产又涉及到社会、公众和政府部门。

四、清洁生产的目的

1. 自然资源和能源利用的最合理化

自然资源和能源利用的最合理化,要求以最少的原材料和能源消耗,生产尽可能多的产品,提供尽可能多的服务。对于工业企业来说,应在生产、产品和服务中,最大限度做到:

① 节约能源;

② 利用可再生能源;

③ 利用清洁能源;

④ 开发新能源;

⑤ 实施各种节能技术和措施;

⑥ 节约原材料;

⑦ 利用无毒和无害原材料;

⑧ 减少使用稀有原材料;

⑨ 现场循环利用物料。

2. 经济效益最大化

企业通过不断提高生产效率,降低生产成本,增加产品和服务的附加值,以获

取尽可能大的经济效益。要实现经济效益最大化,企业应在生产和服务中最大限度地做到:

① 减少原材料和能源的使用;

② 采用高效生产技术和工艺;

③ 减少副产品;

④ 降低物料和能源损耗;

⑤ 提高产品质量;

⑥ 合理安排生产进度;

⑦ 培养高素质人才;

⑧ 完善企业管理制度;

⑨ 树立良好的企业形象。

3. 对人类和环境的危害最小化

生产的一个主要目标是提高人类的生活质量。对于工业企业,对人类与环境危害最小化就是在生产和服务中,最大限度地做到:

① 减少有毒有害物料的使用;

② 采用少废和无废生产技术和工艺;

③ 减少生产过程中的危险因素;

④ 现场循环利用废物;

⑤ 使用可回收利用的包装材料;

⑥ 合理包装产品;

⑦ 采用可降解和易处置的原材料;

⑧ 合理利用产品功能;

⑨ 延长产品寿命。

五、清洁生产的内涵

1. 清洁的能源

清洁的能源是指:常规能源的清洁利用;可再生能源的利用;新能源的开发;各种节能技术等。

2. 清洁的生产过程

清洁的生产过程是指:尽量少用、不用有毒有害的原料;尽量使用无毒、无害的中间产品;减少或消除生产过程的各种危险性因素,如高温、高压、低温、低压、易燃、易爆、强噪声、强振动等;采用少废、无废的工艺;采用高效的设备;物料的再循环利用(包括厂内和厂外);简便、可靠的操作和优化控制;完善的科学量化管理等。

3. 清洁的产品

清洁的产品是指:节约原料和能源,少用昂贵和稀缺原料,尽量利用二次资源作原料;产品在使用过程中以及使用后不含危害人体健康和生态环境的成分;产品应易于回收、复用和再生;合理包装产品;产品应具有合理的使用功能(以及具有节能、节水、降低噪声的功能)和合理的使用寿命;产品报废后易处理、易降解等。

六、清洁生产的作用

1. 推行清洁生产在于实现两个过程控制

在宏观层次上组织工业生产的全过程控制,包括资源分配和废物交换的评价、规划、组织、实施、运营管理和效益评价等环节。

在微观层次上实施物料转化的生产全过程控制,包括原料的采集、贮运、预处理、加工、成型、包装、产品的贮运等环节。

2. 清洁生产的微观和宏观作用

(1) 清洁生产的微观作用

清洁生产微观作用就是实施清洁生产的企业或组织所能获得的效益。推行清洁生产的有效手段是清洁生产审计,清洁生产审计是指通过对企业现在和计划进行的工业生产污染防治的分析和评估。通过审计达到:核对有关单元操作、原材料、产品、用水、能源和废料的资料;确定废物的来源、数量及类型,确定废物削减的目标,制定经济有效的废物控制对策;提高企业对由削减废物获得效益的认识;判定企业效益效率低下的制约点和管理不善的地方;提高企业经济效益和产品的质量。

(2) 清洁生产的宏观作用

清洁生产的宏观作用就是指实施清洁生产所产生的社会效益。根据清洁生产的概念和内涵,清洁生产具有三种不同的作用:清洁生产是促进社会和经济发展、预防工业污染、改善环境质量的一个新观念和指导思想。它应贯穿于社会经济发展的各个领域,达到保护环境、发展经济的目的。清洁生产是一个目标,社会各界,尤其是工业企业都应实现这个目标,做到清洁的原料、能源、工艺、设备和采用无污染、少污染的生产方式,对清洁的产品进行严格科学地管理。清洁生产是一个预防性的综合性措施,为减少污染物的产生和排放,人们的生产和社会活动要按清洁生产的途径进行排污审核,筛选并实施污染防治方案。实现清洁生产是一项全社会都应参与的系统工程。

第四节　中国实施清洁生产的必要性

一、清洁生产是解决环境污染问题的最有效途径

改革开放以来,我国经济一直呈快速增长趋势,综合国力也不断增长,人民的生活水平不断提高。但同时,我国的环境状况和资源状况出现了持续恶化的趋势,

如世界十大大气环境污染城市中有 4 个在中国,国内多数水系都受到了严重的污染。另外,我国工业整体技术比较落后,除少数新建、扩建企业达到国际 20 世纪八九十年代水平外,大部分企业生产技术落后,设备陈旧,以致能源资源消耗较多、污染较重。特别是近年来从事资源加工的中小企业迅速增多,导致了能源与资源的巨大浪费。

长期以来,受计划经济的影响,我国的产业结构不合理,在很大程度上加剧了环境污染和生态破坏。同时,我国的工业布局也不甚合理,资源配置不佳,环境容量未能最佳利用。因此,我国在经济发展的同时,环境问题也越来越突出,已成为经济持续发展的严重障碍。目前我国所面临的环境问题是严峻的,主要在于:

① 能源、原辅材料的单耗过高,利用率低,浪费严重;

② 工艺技术落后,生产过程控制不严,缺乏最优参数;

③ 设备陈旧,维护欠佳;

④ 废物的回用率低,跑冒滴漏现象严重,这不仅使大量的产品或原料白白流失,导致较大的经济损失,而且造成环境污染;

⑤ 管理不规范,缺乏科学性;

⑥ 生产的集约化程度不高,经济的发展多为粗放型;

⑦ 员工素质和技能不高,培训制度不健全。

造成我国环境污染的因素很多,除上述问题外,在技术路线和治理理念上的关键问题是十几年来将污染控制的重点放在末端治理上。多年来,国内外的实践证明,这种环境保护的做法存在许多不足之处,主要表现在:

① 治理投资和运行费用高,只有环境效益,没有经济效益,且随生产规模的扩大和效率的提高,污染物产生量越来越大,而传统的末端治理与生产过程相脱节,无论是治理技术还是治理的设施设备均不能实现有效的处理和处置。这种污染控制的不经济性给企业带来了沉重的负担,使企业失去了治理污染的积极性。

② 以大量消耗资源能源、粗放型的增长方式为基础,资源能源浪费严重,污染物的排放实际就是资源未能得到充分利用所致,一些原本可以回收的原辅材料,一般在末端治理中被埋掉或排入环境,造成浪费和污染。

③ 从总体上看,末端治理大多都不能从根本上清除污染,而只是污染物在不同介质中的转移,尤其是有毒有害废物,往往会在新的介质中转化为新污染物,形成了"治而未治"的恶性循环。

因此,尽管环保投资不断加大,但环境质量却明显恶化,这是因为末端治理一般都是生产过程中的额外负担,从经济上讲,仅有投入,没有产出。而企业的目标是追求最大的经济效益。因此末端治理与企业的目标有抵触,从而造成了环保生产两张皮,这也是为什么许多污染治理设施难以正常运转的主要原因之一。这充分证明仅靠末端治理不能有效地解决环境污染问题,要彻底解决经济发展和环境保护之间的矛盾必须依靠清洁生产。

自联合国环境规划署正式提出清洁生产以来,我国政府积极响应。随着经济的转型和公众资源环境意识的日益加强,污染预防已成为国际上的环保主潮流。我国作为世界上最大的发展中国家,在迅速工业化过程中,面临人口增加,资源短缺和环境质量日益恶化的种种矛盾。通过近年来的实践,我们发现清洁生产作为实现社会经济可持续发展的优先行动领域,是解决这些矛盾的有效手段和必由之路。

二、实施清洁生产的重要意义

1. 积极推行清洁生产是实施可持续发展的必然选择和重要保障

虽然我国的经济发展迅速,但许多企业尚未达到经济与环境持续协调发展的"双赢"模式。相反,我国长期以来一直沿用着以大量消耗资源和能源、粗放经营为特征的传统发展模式,通常是通过高投入、高消耗和高污染来实现较高的经济增长。以啤酒行业为例,一般我国的啤酒行业的酒花、麦芽和大米的粉碎为干法,而国外多为加湿粉碎,这样可减少加工过程的挥发损失,减轻粉尘污染,改善操作环境;再如,我国的啤酒生产中的废物如酒糟、热废水等多数没有合理利用。因此,这种以浪费资源和能源为代价的粗放型经营是不可持续的,必将导致经济发展和环境保护的对立,也将受到资源的严重制约,随着国家资源价格控制的加强,这种作用将越来越明显。同时,如果没有经济实力的支持,环境保护也不能持续下去,这既不符合当代人的利益,也不符合后代人的利益。因此,清洁生产是一种持续地将污染预防战略应用于生产过程和服务中,强调从源头抓起,着眼于生产过程控制,不仅能最大限度地提高资源能源的利用率和原材料的转化率,减少资源的消耗和浪费,保障资源的永续利用,而且能把污染消除在生产过程中,最大限度地减轻环境影响和末端治理的负担,改善环境质量。因此,清洁生产是实现经济与环境协调可持续发展的有效途径和最佳选择。

只要企业一旦认识到清洁生产给自己带来的经济和环境效益,就会主动地去实施清洁生产。而且随着公众环境观念的日益加强,企业对环境保护做出的努力以及产品的环境含量将在很大的程度上决定着企业的形象,特别是在中国加入WTO之后,绿色贸易壁垒成为我国产品走向世界的主要障碍之一,中国企业要想得到发展、要想在激烈的国际竞争中占有一席之地,就必须实行清洁生产以提高企业的环境形象。

2. 清洁生产是促进经济增长方式转变,提高经济增长质量和效益的有效途径和客观要求

当前,我国经济发展面临的突出问题是经济效益低、增长的质量不高,主要原因在于多数企业尚未摆脱粗放型经营方式,结构不合理,技术装备落后,能源、资源

和原材料消耗高、浪费大、利用率低等,且多数企业的管理缺乏科学性和量化最优参数指标,操作随意性、盲目性问题突出,员工素质和技能普遍较低。这就导致我国企业单位产品物耗高,排放量大,与国际先进水平差距明显等。据有关部门1997年对我国11个行业33种产品能耗指标与国际先进水平的比较分析,这些产品的生产1997年消费能源约9亿 t 标煤,占交通和工业能源总消耗的82%,这33种产品能耗比国际先进水平高出64%,相当于多用标煤2.3亿 t。1997年我国生产所用能源与国际先进水平相比大约多耗标煤3亿 t,相当于多产生二氧化硫500多万 t,烟尘1400万 t,二氧化碳1.5亿 t,详见表1.3。

表1.3　1997年主要产品单耗的国际比较

序号	产品种类及单位能耗	国内平均	国际先进	国内外差距/%
1	国有重点矿井原煤生产电耗/(kWh/t)	30.9	30.0	+3
2	原油加工综合能耗/(kg 标煤/t)	118.3	102.4	+15.5
3	炼油单位能量因素能耗/(kg 标煤/t)	31.3	27.8	+12.6
4	乙烯综合能耗/(kg 标煤/t)	1 210	870	+39.1
5	火电厂供电热耗/(g 标煤/kWh)	408	324.3	+25.8
6	钢可比能耗/(kg 标煤/t)	976	656	+48.8
7	铜冶炼综合能耗/(kg 标煤/t)	1 352	820	+64.9
8	水泥综合能耗(大中型)/(kg 标煤/t)	181.3	124.6	+45.5
9	平板玻璃综合能耗/(kg 标煤/重量箱)	25.7	14.1	+82.3
10	大型合成氨综合能耗/(kg 标煤/t)	1 399	970	+44.2
11	纸和板纸综合能耗/(t 标煤/t)	1.57	0.7	+124.3
12	甘蔗制糖综合能耗/(t 标煤/t)	6.16	4.50	+36.9
13	棉纱电耗/(kWh/t)	2 349	2 129	+10.3
14	黏胶短纤维热耗/(kg 标煤/t)	2 052	1 450	+41.5
	电耗/(kWh/t)	1 937	1 200	+61.4
15	载货汽车油耗/[L/(100t·km)]	7.55	3.4	+122.1

由此可知,这不仅是造成企业成本上升,经济效益低下,缺乏竞争力的主要原因,又是大量排放污染物、造成环境污染的主要原因。要有效地解决这些问题,必须实行新的生产模式,通过实施清洁生产为企业和工业发展提出全新的目标,即最大限度地提高资源和能源的利用率,减少污染物的产生和排放量。要实现这一目标,就必须加强企业结构调整,科学管理,革新工艺技术,优化生产过程控制,提高员工素质和技能,使企业真正走上合理、高效配置资源与能源的集约型经济模式。因此,清洁生产包含了企业深化改革、转变经济增长方式的丰富内涵,是实现粗放型经营向集约型发展模式转变的体现,必将有力地促进经济的运行质量和企业经

济效益的提高。

　　3. 清洁生产是防治工业污染的必然选择和最佳模式

　　中国作为世界上最大的发展中国家,在总结了国内外环境保护的经验教训后,认识到污染预防的重要性,发展中十分重视环境保护,明确提出"预防为主,防治结合"的方针,强调通过调整产业布局,优化产品、原材料、能源结构和通过技术改造、废物的综合利用及强化环境管理手段来防治工业污染。但由于认识和预防重点的偏差,人们把预防核心置于污染物的环境效应削减上,片面追求污染物达标排放。加之该方针未得到有效的法规、制度支持,缺少可行的操作细则,缺乏市场的激励机制,使其精髓未能得到有效贯彻。这一时期制定的许多末端治理的措施,如"三同时"、"限期治理"、"污染集中控制"等制度,由于责任明确,具有较强的可操作性,基本都得到有效执行。而"源削减"方面的法规行制度措施很少,这也是我国环境质量在投资连续增长的情况下,出现持续恶化的原因之一。

　　(1) 中国与发达国家环境质量的差距在拉大

　　包括中国在内的许多国家的许多人都认为发展经济与保护环境互相矛盾冲突,但发达国家实实在在的成功并不支持这一观点。美国的一些人就认为美国经济发展与环境恶化之间没有必然的联系。例如从 1970 年以来,美国的人口增长了22%,国民生产总值增长了约 75%,而能源消耗量仅增长了不到 10%。考虑到在过去 20 多年私人汽车数量剧增等因素,美国的工业耗能量在此期间的实际增长率大大低于 10%。同一期间内,大气中的铅、烟尘、一氧化碳和氮氧化物均大幅度下降,其他气体排放物保持稳定。20 世纪 70 年代河流污染严重,甚至若干条河偶尔有河面燃烧的报导,现在绝大多数已经实现生态恢复,可以进行钓鱼和游泳等活动。美国过去 20 多年的经历证明:经济增长与环境保护是可兼容的。欧洲许多发达国家的成功经验也证实了这种观点。

　　2003 年,全国烟尘排放量 1 048.7 万 t;废气中二氧化硫排放量 2 158.7 万 t;工业粉尘排放量 1 021.0 万 t。大城市空气污染重于中小城市,100 万以上人口的城市中,空气质量达标城市比例低。影响城市空气质量的主要污染物仍是颗粒物,"两控区"二氧化硫污染有所加重,酸雨污染范围基本稳定,但有的区域污染程度进一步加重。

　　2003 年,全国废水排放总量为 460.0 亿 t,其中工业废水排放量 212.4 亿 t。全国七大水系主要呈现为有机污染,除珠江水系、长江干流及主要一级支流以 Ⅱ 类水体为主外,其余水系均为 Ⅳ、Ⅴ 类水质。在监测的 28 个重点湖库中,劣 Ⅴ 类水质湖库有 10 个,占 35.7%。地下水水质在基本稳定的基础上有恶化趋势,污染区仍然以人口密集和工业化程度较高的城市中心区为主,铁、锰和"三氮"污染在全国各地区均比较突出。

　　工业固体废物的产生量和堆存量以平均每年 2 000 万 t 的速度增长。2003

年,全国工业固体废物产生量 10.0 亿 t,排放量 1 940.9 万 t。

20 世纪 80 年代以来,环境污染出现了由城市向农村急速蔓延的趋势。环境污染和生态破坏导致了动植物生长环境的破坏,物种数量急剧减少,有的物种已经灭绝。据统计,中国高等植物大约有 4600 种处于濒危或受威胁状态,占高等植物的 15% 以上,近 50 年来约有 200 种高等植物灭绝,平均每年灭绝 4 种;野生动物中约有 400 种处于濒危或受威胁状态。

材林中可供采伐的成熟林和过熟林蓄积量已大幅度减少。大量林地被侵占,1984~1988 年全国每年被侵占 750 万亩[①],而 1989~1991 年每年达 837 万亩,呈逐年上升趋势,在很大程度上抵消了植树造林的成效。13 亿亩草原面临严重退化、沙化、碱化。

我国每年沙漠化面积为 1 560km²,20 世纪 70~80 年代扩大到 2 100km²,总面积已达 20.1 万 km²。我国还是世界上水土流失最严重的国家之一,建国初期水土流失面积约 153 万 km²,而目前水土流失面积已达 179 万 km²。全国每年因灾害损毁的耕地约 200 万亩。

(2) 仅靠末端治理并不能有效解决环境问题

造成中国上述严重环境污染问题的因素很多,其中重要的一条是中国将污染控制的重点放在末端治理上,其主要弊病有:

① 基建投资大;

② 运行费用高;

③ 有残余污染物;

④ 有的造成二次污染;

⑤ 操作和管理水平不能很好地适应治污设备的要求。

最重要的是,从经济上讲,末端治理有投入、无产出,是企业经营的一种额外负担,从本质上讲与企业追求经济效益这一目标相抵触。全国废水治理设施,1/3 不能正常运转,1/3 不运转。

改变末端治理的老传统、走清洁生产的新路子,这一国际环保大潮流的出现不是偶然的。自 20 世纪 70 年代初斯德哥尔摩会议后,国际环保便进入一个新的时期。过去几十年间,各国均将污染控制重点放在末端治理上,其间虽然有人不断提出不同看法,例如中国的"三分治理,七分管理"和物料平衡的做法,但未能改变以末端治理为主的基本格局。实践证明,这条路子造成的经济负担十分沉重,连发达国家也难以承受。

末端治理模式面临着严重的挑战,无法适应可持续发展的需要,而清洁生产以其预防污染、增加效益的特有方式,拓宽了环境保护的思路,开创了环保历史的新

---

① 1 亩 = 666.7m²。

阶段。大量的清洁生产案例充分证明:清洁生产扬弃了末端治理的弊端,把污染物消除在生产过程中,提倡在源头上预防和消除污染,强调废物资源化利用和交换利用,在追求经济效益的前提下,促进经济发展与环境保护之间的协调发展,实现两者的统一。

(3) 清洁生产能有效地协调经济发展与环境保护之间的矛盾

清洁生产对世界各国经济发展和环境保护的影响是广泛而深远的,将最终改变各国的工业结构,直接影响到各国经济总体发展方向和水平以及各国技术和产品的国际竞争力。这一改变,在一些国家已经开始。表 1.4 中的数据说明发达国家在把改善工业结构纳入污染预防和控制方面已经作出的努力,这大大巩固了它们在国际竞争中的地位。这些国家对清洁生产技术的研究与开发日益重视。

表 1.4　国外工艺改革费用占污染控制费用的比例

国　名	比　例(%)
比利时	20
法 国	13
德 国	18
荷 兰	20
美 国	25

意大利 Bologna 的 500 家陶瓷公司联合出资建立了 Centro Ceramico 研究与工业服务中心。该中心帮助成员们开发了大量清洁陶瓷生产技术和废物再利用技术,同时还帮助他们减少了物耗和能耗、开发了新材料和新产品,并安装了效率更高的生产线。

丹麦建立了一个包括 18 个区域性分中心的国家网络,负责鼓励向中小企业转让技术。该网络近年工作的重点是与企业一道开发革新性、低成本环境技术,并收到了日益增多的经济效益。

荷兰正致力于研究数量众多的日用品和商品的全寿命周期的清洁生产技术。

日本工业界在开发和应用高效节能技术方面进展很大,在某些清洁能源技术方面正在为成为世界领袖而参与竞争,如光电能源和燃料箱等。日本政府从 1992 年初以来,对医院、饭店及学校购置燃料箱进行补贴,以此支持该工业的发展。日本在开发循环技术、CFCs 替代品技术方面均十分活跃。

德国加强清洁生产技术能力的主要措施之一是充分发挥管理条例的作用。例如规定某些产品必须贴上标签或单独处理,要求厂家在其产品报废后进行回收,以及禁止和限制进入市场等。

对比之下,清洁生产在改变中国工业结构、增强出口型经济能力方面的重大作用还远未被人们认识。据预测中国的煤炭消耗量将在未来几年大幅度增长,从 1993 年的 11.5 亿 t,增加到 2000 年的 14 亿~15 亿 t,2010 年将达到 18 亿~20 亿

t。如不采取果断措施,燃烧引起的烟尘排放量将由 2000 年的 2 025 万 t 增加到 2010 年的 2 820 万 t,二氧化硫排放量将由 2000 年的 2 325 万 t 增加到 2010 年的 3 380 万 t,酸雨和烟尘污染将进一步恶化。

城市人口增多,如不增加燃气,从 1992 年到 2010 年,生活用煤量将从 13 220 万 t 标煤增加到 21 773 万 t 标煤,二氧化硫排放量将从 230 万 t 增加到 720 万 t,生活污水排放量将从 180 亿 t 增加到 560 亿 t,垃圾产生量从 8 200 万 t 增加到 9 亿 t,这将对城市环境造成巨大压力。城市数量增多,大大缩短了城市间的距离,加大了国土的城市密度,使部分城市的污染连成了一片,进一步地加剧了河流污染和区域大气污染。

中国目前的二氧化碳排放量占世界第二,氯氟烃类物质的使用量也很大。在发达国家对控制全球环境问题采取积极态度的今天,中国应尽快采取有效措施控制环境状况的恶化。

这些问题是环境问题,也是经济问题。是走传统末端治理的道路,还是及时用清洁生产思路调整工业及能源结构、将污染消除在生产过程中? 这一问题,已经十分实际地摆了在人们面前。一方面清洁生产正在改善发达国家的工业结构,进一步增强其贸易出口能力,另一方面中国在未来一段时期将面临上述种种环境问题,加上正在兴起的绿色标签对国际贸易的影响,以及国外对华投资者对环境要求的进一步提高,环境因素对中国发展外向型经济构成严峻的挑战,出路在于积极推行清洁生产。

第一,冷战结束,环境问题在国际社会中的重要性显著增加。不但发达国家如此,许多发展中国家也如此。环境问题在国际社会中的重要性今后还将进一步增加。

第二,中国的经济发展在过去 20 年里取得了令人瞩目的成就,已经在一定程度上打下了逐步改变工业结构的底子。近年来东部地区众多企业已逐渐向技术含量高,能耗、物耗少,污染轻的方向发展。清洁生产是挑战也是机遇。中国各政府部门、工业主管部门、环保管理部门、学术界、教育界、企业界的全体上下,必须不失时机地赶上清洁生产这一新的国际潮流,对传统环保模式中末端治理为主的做法,进行全方位的调整,从而真正实现环境保护由以末端治理为主向清洁生产的战略转移。

4. 清洁生产是现代工业发展的基本模式和现代文明的重要标志,是企业树立良好社会形象的内在要求

首先,清洁生产克服了末端治理的固有缺陷,无论是思想观念、管理方式,还是技术工艺革新和设备维护与生产控制,都会得到较大的改善和提高,体现可持续发展的要求,是工业文明的重要标志[15]。

其次,清洁生产有利于提高企业的整体素质,提高企业的管理水平。清洁生产

不仅可为生产控制和管理提供重要的基础资料和数据,而且要求全员参加,强调管理人员、工程技术人员和劳动生产人员业务素质和技能的提高。

再次,清洁生产的开展还有利于改善企业工作环境,减少对职工健康的不利影响,消除安全隐患,减轻末端治理负担,减少污染物的产生和排放量,改善周边环境质量。

最后,企业要生产、发展和壮大,离不开社会各界的理解和支持。如果仍采用浪费资源、污染环境的粗放型经营模式,不仅会给企业带来沉重的经济负担,而且会造成更加严重的环境污染,且会给企业带来强大的社会压力,使企业的生产、经营处于被动局面,甚至于停产。而企业通过实施清洁生产,采用清洁的、无害或低害的原材料,采用清洁的生产过程,生产无害或低害的产品,实现少废或无废排放,不仅可提高企业的竞争力,而且有助于在社会树立良好的环保形象,得到公众的认可和支持。

5. 实施清洁生产有利于消除国际环境壁垒

近年来,在国际贸易中,环境壁垒日益成为发达国家手中的一个贸易工具。经济全球化在进一步推动中国与国际市场接轨的同时,要求中国企业不断扩大对环境技术的需求,提高企业的环境保护水平,改善环境质量。由于我国产业结构不尽合理,高污染行业较多,面对日益严峻的资源和环境形势,面对国际市场激烈的竞争,面对“绿色壁垒”的压力,加快推行清洁生产势在必行。

实现经济、社会和环境效益的统一,提高企业的市场竞争力,是企业的根本要求和最终归宿。开展清洁生产的本质在于实行污染预防和全过程控制,它将给企业带来不可估量的经济、社会和环境效益。清洁生产是一个系统工程,一方面提倡通过工艺改造、设备更新、废物回收利用等途径,实现“节能、降耗、减污、增效”,从而降低生产成本,提高企业的综合效益,另一方面它强调提高企业的管理水平。同时,清洁生产还可有效改善工人的劳动环境和操作条件,为企业树立良好的社会形象,促使公众对其产品的支持,提高企业的市场竞争力。在发达国家中清洁生产产品被等同于环境标志产品,在国际市场上颇具竞争力。开展清洁生产,不仅可改善环境质量和产品性能,增加国际市场准入的可能性,减少贸易壁垒的影响,还可帮助企业赢得更多的用户,提高产品的竞争力。

6. 开展清洁生产是促进环保产业发展的重要举措

环保产业已经形成一个巨大的国际市场。据经济合作和发展组织(OECD)的一份研究资料,1990 年环保市场全球交易额估计为 2 000 亿美元,1992 年达到了 2 950 亿美元,包括环境咨询服务、污染控制和处理设施等。OECD 的研究报告还表明,工业化国家在 1990 年的环保市场中占总交易额的 80% 左右,其中美国占 40%,是全球最大的环保市场国家,其环保产业居世界主导地位。据统计,美国有 34 000 家以上的公司从事环保产业,雇员超过 90 万人,对美国创造的税收为 1 120

亿美元(不含私营自来水公司、公众管理的下水管道等)。

世界上越来越多的国家和地区对环境要求趋于严格。美国、德国、新加坡等国家已经实施了世界上最严格的环境标准,这一趋势必将促进国际环保市场的蓬勃发展。韩国、泰国、马来西亚近几年都加大了环保投资的力度。

值得指出的是,国际环保产业市场的上述数字均未包括清洁生产技术的产值。根据美国国会"技术评价办公室"的一份报告,清洁生产技术可能成为环保市场中迅速增长的一个分支,为电力业、加工业、建筑业和运输业制造和设计轻污染、能源利用效率高的设备的组织,能在全球各地找到日益增长的贸易机会。"目前很难对清洁生产技术的市场大小做出一个比较准确的估计。但有人将传统环境技术、清洁生产以及高效节能技术合成一个环保市场,估计这一环保市场的产值 10 年内将达到 6 000 亿美元,或者更多。"

据估计,德国、美国和日本在 1992 年共出口环保产品 230 亿美元,约占同年全球环保市场 2 950 亿美元产值的 7.8%,其中美国的环保产品出口近 70 亿美元,相当于美国环保产品产值的 20%,德国和日本环保产品的出口量约有 110 亿美元和 50 亿美元。与发达国家相比,中国显然有明显的差距。中国环保产业生产总值为 5 亿美元,出口约 0.2 亿美元,在国际环保市场上所占比例不到万分之一。中国每年引进环保技术和产品约 6 亿美元,是出口的 30 倍,且有许多是落后或将被淘汰的技术。据不完全统计,1989～1990 年引进的环保技术相当于国际 20 世纪 80 年代水平的占 51%,相当于国际 20 世纪 60～70 年代水平的占 44%,过时的和已被淘汰的占 5%。

中国在国际环保市场的竞争显然处于劣势,在国际清洁生产大潮蓬勃发展之际,如不迎头奋进,这一劣势有可能继续恶化,抑制中华民族环保产业的发展。从整体上来说,中国的经济发展水平仍很低,人均生产总值很小。加入 WTO 以后,由于关税降低和经济一体化进程的加快,中国各行业将遭受价格冲击和国外技术优势形成的质量冲击。就环保市场而言,国内现在的传统的末端治理技术,环保软技术如环评、规划等虽然比发达国家水平低,但在价格上仍占优势,因此将继续占领国内环保市场的主战场。在这一方面,国外环保产品和技术的大量进口、占领国内环保市场主流的可能性很小。

清洁生产与末端治理不同,它是旨在追求经济效益的前提下解决污染问题(并且往往以经济效益第一、环境保护第二的方式推行)。不论是从国外的经验来看,还是从国内正在进行的清洁生产工作来看,清洁生产均给企业带来经济效益,受到企业的欢迎。"推进中国清洁生产"是中国环境技术援助项目 B 项目的第 4 个子项目(简称 B-4 子项目)。B-4 子项目中参加示范阶段的企业比准备阶段的企业更具积极性,主要原因之一是这些企业更清楚地看到了清洁生产将给企业本身带来的经济效益。在中国的工矿企业中,市场机制已经起到了决定性作用。中国应该抓住有利的时机,加强国际交流和合作,加快清洁生产技术及产品的开发,加快推行清洁生产的步伐。国外(如澳大利亚)已建成的清洁生产中心,传统上进行技术转让是不收费的,现在已开始收费,并将有偿技术转让作为工作重点之一。B-4 子项目示范阶段中期工作中,国内试点企业已对国外清洁生产技术表现出强烈的兴趣。因此,中国应加强清洁生产工艺技术的研究与开发,并尽快服务于国内市场,同时在总结改进现有的清洁生产工艺技术和末端治理技术的基础上,消化吸收国内外清洁生产工艺技术的新成果,形成先进适用的技术体系,以便在日趋激烈的国际竞争中占有一席之地。

7. 推行清洁生产是实现工业污染源稳定达标和总量控制的重要手段,是提高全民族的环境意识的重要途径

众所周知,单靠末端治理无论从资金上还是时间上,都难以达到彻底治理污染的目的。为此,国家环保总局提出,通过实施清洁生产巩固"一控双达标"的成果,确保污染源稳定达标,实现总量削减目的。清洁生产是对生产的全过程进行科学合理管理,要求人类的生产行为都要以确保资源的持续利用和区域环境质量的持续改善为前提条件,使生产过程中排放的废物不仅要达到国家规定的污染物排放标准,同时还要满足区域环境容量的要求。

推行清洁生产的一个重要方面就是通过广泛的宣传教育,提高劳动者的环境意识,使清洁生产的思想转化为一种自觉行为,从根本上贯彻清洁生产思想。同时,清洁产品的大量出现,也会带动消费者选择和消费有利于环境的清洁产品,促进消费观念的根本转变。

8. 实施清洁生产可获得诸多优势和巨大效益

① 促进企业整体素质的提高;

② 增加企业的经济效益;

③ 提高企业的竞争力(生产成本的降低,产品质量的改进,用户的增加等);

④ 为企业生产、发展营造环境空间(通过实施清洁生产达到增产不增污甚至减污的目的);

⑤ 减免或减少企业的环境风险;

⑥ 改善职工的生产和生活环境;

⑦ 提高市场占有率并拓宽国际市场。

三、国内外实施清洁生产的效益分析

1. 国内外实施清洁生产的基本情况

荷兰在 1998 实行的清洁生产项目中,在食品加工、电镀、金属加工和化学工业等 5 个行业 10 家企业中开展污染预防研究,结果表明,减少工业废物的产生和排放量潜力巨大,仅仅通过"加强内部管理"就能使废物削减 25%～30%;通过改进

工艺、革新技术,还能进一步削减 30%～80%。波兰在 1992～1993 年间,因实行清洁生产,固废、废水、废气和新鲜水用量分别减少了 22%、18%、24%和 22%。

自 1993 年以来,从北京、上海、山东、江苏等 18 个省市的 219 家企业清洁生产审核的统计结果来看,企业实施清洁生产方案后每年获得经济效益达 5 亿元左右,年废水削减达 1 260 万 t,平均削减率达 40%～60%;COD 年削减量为 7.8 万 t,平均削减率达 40% 左右;年废气排放量削减达 8 亿 m³;年烟尘排放量削减 3 200 多 t,同时其他污染物也得到了大幅度的削减。由此可见实施清洁生产不仅具有十分明显的环境效益,而且经济效益也十分巨大。

山东省自 1993 年实施 B-4 项目至今,已在造纸、纺织印染、石油化工、酿造、淀粉、氯碱、冶金、电子、机械制造、化工、制药等十余个行业、60 多家企业建立了清洁生产示范行业和示范企业。这些清洁生产工作的实施,不仅为企业赢得了巨大的经济、社会和环境效益,而且为山东省的清洁生产工作起到了很好的宣传和推动作用。据统计,通过实施清洁生产的无/低费方案,废气排放量削减率 10.0%,万元产值废气排放削减率为 9.36%;二氧化硫排放削减率为 16.9%,万元产值削减率为 34.2%;烟尘排放削减率为 17.9%,万元产值削减率为 15.1%;废水排放削减率为 27.5%,万元产值排放削减率为 22.5%;COD 排放削减率为 29.3%,万元产值排放削减率为 23.2%;固体废物排放削减率为 15.2%,万元产值削减率为 14.4%;企业年增加经济效益在数百万元到数千万元,经济效益增加率在 1%～5%。经济、环境效益均十分巨大。如果继续实施清洁生产的高费方案和持续实施清洁生产,企业的经济、环境和社会效益会进一步增加。

江苏省 1997～1998 年在建材、化工和轻工三个行业的 36 家企业进行了试点,有 31 家企业通过验收,获得了近亿元的经济效益;1998～1999 年,又实施了 85 家企业的清洁生产审核工作,每年的直接经济效益 1.6 亿元;1999～2000 年有 153 家企业完成了清洁生产审核工作,实施了 1 101 个清洁生产方案,投资 2.2 亿元,年增加经济效益 2.1 亿元,三废利用产值达 21.87 亿元。同时,实现年节水 220 万 t,节电 500 万 kWh,节标煤 4 万 t,节约各种原材料 2.6 万 t;削减废水排放量 220 万 t,COD4 088t,SS 496t,废气 3 219t;二氧化硫 450t,废渣 28 万 t。

陕西省 1995～2000 年,在 126 家企业中推行清洁生产,共有 37 家企业完成了清洁生产审核工作,共实施无/低费方案 367 个,投资 397.5 万元,实现年收益 4 598.8 万元,节水 752.9 万 t,节约各种原材料 3.38 万 t,节电 440.1 万 kWh,减少废水排放量 645.1 万 t,减少废气排放量 423 万 m³,减少二氧化硫、粉尘等 924t,减少三氯乙烯、氟里昂等 176.4t;实施 85 个中高费方案,投资 1.38 亿元,年增加经济效益 1.11 亿元,减少废水排放量 678.9 万 t,减少废气 15 870.5 万 m³,减少二氧化硫、粉尘等 877 t,减少三氯乙烯、氟里昂等 393.6 t。

2. 企业实施清洁生产的效益简介

(1) 造纸行业

山东华泰纸业集团股份有限公司,由于采用碱法草浆造纸工艺,生产过程中废水年产生量为 510 万 t,其中黑液 29.7 万 t,外排废水 320 万 t,单位产品废水产生量 50t,黑液经碱回收进行处理,总排放废水浓度 COD 为 1 100~1 200mg/L,SS 为 530mg/L,pH 为 6~9。为从源头减少污染物的产生和排放量,减轻末端治理负担,降低生产成本,山东华泰纸业集团股份有限公司于 1998 年在山东省清洁生产中心的清洁生产专家和国外行业专家的帮助下,进行了清洁生产审核,通过对审核重点车间——连蒸连漂的详细实测和全面的原因分析,从原材料与能源、设备、工艺技术、产品、管理和废物利用等方面进行攻关,共研制了 33 项清洁生产方案,并及时实施了 22 项方案。通过实施清洁生产的方案,公司从管理、技术工艺控制、产品质量、设备维护等都得到了提高,生产成本有较大程度的降低,年增加经济效益 578.63 万元,废水产生量削减 10%,废水中污染物量削减 15%。

华鹏公司主要产品所需材料是废旧纸箱板和商品木浆,废水的主要产生来源是各车间浆料浓缩机和抄纸工段,废水排放量为 5 160m³/d,总排放废水浓度 COD 为 1 500mg/L,BOD 为 500mg/L,SS 为 800mg/L。公司在于 2000 年对审核重点(印花二厂)实施了清洁生产审核,通过物料实测、原因分析和改进方案的技术研究,共产生 27 个清洁生产方案,并及时实施了 24 个无/低费方案。吨纸新鲜水用量由清洁生产实施前的 77.37m³ 下降到实施后的 20.17m³,削减率为 74%;吨纸耗汽由 2.84t 下降到 1.17t,削减率为 58.8%;吨纸耗煤由 1.01t 下降到 0.73t,削减率为 27.7%;吨纸原料消耗由 1.125t 下降到 1.094t;COD 和 SS 悬浮物含量由 1 500mg/L、800mg/L 降低到 150mg/L 和 200mg/L。年削减废水排放量为 11.89 万 t,减少 COD 的排放量为 178.4t,减少 SS 排放量为 95.15t;年增加经济效益 257.13 万元。

(2) 炼油行业

山东政和集团公司于 1999 年 11 月至 2000 年 5 月实施了清洁生产审核。通过对审核重点(炼化公司)的物料实测、原因分析和改进方案的技术研究,从原辅材料控制、工艺技术参数的优化与控制、设备维护、产品质量的提高、管理和人员素质的提高、废物的综合利用等方面,经过现场物料实测和全面分析研制了 100 多个污染预防方案,汇总筛选出了 62 个经济效益、环境效益明显、技术可行的备选方案,并实施了其中的 52 个方案,较大程度地降低了生产成本。原油利用率由审核前的 87.74% 增加到 94.56%;轻质油收率由 46.62% 提高到 52.38%;年新鲜水用量由 9.17 万 t 减少到 6.05 万 t;蒸汽用量由 3.68 万 t 降低到 1.28 万 t;废水排放量由 61.38 万 t 减少到 16.23 万 t,年削减废水排放量 45.15 万 t;石油类污染物由 2.71t 减少到 1.84t,年削减石油类 6.88t;COD 由 27.41t 减少到 18.57t,年削减

140.86t;硫化物由 0.24t 减少到 0.16t,年削减 0.20t;年削减废渣排放量 5 706.4t;
废气排放量由 21 032 万 m³ 减少到 8 235.4 万 m³,年削减 12 797 万 m³;SO_2 排放
量由 41 767.91t 减少到 40 784.12t,年削减 983.79t;年增加经济效益 6 312.48
万元。

由此可见,通过实施清洁生产不仅减少了污染物的排放量,而且给企业带来了
巨大的经济效益。再者,多数清洁生产方案属于简单易行的无/低费方案,企业容
易实施。

第五节　国内外清洁生产的发展趋势

一、生态工业园区的建设和循环经济理念的兴起

生态工业是按生态经济原理和经济规律组织起来的基于生态系统承载能力、
具有高效的经济过程及和谐的生态功能的网络型进化型工业,它通过两个或两个
以上的生产体系或环节之间的系统耦合使物质和能量多级利用、高效产出或持续
利用[16,77]。随着清洁生产实践的广泛推广和深入开展,人们逐渐认识到推行清洁
生产不能把每个企业孤立地对待,只停留在单个企业的生产过程上,而应该从企业
层次上升到区域范围内,运用工业生态学原理和代谢分析方法,模拟自然生态系统
的运行和演进方法,以企业间物质和能量流动为研究对象,逐步培育生态工业组
团,建立企业间的共生网络,构筑生态工业园区,实现工业系统的生态化,以达到资
源配置的最优化和废物的最小化。进入 20 世纪 90 年代后,随着生态工业园概念
的提出和生态工业学理论的建立完善,美国、加拿大、荷兰、法国、日本、印度、泰国
等国家先后进行了生态工业园区理论与实践方面的探索,开展了许多包含物质交
换和废物循环的共生体的项目和计划,并逐步建立了一些生态工业园。虽然综合
的、多行业、全面满足生态工业系统特征的生态工业园仍非常少,但人们通过已有
实践发现的生态工业园一方面能大大减少工业体系对环境的干扰,另一方面可以
发挥园区整体效益,降低工业园区整体成本,进而提高园内企业效益。我国近 20
年来也先后建立了广西贵港、广东南海、新疆石河子、山东鲁北、烟台经济开发区等
生态工业示范园区,开展生态工业的理论与实践研究。生态工业园在我国主要是
以大型企业或现有工业园区为依托逐步建立发展起来的。另外,在工业集中的城
镇建设生态工业网络也是生态工业近来的发展趋势之一。工业生态学作为生态工
业的理论基础,借鉴自然生态系统的物质和能量流动模型,来分析研究工业活动对
环境的影响和减轻影响的具体措施,为将清洁生产提升到区域层次提供了理论基
础和技术支持。

循环经济本质上是一种生态经济,它要求运用生态学规律来指导人类社会的
经济活动。它以"减量化(Reduce)、再循环(Recycle)、再利用(Reuse)"(3R)为社会

经济活动的行为准则,运用生态学规律把经济活动组织成一个"资源→产品→再生资源"的反馈式流程,实现"低开采、高利用、低排放",以最大限度地利用进入系统的物质和能量,提高资源利用率,最大限度地减少污染物排放,提升经济运行质量和效益。它将清洁生产和废物的综合利用结合起来,建立"资源—产品—再生资源"的反馈式流程,通过企业层次和区域层次的清洁生产实践,来实现在更高的社会层次上的物质和能源的合理与持久的利用。循环经济作为新兴的经济发展模式,越来越为世界各国和各种国际组织所重视。德国于 1996 年就颁布了《循环经济与废物管理法》,日本则在 2000 年颁布了《推进形成循环型社会基本法》等一系列的法规。我国在循环经济领域也做出了许多有益的探索和尝试。辽宁省作为我国的循环经济试点省,开展了大量的研究和实践工作;山东省日照市通过循环经济试点市的建设,深入研究了循环经济的模式和指标体系,大大丰富和发展了循环经济的相关理论基础;潍坊海化高新技术开发区作为区域和行业的循环经济建设试点,通过实施企业清洁生产审核、区域清洁生产审核来构建和完善生态产业链,形成了资源循环利用、能量梯级利用、信息和基础设施高度集成共享的循环经济模式,丰富和完善了循环经济理论体系[18~20]。

二、政策法规的建立和完善

为确保清洁生产工作的顺利开展,各国纷纷从政策角度和法律法规方面提供保障,相继建立一系列有关清洁生产的保障政策和法律法规。从 20 世纪 80 年代,欧美许多国家先后调整了环境战略、政策与法律,从"末端治理"为主的污染控制转向生产全过程控制的污染预防和清洁生产,加大了清洁生产政策法规建设的力度。美国国会 1990 年 10 月通过了《污染预防法》把污染预防作为美国的国家政策,取代了长期采用的末端处理的污染控制政策。丹麦 1991 年 6 月颁布了新的丹麦环境保护法《污染预防法》,这一法案的目标就是努力防治污染,减少对原材料和其他资源的消耗和浪费,促进清洁生产的推行和物料循环利用,减少废物处理中出现的问题。德国 1996 年颁布实施了《循环经济与废物管理法》,对废物问题提出"避免产生—循环使用—最终处置"的处理顺序。"澳大利亚及新西兰环境保育委员会"(ANZECC)于 1998 年 3 月发表了"澳大利亚清洁生产国家战略"的报告,为清洁生产的实施"提供诱因"及"破除障碍"。我国也于 2003 年 1 月 1 日实施了《中华人民共和国清洁生产促进法》,标志着我国可持续发展有了历史性的进步,清洁生产工作开始走上规范化和法制化的轨道。目前,我国政府正在组织有关部门研究、制定并实施清洁生产政策,构建促进清洁生产推行和深入实施的引导和激励政策体系,各级政府也在因地制宜地制定清洁生产的相关政策和监督运行机制,研究和制定清洁生产监督考核指标体系,形成有效推动清洁生产的机制和政策保障。

综观各国环境法规政策的发展发现,一方面关注的重点由"末端治理"逐渐转向污染预防和清洁生产,并将之法制化和规范化;另一方面清洁生产的思想逐步融入到各国制定的政策中,并表现出可持续的原则。将现有的政策法规逐步细化以使其更具可操作性,成为将来工作的重点之一。除此之外,在政策领域也由单纯的环境政策考虑向环境、技术和经济等综合政策考虑,同时已经开始对这些政策的效用进行评估。

三、与现行的环境管理制度相结合

清洁生产与我国有许多已实施多年的和正在积极执行的环境制度并不相悖,借助这些制度的实施,二者紧密结合,可以推动清洁生产工作深入开展。因此,清洁生产与现行环境管理制度的结合成为必然趋势。

随着环境问题日益受到重视和可持续发展战略的深入实施,资源、环境和效益必将实行高度的统一,因此企业的经济和环境管理一体化也将成为企业生存和发展的必然。ISO14000 环境管理体系、环境标志、环境会计、生命周期评价和产品生态设计等环境工具与清洁生产具有很强的互补性,同时又各自具有特点。它们之间相互融合、相互支持,被应用到企业的生产发展与环境管理的过程中,并在实践中不断发展、提高和完善。

四、向第三产业延伸

随着"绿色校园"、"绿色酒店"、"绿色住宅"和"生态小区"等概念的出现,清洁生产由对有形产品的关注逐步拓展到对无形产品——服务的关注,即清洁生产开始扩展到第三产业,提倡可持续消费和绿色消费,实现第三产业发展的可持续性。

第三产业清洁生产是指在整个服务周期过程中,全面考虑减少服务主体、服务对象和服务途径的直接与间接环境影响,实现第三产业的可持续发展。由于第三产业具有非物质化生产、涉及对象广泛、行业门类众多等特征,其清洁生产实施过程应按照服务主体、服务途径、服务客体的顺序逐步展开,目的是在满足人类需要和提供生活质量的同时,提供具有竞争价格的商品和服务,不断减少这些商品和服务在整个生命周期中的生态影响和资源消耗,使服务业的发展处于环境的承载能力范围内,实现清洁生产由物质化向非物质化的过程转变。

第二章 清洁生产的方法学原理

第一节 清洁生产方法学的理论基础

一、废物与资源转化理论(物质平衡理论)

根据物质不灭定律,在生产过程中,物质按照平衡原理相互转换,生产过程中产生的废物越多,则原料(资源)消耗也就越大,即废物是由原料转化而来的,清洁生产使废物最小化,也等于原料(资源)得到了最大化利用。此外,生产中的废物具有多功能特性,即某种生产过程中产生的废物,又可作为另一种生产过程中的原料。资源与废物是一个相对的概念。例如,造纸产生的黑液、热电产生的炉渣对原生产过程而言是废物,但造纸黑液可用于烟气脱硫,炉渣可用于生产水泥等建筑材料,因此有人说"废物是放错位置的资源"。

二、最优化理论

在实际的生产过程中,一种产品的生产必定有一个产品质量最好、产率最高、能量消耗最少的最优生产条件。清洁生产实际上是如何满足生产特定条件下使其物料消耗最少而使产品产出率最高的问题,这一问题的理论基础是数学上的最优化理论,废物最少量化可表示为目标函数,求它的各种约束条件下的最优解。

1. 目标函数

废物最小量这一目标函数是动态的、相对的。一个生产过程、一个生产环节、一种设备、一种产品,在不经过末端处理设施而能达到相应的废物排放标准、能耗标准、产品质量标准等,就可以认为目标函数值得以实现。由于国家和地区的废物排放标准和能耗等标准是不同的,目标函数值也是不同的;而且即使在一个国家,随着技术进步和社会发展,这些标准发生变化,目标函数值也会发生变化。因此目前清洁生产废物最小化理论不是求解目标函数值,而是为满足目标函数值,确定必要的约束条件。

2. 约束条件

通过能量与物料衡算,可以得出生产废物产生量、能源消耗、原材料消耗与目标函数的差距,进而确定约束条件。约束条件包括:原材料及能源、生产工艺、过程控制、设备、维护与管理、产品、废物、资金、员工等。

三、科学技术进步理论

马克思曾预言:"机器的改良,使那些在原有形式上本来不能利用的物质,获得一种在新的生产中可能利用的形式;科学的进步,特别是化学的进步,发现了那些废物的有用性。"当今世界的社会化、集约化大生产和科技进步,为清洁生产提供了必要的条件。因此,随着科学技术的发展和进步,为原来不能利用的废物找到了可利用的途径,生产出了有用的产品,或者通过工艺路线的改变使生产过程不再有废物产生。同时,有利于社会化大生产和科技进步的工业政策,特别是有利于经济增长方式由粗放型向集约型转变的技术经济等政策,均可为推行清洁生产提供有利的条件。

第二节　清洁生产的环境经济学基础

一、环境经济学概论

1. 环境经济学的产生

20 世纪 60 年代以前,在如何解决环境污染问题上,各国主要是采取了由国家投资进行治理的方法。但实践证明,这种方法是不能持久的,因为随着环境问题的不断出现和日趋严重,所耗费的资金数额越来越大,国家财力无法承受,同时这种方式还使导致污染和生态破坏的当事者感觉不到压力,客观上鼓励了环境污染的进一步扩大。此外,这种方法与市场经济不相容,表现为市场失灵。因此,经济学家开始广泛关注环境问题,并逐步意识到传统经济理论的缺陷正是产生环境问题的重要原因,而且这些理论也无法解决污染和资源枯竭等问题,应该从一个全新的角度认识环境与经济问题,并找到解决问题的方法。1972 年联合国环境规划署在斯德哥尔摩召开了人类环境会议,提出了发展与环境问题;1974 年墨西哥会议认为,必须从协调经济发展与环境的关系入手;1975 年联合国欧洲经济委员会在鹿特丹召开经济规划的生态对策讨论会,与会代表提出环境经济规划问题,即在制定经济发展规划中要考虑生态因素和环境影响,1977 年联合国环境规划署专家认为,经济发展要合乎环境要求。1980 年联合国环境规划署在斯德哥尔摩召开了关于"人口、资源、环境和发展"的讨论会,指出这四者之间是紧密联系、互相制约、互相促进的,新的发展战略要正确处理这四者之间的关系。联合国环境规划署经过八年来对人类环境各种变化的观察分析,总结了人类管理地球的经验,决定将"环境经济"列为联合国环境规划署 1981 年《环境状况报告》中的第一项主题。由此表明,作为环境科学的重要分支——环境经济学已成为一门举足轻重的独立学科。最近几年,环境经济学不断发展,不断完善,已进入一个新的阶段[21~27]。

2. 环境经济学的特点

从学科归属来看,环境经济学是属于经济学科类的一门分支学科。它研究的是环境领域中的经济问题,而不是技术问题。但是,它又是一门具有鲜明跨学科性质的学科。因此,与一般经济学科相比,它又具有下列特点。

(1) 整体性

环境经济学的整体性是由环境经济系统的整体性决定的。环境经济系统是环境系统与经济系统相结合的统一的有机整体。在这个统一整体之中,各元素和各子系统之间有着内在的本质联系,形成一个完整的系统。环境经济学必须从环境经济系统的整体性出发,即从环境与经济的全局出发,才能揭示环境经济问题的本质,才能找到解决问题的有效途径。

(2) 复合性

环境经济系统是由环境系统与经济系统复合而成的复合系统。这就要求环境经济学应该集中研究环境系统与经济系统在各个侧面、各个层次形成的复合关系,即不必研究单纯的环境问题与单纯的经济问题,而要集中研究环境与经济两者复合过程中形成的环境经济问题。

(3) 实用性

环境经济系统是一个由众多元素构成的、多层次、多侧面的复杂系统。在环境经济系统这一多维网络结构之中,人类是核心和主体。人类在环境经济系统中的主体作用,集中表现在人类对环境经济系统进行的能动的调节与控制方面。它是环境经济系统正常运行的重要前提。这种调节与控制就是利用法律、行政、经济、计划等多种手段和信息反馈的机制,围绕一定的社会经济发展与保护环境的目标,对系统运行给予必要的有效干预。这就要求环境经济学不仅应有自己坚实的理论基础,还要能妥善处理现实生活中的大量环境经济问题,为环境经济管理决策提供科学依据。

(4) 边缘性和交叉性

所谓边缘性是指多学科的交叉性质。众所周知,环境科学和经济科学都是综合性科学。环境经济问题研究要涉及到自然、经济、技术等各方面的因素,不仅与经济科学、环境科学有直接关系,而且与地学、技术科学、管理科学以及法学等学科的研究内容和研究方法等都有较大的交叉。如在评价环境的健康效益时,评价者不仅要掌握污染物与人体健康的剂量反映关系以及流行病学统计方法,而且还要了解非市场的人体健康效益的经济评价技术。

3. 环境经济学的研究对象

关于环境经济学的具体研究对象,大体上有三种提法。

第一种观点认为,环境经济学是研究环境保护中的经济问题,即研究环境污染治理,实现环境质量改善中的有关经济问题。

第二种观点认为,环境经济学是从经济学角度研究环境污染与破坏的产生原因、控制途径及其污染防治的经济评价等问题。

第三种观点认为,环境经济学的研究对象应该是发展经济与保护环境之间的关系,即研究环境与经济的协调发展理论、方法和政策法规。

上述第一种和第二种观点大体上反映了环境经济学不同发展时期研究的侧重对象,而且实际上都是环境经济学的研究对象和主要研究内容,但都不全面。这两种观点只把环境问题看作是污染治理的经济问题和经济发展中产生的附属问题,就环境论环境,没有看到环境是经济发展的重要基础。第三种观点揭示了环境经济学研究的核心问题是经济与环境的协调关系,其研究对象就是社会经济再生产过程(传统经济学的研究对象)和自然环境再生产过程(自然环境科学的研究对象)的结合部。这是因为经济再生产过程以自然再生产过程为前提,而自然再生产过程变化又取决于经济再生产的方式、结构与规模,因此,环境经济学就必须研究如何使经济再生产过程与自然再生产过程协调进行,以便实现持续发展。

需要指出的是,虽然环境经济学研究的对象集中于两个生产过程子系统的结合部,由于该结合部拥有两个子系统的各自独特的一些内涵和分析方法,因此,仍旧需要在研究结合部之前,对两个子系统加以充分理解。

4．环境经济学研究的内容

环境经济学研究的内容主要有以下四个方面。

(1) 环境经济学的基本理论

基本理论是一门学科形成的基础。环境经济学基本理论的研究主要有:

① 经济制度与环境问题。探讨不同经济制度下环境问题的共性与特性,揭示经济制度与环境问题之间存在的联系以及环境问题的经济本质。重点是研究如何充分发挥社会主义制度的优越性,自觉地正确协调经济社会发展与环境保护的关系。

② 环境资源及其价值计量。运用劳动价值论探索在社会主义市场经济条件下,环境资源具有商品性的特征及其价值计量的理论与方法,使环境资源得到最佳配置与利用。

③ 环境问题与外部性。主要是应用一般均衡分析法来分析环境问题产生的经济根源,即生产和消费的外部性和它的影响范围,研究解决环境污染与破坏这个外部不经济性的内部化方法。

④ 经济增长与环境保护。确立经济增长与环境保护之间的内在运行机制。如何才能在保持经济持续增长的同时保护和改善环境质量,并提出两者之间协调的衡量标准与方法。

⑤ 环境政策的公平与效率问题。这与经济制度有较大的关系,主要包括环境政策造成的收入分配影响以及费用负担合理化研究。

（2）环境保护的经济效果

经济效果是环境经济学研究的核心内容之一。其主要包括：

① 环境污染与生态破坏的经济损失估价理论与方法；

② 环境保护经济效益计算的理论与方法；

③ 各种生产和生活废物最优治理和利用途径的经济选择；

④ 区域环境污染综合防治优化方案的经济选择；

⑤ 各种有害物质排放标准确定的经济原则；

⑥ 环境政策的经济影响评价；

⑦ 各类环境经济数学模型的建立等。

（3）生产力的合理规划和组织

环境污染与生态失调，归根到底是对自然资源的不合理开发利用造成的。合理开发利用自然资源，合理规划和组织社会生产力，是保护环境最根本、最有效的措施，为此需要研究：

① 环境保护纳入国民经济计划的方法。要改革单纯以国民生产总值或总产值衡量经济发展水平的传统评价方法，把环境质量的改善作为经济发展目标和重要内容。选择合适的环境经济指标纳入国民经济综合平衡体系。

② 环境—经济系统规划方法。研究应用投入产出分析、系统动力分析以及环境—经济系统的预测、规划和决策方法。

（4）运用经济手段进行环境管理

经济方法在环境管理中是与行政的、法律的、教育的方法相互配合使用的一种方法。它通过税收、财政、信贷等经济杠杆，调节污染者与受污染者之间的关系，促使和诱导经济单位和个人的生产和消费活动符合国家保护环境和维护生态平衡的要求。目前正式应用和研究采用的经济手段大致有以下六种，主要包括：收费制度，如排污收费、环境资源税、使用者收费、产品收费和管理收费等；财政补贴与税收减免；贷款优惠；押金制度；污染权交易；罚款。

5. 环境经济学的研究方法

环境经济学研究要运用政治经济学的基本理论和方法，研究环境污染中的经济问题。运用经济学的基本理论，如货币的时间价值计算方法，进行环境工程经济优化的评价和判据研究；运用"费用—效益"分析方法，进行环境污染的损益分析及环境治理工程的效益计算；运用"投入—产出"分析方法，对环境污染损失和环境治理中的各种消耗进行计算和研究；运用"数学回归分析"方法，对环境污染和环境治理工程费用进行预测分析；运用"数学规划"方法，对环境系统的规划和治理进行多目标的优化决策。

二、微观经济学和福利经济学基础

1. 微观经济学

(1) 概述

微观经济学是指在经济分析中以单个经济主体的经济行为作为考察对象的学科[28~29]。微观经济学的内容实际上包括两大部分,一是考察消费者对各种产品的需求与生产者对产品的供给怎样决定着每一种产品的产销数量和价格;二是生产要素所有者提供的生产要素与生产者对生产要素的需求怎样决定着生产要素的使用量和生产要素的价格(工资、利息与地租)。而对于上述问题的理论分析,实际上涉及到一个社会既定的生产资源被用来生产哪些产品,每种产品的产量和采用的生产方式,以及生产出来的产品怎样在社会成员之间进行分配等,所以我们可以把微观经济学的内容,看作是考察既定的生产资源总量如何被分配使用于各种不同用途的问题,即资源配置问题。鉴于市场经济的资源配置,归根到底涉及价格问题,因而微观经济理论可以统称为价格理论,这包括产品的价格和生产要素的价格。而生产要素的价格亦即用货币表示的工资、利息、利润和地租,所以微观经济理论可以看作是传统的价值理论和分配理论。现代西方经济学的微观经济学,基本上是在英国马歇尔于1890年出版的《经济学原理》一书的基础上,加上20世纪西方经济学家所作的补充发展而建立起来的。

(2) 微观经济学的研究对象

① 均衡价格。所谓均衡价格,就是指一种商品在市场上的供求达到均衡时的价格,也就是指一种商品的需求价格和供给价格相一致时的价格。"需求价格"是指消费者(买主)对一定量的商品所愿支付的价格,"供给价格"是指生产者(卖主)为提供一定量商品所愿接受的价格。微观经济学从均衡价格论出发,并加以引申扩张,分别研究个别市场或个别商品的需求问题,以及个别市场或个别商品的供给问题。在需求方面、研究消费者行为和需求规律,包括总效用和边际效用、效用和个人选择、无差异曲线、边际替代率、需求表和需求曲线、需求的价格弹性和收入弹性等等。在供给方面,研究生产成本和供给规律,包括生产函数、投入和产出、等产量曲线、报酬递减率、替代原理、总收益、平均收益和边际收益、总成本、固定成本和可变成本、平均成本和边际成本、短期成本和长期成本、收益曲线和成本曲线、供给表和供给曲线、供给弹性等。

② 厂商理论。厂商理论是价格理论的延伸和发展,所谓"厂商理论",就是分析研究一家厂商(一个工厂、一个农场、一个商店或一个综合大公司),在不同的垄断或竞争条件下,它的价格和产量是如何决定的。也就是说,厂商如何才能达到最适度的生产规模以获取最大的利润。厂商理论是现代微观经济学的主要研究对象。

③ 分配理论。主要研究总产量在工业部门、产品和厂商中的划分;资源在各种竞争性用途中的分配;单个企业雇佣工人数量和其他生产要素数量如何决定;生产要素的价格,即工人和其他资源所有者的收入,如工资、利润、利息、地租等如何决定。

(3) 微观经济学的用途

从理论上讲,微观经济学既是经济学理论研究的一个重要的领域,又是经济学其他研究领域的基础。微观经济学理论甚至被引入政治学、社会学的研究领域中,用于研究人的政治决策行为与社会决策行为。

从实践上讲,微观经济学理论既可以用于指导企业或消费者的决策行为,又可以用于指导政府的决策行为。对于消费者来说,微观经济学中资产组合的理论、消费与储蓄的边际选择理论等可用于指导他们的选择行为;对于企业而言,微观经济学中的成本与收益分析、厂商定价理论、资本与投资理论等可以用于指导其投资决策与生产、销售决策。

微观经济学理论不仅仅对消费者、企业这样的微观经济主体的决策行为具有指导作用,对于政府的决策行为同样具有指导作用。政府的许多决策如果能够科学地运用微观经济学知识,就会减少决策的盲目性。例如,若政府试图通过限制某种商品的价格而增加消费者的福利,政府必须了解该商品需求的价格弹性。如果该商品需求的价格弹性很小,就不应限制该商品的价格。否则,限价的结果只会减少而不是增加消费者的福利。

2. 福利经济学

(1) 福利经济学的产生

福利经济学[30]萌芽是瑞士洛桑学派的重要代表人物意大利经济学家帕累托的经济思想。帕累托在其《政治经济教程》(1906)中考察了一般均衡状态下市场经济的合理性,并提出了一种社会最大满足的标准,即"帕累托最优标准",并且提出如何实现社会福利增进。但帕累托并没有明确提出"福利经济学"这一概念。福利经济学的标志是1920年英国剑桥大学经济学家庇古的巨著——《福利经济学》,它开创了福利经济学的完整体系,对福利概念及其政策应用做了系统的论述,在西方经济学史上具有划时代的意义。

(2) 福利经济学的发展

在福利经济学的发展史上经历了新、旧福利经济学两个发展阶段。

① 旧福利经济学。旧福利经济学是指以庇古的《福利经济学》为代表的福利经济学思想,主要有如下几个要点。

以基数效用为基础,即认为人的效用可以具体量化,表示为某些物品消费或收入的函数,进而得出社会福利总量函数为个人福利之和,从而分析社会福利的最大化。

指出一般福利和经济福利两个不同概念,认为福利经济学着重分析经济福利。具体来说,庇古认为影响经济福利的因素有两个:一是国民收入的总量,二是个人收入分配状况。社会福利的最大化就应是一方面增加国民收入总量,另一方面实现收入均等化。

确立了外部性理论,认为外部性是指边际社会净产品和边际私人净产品的不一致。当边际社会净产品高于边际私人净产品时,为外部有利性;当边际社会净产品低于边际私人净产品时,为外部有害性。必须通过国家干预对产生外部有利性的人进行补贴,对产生外部有害性的人进行征税,才能消除外部性,使边际社会净产品等于边际私人净产品,实现资源的最优配置。

② 新福利经济学。20 世纪 30~50 年代,西方经济学在批判和吸收庇古的旧福利经济学的基础上形成了新福利经济学,即当代西方福利经济学。要点是:

以帕累托提出的序数效用理论为基础。即认为个人效用只可测出强弱,排出第一、第二……顺序,社会福利状态的最优是以每个人各自的状态在原有基础上、在不损害别人的条件下都不能再增进为标准。社会福利改进是指任何社会成员的福利增进,但不能有其他社会成员的福利减少。这一标准无法评价收入再分配问题。

创建社会福利函数,指出"帕累托最优"是社会福利最大化的必要条件而不是充分条件,要达到"最大福利",还必须满足其充分条件,即收入分配的理性,但又认为收入再分配的好坏是个道德问题、难有最终标准。

提出社会补偿原则,认为社会政策变动后必然导致社会成员有的受益,有的受损,而社会福利总量是增进还是减少,取决于受益人补偿受损人后是否还有剩余。

3. 帕累托最优性

帕累托最优(Pareto optimum),也译作帕累托最适度,这个概念是新福利经济学的核心概念之一,新福利经济学的许多内容都是围绕这个概念发展、演化而来的。帕累托最优作为一个价值判断,在西方经济学界已被普遍接受,并被广泛运用于经济分析。

帕累托最优是由意大利经济学家帕累托(1848~1923 年)最先提出来的,并由此而得名。帕累托认为:当某种分配标准为既定时,我们可以按照这种标准,研究何种状态会使集体中的各个人获得最大可能的福利。如果社会做出对现状的改变以后,每一个人的福利都增加了,这种改变对每一个人就更有利;相反,如果所有人的福利都减少了,则这种改变对于每一个人就没有利。但是,如果这种改变使一些人的福利增加,而另一些人的福利减少,那么对于整个社会来说,就不能认为这种改变是有利的。于是,帕累托认为,最优状态是这样一种状态:"在这种状态,任何微小的改变,除了某些人的偏好依然不变以外,不可能使所有的人的偏好全增加,或者全减少。"帕累托这里所说的社会对现状的改变,是指生产相交换的状态改变,这种改变或者是生产要素在生产者之间的分配改变,或者是产品在消费者之间的分配改变,这种改变实际上就是一个社会资源配置的改变。所以,帕累托最优又可以表述如下:一个社会的资源配置已经达到这样一种状态,在不损害任何一个社会成员境况的前提下,重新配置资源已经不可能使任何一个社会成员的境况变好,或者说,要改善任何一个社会成员的境况,必定要损害其他社会成员的境况。在上述状态下,一个社会的资源配置达到了最大效率,由此所获得的国民收入也使社会福利达到了极大值。所以,帕累托最优,也称作帕累托效率,又称作帕累托标准,用它可以判别一个社会的资源配置是否已经达到最优状态,社会福利是否已经达到最大化。

在完全竞争市场下,帕累托最优状态意味着生产者和消费者达到全面的均衡。

人们已经认识到,在某些假定下,诸如无报酬递增,无外部性等,一种完全竞争的经济将达到一个帕累托最优状态,但实际上可以通过三种途径达到有效的资源配置,这就是完全竞争、完全集中调节和完全计算。

由于实际上几种特殊的情况并不可能完全达到,因此,抽象水平的帕累托最优性实际上是不可能充分达到的,但社会往往采纳较多人状态有显著改善的变化,尽管这些变化以某些人的状态有恶化为代价。

三、环境与资源经济学的基本理论

1. 环境经济系统

人类的生产经营活动融入自然环境之中,形成相互依赖、相互作用的统一体,称之为环境—经济系统。

(1) 环境—经济系统的基本要素

在环境—经济系统中,有四个最重要的基本要素:人口、资本或者资金、资源和技术。人口是生产力的重要构成要素,是体现生产关系、社会关系的生命实体,它是生产者和消费者的统一体。作为生产者,人类能够开发环境系统、利用环境资源,并且能够通过技术进步实现对环境资源的合理开发与利用;作为消费者,将资源转化为产品,最终都是被人口所消费的,其消费的剩余物和废物又都回到自然界之中。并且,人是环境—经济系统中的主体,能够自觉地调节经济子系统和环境子系统的关系,从而能够达到实现人类经济、社会与自然环境之间协调发展的目的。

资本包括物化资本(物质资料)和货币资本(资金)两部分,其中物化资本是环境—经济系统形成与发展的重要条件,而货币资本作为流通手段,参与了环境—经济系统的循环运动。资源在此是指人类生产和生活所必需的自然资源,包括地球水资源、大气、太阳能、风能、潮汐能、生物能等可再生资源,以及煤炭、石油、矿石等不可再生资源。资源是环境—经济系统中不可缺少的物质要素,人类对资源不同的开发利用方式决定了环境—经济系统的运行状况和运行质量,总的来看,应以可再生资源利用为主,尽量不利用或少利用不可再生资源,并且对不可再生资源的利用一定要遵循节约利用、高效利用和清洁利用的原则。

技术是人类开发、利用、改造自然的物质手段、精神手段和信息手段的总和,在环境—经济系统中,技术要素的作用会越来越大,但技术对自然界的作用具有两面性,正确的技术方案和技术措施会增强资源要素的产出功能,而不当的技术手段和技术行为则会造成自然破坏和环境污染,引起自然生态系统的退化和环境—经济系统产出功能的下降。

(2) 环境—经济系统的组成

环境—经济系统由三个子系统组成,即环境子系统、经济子系统、技术子系统。环境子系统为人类的生产和生活提供空间、物质和能量等保障,是环境—经济运行的基础;经济子系统是人类意志的体现,是为人类提供所需物品和劳务的投入产出系统,是环境—经济系统的主体;技术子系统是连接环境子系统和经济子系统的中介环节,具有从科学到生产或从生产到科学之间传递与转化的媒介作用。这三个子系统有其独立特性,但主要表现为相互联系,组成了环境—经济系统这一统一的有机整体。

(3) 环境经济系统各部分之间的相互作用

环境—经济系统内部各要素之间、各部分之间的相互作用是通过物流、能流、价值流和信息流的形式实现的[22,31,32]。

① 物流,即物质循环。它分为三类:第一类是自然界的物质循环,也就是生态学中所指的物质循环,它是通过生产者—消费者—分解者—环境—生产者这一过程进行的;第二类是社会经济中的物质循环,也就是经济系统中的物质循环,它是通过生产—分配—交换—消费的过程在社会各部门之间循环流动;第三类是自然物流与经济物流的相互转化,这实质上是在技术子系统的作用下,环境子系统与经济子系统之间的内在联系和相互促进的关系。

② 能流,即能量流动。具有两个显著的特点,一是流动单向性和非循环性,并且随着能量的释放而参与物质循环;二是能量的递减性,即随着能量的传递和转移,能量是逐渐消耗、逐级减少的,并且遵循热力学定律。能流也分为自然能流和经济能流,并且经济能流是由自然能流转化而来的。

③ 价值流,即价值实现和价值增殖。它是人类通过有目的的劳动过程,把自然物(能)流转变为经济物(能)流,价值沿着生产链不断形成和转移,最后通过市场买卖,使价值得以实现和价值得以增殖,并且价值的逐级递增和能量的逐级递减发生在同一生产过程之中,两者融为一体。

④ 信息流,是指在环境—经济系统中,以物质和能量为载体,通过物流和能流而实现信息的获取、存储、加工、传递和转化的过程,信息传递不仅是环境—经济系统的重要特征,而且是管理环境—经济系统的关键。

环境—经济系统中,从环境角度看,其中的任何子系统或部分都是物质、能量、信息流的统一体,而从经济角度看,则是以物流、能流和信息流为基础的,人类经济系统的价值流动过程。

长期以来,人类一味的对自然界进行掠夺式的开采,而不考虑自身行为对自然环境的影响,这在人类社会的初期阶段,由于当时的自然环境具备一定的承载力,人类活动没有对其造成太大的危害。随着工业革命的开始,地球上大量的能源和资源被粗放式地开发,并且未得到充分利用就被作为污染物排入环境之中,对生态环境造成了严重的破坏。究其根源,主要是因为没有摆正人类与环境之间的关系。因此,对环境—经济系统进行深入的研究,从而摒弃过去那种过度追求物质生产的增长,不顾环境能力和资源潜力约束的传统发展观,具有非常重要的意义。

2．外部性理论

环境经济学认为,厂商和居民户的经济行为不能仅从本身来考虑,还要考虑它们对外部的作用和影响,不仅要考虑经济活动中人与人之间的关系,也要考虑经济活动中人与外部环境之间的关系,也就是厂商和居民户的经济行为存在外部性。

"外部不经济性"理论是 20 世纪初(1910 年)马歇尔提出的。他认为,在正常的经济活动中,对任何稀缺资源的消耗,都取决于供求大小的对比,而环境问题正是这种正常经济活动中出现的一种失调现象。由此他提出"外部不经济性"的重要概念。其后,他的学生庇古于 1920 年在发展福利经济学理论时,对私人厂商生产所造成的环境破坏使社会福利受到损失即经济的外部影响进行了研究,提出了一个生态环境经济的重要命题:"人类合理的生产活动意外地对环境引起了与市场没有直接联系,又与各被影响的方面没有直接财务关系的经济作用"。从庇古的观点看,外部性具有下列含义:

① 外部性是指某厂商或某项经济活动所引起的与本活动的成本与收益没有直接联系,从而未计入本经济活动之内的外部的经济影响,它是从本项活动财务上所付出的费用及所取得的效益出发考虑的。

② 外部影响有"好"的或"正"的影响,也有"坏"的或"负"的影响,在经济上有费用小而效益大的,也有耗费大而效益小的。

③ 这种影响与市场交易没有直接关系。

④ 本项经济活动与被影响的各个方面没有直接财务关系;

⑤ 外部影响往往是意外引起的,在过去长时期内,许多外部影响是没有预料到和意识到、或没有完全意料和意识到的,即使在今天,外部的深远影响也不是很明确的。

⑥ 外部影响并不仅仅是生态环境方面的影响,庇古最初论述它时主要是某厂商生产活动对本部门的其他生产者或其他部门生产者的经济影响。例如某饭店附近有一旅店开业,这旅店营业引起的外部影响使饭店顾客盈门,带来效益。这种经

济影响就不是生态环境方面的。但假设有一火车站建在该饭店旁,一方面饭店门庭若市,生意兴隆,火车站给饭店带来巨大的收益;但另一方面,火车进出站和行驶的震动、鸣笛的噪声、机车的烟尘、人流引起的尘土、旅客的喧嚣和嘈杂等等,又使店主整天处于污浊的空气里,且昼夜不宁。据此,这一火车站的外部影响(仅指饭店),有正的效益,也有负的效益;有环境方面的,也有非环境方面的。经济单位的外部性现象在实际经济生活中随处可见,又如,蜜蜂授粉给果园会带来外部经济;公园里的花草会给附近的居民清新的空气和舒适感,对居民来说,这是外部经济;较差的路面状况会给运输企业和车主带来外部不经济;矿冶企业对环境排放大量废气、废渣,化工企业向环境排放大量废水,对于这些企业来说,由于减少了处理这些废物的成本,因而是外部经济,而对于附近的居民来说,则是外部不经济。

随着环境经济学的发展,外部性已经成为重要的分析理论,这种转变也正是经济学外延不断扩大、经济学外部因素内部化的结果。

3. 公共商品

有外部性的存在,就必须要有与之相对应的公共商品(public goods)的生产与消费。所谓公共商品,是指只具有外部效应的商品。与私人商品相比较,公共商品具有两个明显特征:一是消费的非排他性,个人消费私人商品是排他的,一个厂商或居民户一旦取得某一私人商品,如机器设备、原材料、房屋、食品等,这些商品只能由该厂商或居民户消费,其他的厂商或居民户是不能消费这些商品的;而个人消费公共商品则是非排他的,一个厂商或居民户对某一公共商品的消费,如公园附近某一居民户对公共绿地和鲜花的享受,并不妨碍其他厂商和居民户对该公共商品的消费,公园附近的所有居民户都能享受公共绿地和鲜花,虽然公共商品的生产包含失去其他产品的机会成本,但公共商品的消费并没有机会成本,如一个人对路灯灯光的消费,并不影响他对其他公共商品或私人商品的消费;二是供给的不可分性,为一个消费者生产公共商品,实质上是为所有的消费者生产该商品,在多数情况下,个人不管付费与否,都不能被从公共商品的消费中排除出去,即作为公共商品,他的供给形式具有整体性,不能把它分割成若干部分而分别供应给不同的公共商品消费者,如环境是一种公共财产资源,一种公共商品,它们不能、或只能不完全地为私人所有,必须通过某种公共方式进行保护和管理。即使这种排除是可能的,如一座桥梁,它可以不让一部分人通过,但这种做法违背了帕累托最优原则,因而这种做法是不应该的。

在环境经济学中,环境产品多属于公共商品。例如,环境提供的多种服务,包括清洁的空气、干净的水、优美的环境景观、物种的多样性等,都是公共商品;使外部效应内在化的各种服务,使废水废渣的集中处理,也是公共商品;另外,资源浪费、生态破坏、环境污染等外部负效应,可以看作是坏的公共商品。

4. 资源配置问题

经济学对自然资源最基本的划分,是把自然资源分为可再生资源和不可再生资源。可再生资源是可以用自然力保持或增加蕴藏量的自然资源,如鱼类、森林等生物资源。不可再生资源是不能运用自然力增加蕴藏量的自然资源,煤、铁等矿藏是不可再生资源的典型。资源配置的核心是将消费在不同时期进行优化配置,以取得最佳效益。根据对资源的划分,资源配置又分为不可再生资源的配置和可再生资源的配置。

(1) 不可再生资源的配置

不可再生资源又称为可耗尽资源。耗尽既可以看作是一种过程,也可以看作是一种状态。一种可耗尽资源的持续不断的开采构成了耗尽过程。当这种资源一点也没有剩下时,或者更现实一些,当剩下的这种资源所处位置十分不便,开采费用极为昂贵,以致于需求数量为零时,就达到了耗尽状态。不可再生资源的配置包括以下问题:

① 最优开采率。一种可耗尽矿藏的所有者面临的决策问题是他希望开采资源的净收入流量的现值 V_0 最大化,即

$$V_0 = (P_0 - C_0) + \frac{P_1 - C_1}{1 + r} + \frac{P_2 - C_2}{(1 + r)^2} + \cdots + \frac{P_t - C_t}{(1 + r)^t} \qquad (2\text{-}1)$$

式中　P_t——t 时期开采的资源的价格;

　　　C_t——t 时期开采资源的单位成本;

　　　t——耗尽状态发生的时期。

在这一公式中,$P_t - C_t = R_t$,也就是时期 t 的单位矿区使用费。

资源所有者通过开采和出售这种资源,把财富(即地下矿藏)转变为当前的收入。其决策问题类似于任何其他投资决策问题,可以用保存这种矿藏的办法来投资;可以把这些矿藏变为现金,投资于金融证券,按一定的利率获得利息;还可以把一部分矿藏或一部分金融证券变卖为现金以支付当前的消费;或者,可以为当前消费去借钱,同时保留这些矿藏。

如果预计 R_t 在每一时期,都是一样的,他将在初始期开采出所有的矿物,把所得的一部分用于当前的消费,把剩下的进行投资以利率 r 产生利息。如果预期 R_t 每一时期的增长率超过利率 r,他将把这些矿藏永远保留在"地下",地下矿藏的净现值大于他用开采收入所能购买的金融证券的净现值。如果能以利率 r 借钱,他将借钱来支付当前的消费:矿区使用费(即他的矿藏的未贴现的净值)的增长快于它应付的利息。然而如果预计矿区使用费的增长率等于 r,他将在保有矿藏和金融证券投资之间保持中立。因此,在每一时期将开采正好能够维持其消费水平的矿产。

根据前面的公式,最大化 V_0 的结果是

$$R_0 = \frac{R_1}{1+r} = \frac{R_2}{(1+r)^2} = \cdots + \frac{R_t}{(1+r)^t} \qquad (2-2)$$

这就是说,每一时期的单位矿区使用费的现值必须相等。否则,资源所有者可以把开采从一个时期改到另一个时期,用这种方法增加他的矿藏的现值。只有在 R_t 以 r 的速率增长,或者说 R_t 的现值在各个时期保持不变的情况下,每一时期才会开采某一数量的矿藏。

这一条件看来对可耗尽资源的市场稳定带来了威胁。如果资源所有者预计开采出来的资源价格将下跌,可能会增加开采率,从而进一步促进预计的价格下跌。如果预计开采出来的资源价格将有相当大的增长,他们将把资源留在地下,从而加速预计的价格增长。

私人所有的可耗尽资源开采的最优条件是一个纯粹的效率条件,在这一条件中,市场利息率起着决定性的作用,市场利息率是当代人决定的,而资源要供各代人使用,因此私人决策合理与否,公平与否是非常重要的。

私人市场是否能给出一个对社会来说最优的资源开采率。在可耗尽资源的储量实际上被垄断或卡特尔化的地方(如石油输出国组织),市场决定的资源开采率可能是偏低的。在资源开采产生帕累托相关外部不经济的地方(如露天煤矿或燃煤所产生的空气污染),市场决定的资源开采率就可能是偏高的。最后,私人资源所有者还面临着一些风险和不确定性因素,如技术的不确定性,它使资源所有者无法确定未来的资源需求和未来的开采成本;有关财产权的不确定性,如当资源所有者担心资源宝藏有可能被政府没收时,就会发生这种不确定性;关于资源价格的不确定性,这种不确定性往往由于缺少资源的期货市场而加剧。虽然这些不确定性对期望寿命相对较低的私人资源所有者的想法有较大的影响,但是它们对预期可无限存在下去的社会来说,并不是很重要的。

② 资源税。在社会认为市场决定的资源开采率不是最优的情况下,通过限制资源开采所需的投入,或通过限制每一时期可在市场上出售的资源数量来直接确定开采率,也可能试图通过税收政策来影响单位矿区使用费 $P_t - C_t$,从而影响开采率,同时让资源所有者根据受政府影响的价格自己去确定各自的最优开采策略。通常采取的资源税收策略有地产税和开采税。

可耗尽资源蕴藏量可以作为地产征税。对于一种给定的地产税税率,资源所有者交纳的税款直接随着剩下的、尚未开采的储量而变化。剩下的资源越少,资源所有者交纳的地产税税额就越少。因此,当资源税按照资源保有储量征收时,资源所有者就会通过增加资源开采率使 V_0 最大化,地产税数量也将随之增大。

政府也可以征收开采税,这是一种对开采出来的资源按单位征收的捐税。实

际上,开采税是政府在资源所有者得到他的矿区使用费之前征收的一种事先规定好的矿区使用费。开采税使资源所有者的单位开采成本 C_t 增加,在其他情况不变的条件下,它将使当前的资源开采率降低。开采税倾向于减少资源开采率,开采税越高,开采率减少得越多。

某些政府设立了开采津贴,这实际上是一种负开采税。开采津贴的作用是使开采率增加。

③ 重复利用问题。金属资源常常是可以重复利用的,重复利用并不是不费钱的,无限的再循环是不可能的,每次再循环时都要产生某些损失,每一次完全的资源重复利用(即制造、使用、重复利用),都会使资源产生某种退化,同时还需要投入能量。重复利用是一个费钱的过程,资源使用者将根据相对成本的基础在开采新资源和重复利用之间进行选择。在任何时期,重复利用的资源,只有在它们比新开采的资源更便宜的情况下,才能被使用。私人所有的使用资源的厂商将寻求使资源使用的总成本 C 最小化。这里: $C = TC_E(Z) + TC_R(Z)$, TC_E 和 TC_R 分别为新开采和重复利用资源的总成本。它们都表现为产出 Z 的函数。

(2) 可再生资源的配置

可再生资源,即存量可以持续补充的资源,如以鱼类和森林为代表的有生命的生物资源。生物资源比开采性资源复杂很多,它们一般都利用流动资源(例如阳光)和贮存资源(例如水和土壤养分)。此外,它们也能利用开采性的可耗尽资源作为补充,例如用矿物制造的肥料和使用化石燃料的栽培方法可增加生物资源的产量。

在生物资源管理问题的经济分析中,财产权问题是至关重要的。在财产权没有减弱的情况下,例如在私人土地上生产谷物、林产品和牲畜,生物资源可以被管理得和一般生产过程中的投入差不多。另一方面,如果生物资源的专有财产权不可能确立(例如海洋渔场的情况),生物资源必然得不到管理,对整个生命周期都进行管理是不可能的。只有通过控制收获率,才能对这种生物资源的长期生产率达到某种程度的控制。生物资源可分为经营性和非经营性生物资源。

① 经营性资源。对于经营性资源,例如一片新栽树林的所有者而言,他所面临的决策问题是如何决定林木采伐的最优时间。当这些树木很幼小时,采伐下来价值是很小的。随着树木的长大,它们的采伐价值迅速增大。不过,这些树木并不能无限地继续增加采伐价值,它们最后会衰老和死亡,价值降低。

假定土地所有者只要求使目前这片树林的现值最大。他希望选择一个采伐时间 t ,使得 W_0 最大化,这样

$$W_0 = \frac{P_t - C_t}{(1 + r)^t} - k_0 = V_0 - k_0 \qquad (2\text{-}3)$$

式中　P_t——t 时刻的木材销售价值；

　　　　C_t——t 时刻的采伐成本；

　　　　k_0——购买这片林地的初始投资；

　　　　V_0——采伐树木的现值；

　　　　W_0——净收入的现值。

就林木采伐而言，通常对林木所有主来说并不是仅仅希望使采伐的树木的净值最大化，而且是寻求树木在轮作的情况下，土地在将来所有可能的情况下生产量的现值最大化。

② 非经营性生物资源。对于非专有资源，例如海洋渔场。在这种情况下，不可能对个别的鱼确定专有财产权。因此海洋渔场不可能像林地上的树木一样由私人经营。就树林来说，土地所有者控制着每亩土地上的树木数量、种植和采伐时间，从而对树木的整个生长期实行实质性的控制。然而在海洋渔场这种情况下，只有捕捞率是可以控制的。在海洋渔场控制捕捞率不像在私人林场里控制采伐率那样简单，因为对海洋渔场实行私人控制，必须通过国家制度和政策来控制捕捞率。

以上分别以林木和渔场为例分析了经营性和非经营性生物资源的利用情况。对于经营性生物资源，私人收益和社会收益的情况与可耗尽资源类似。如果市场利息率和社会贴现率相差甚远，私人和社会的最优条件是不同的，如果市场利息率高于社会贴现率，与社会最优条件相比，私人最优条件会产生过早开发以及在维持这一资源的生产能力方面投资不足的结果。经营性生物资源的独占所有权会限制用这种资源生产的当前的商品和服务数量。

对于非经营性生物资源，上面所讲到的私人和社会最优条件之间的差异都可能存在。此外，除非开发率能被有效地控制在社会最优比率上，否则就可能引起过度开发或保护不足等问题。开发率还可以通过转让的资源份额来控制。

四、环境费用—效益分析方法

1. 费用—效益分析的产生及发展

费用效益分析的思想产生于 19 世纪。1844 年法国工程师迪皮发表了《公共工程效用的评价》论文，提出了"消费者剩余"的思想。这种思想发展成为社会净收益的概念，成为费用—效益分析的基础。1936 年，美国联邦水利机构为了评价水资源的投资发展了费用—效益分析方法，20 世纪 30 年代后期，美国把这种方法用于改进港口和内河航运等公共项目。二次大战期间，美国又将费用—效益分析法用于指导有限资源的合理使用及军事工程上。战后，又进一步应用到交通运输、文教卫生、城市建设等方面的投资项目评价上。1946 年，美国联邦机构江河流域委员会任命了一个费用—效益分析委员，协调联邦各个部门费用—效益分析的具体工作。1950年,这个分析委员会发表了一个重要的报告——《关于流域规划经济分析实践的建议》,为水资源领域的研究和摸索奠定了理论基础,被水利工程分析人员视为"绿皮书"。自此之后,一些研究和学术团体又陆续发表了大量相关研究,如1958年埃克斯坦的《水资源发展计划评价的经济学》,1960年赫斯克雷弗、德黑文和米利曼的《水供给的经济学技术和政策》,1962年麦斯等人的《水资源系统设计》。20世纪60年代后,费用—效益分析法一直不断进步并且逐渐发展到水资源以外的一些领域。1973年,美国颁布了《水和土地资源规划原则和标准》的文件,把重点放在国民经济发展、环境质量、区域发展和社会福利四个方面的正负效果上。近年来,费用—效益分析已在美国政府各部门,特别在公共项目评价中得到广泛应用。在英国、加拿大、日本等国也普遍应用。目前,许多国家正在研究如何将费用—效益分析有效地应用于自然资源领域和环境质量管理中,出版了大量的专著和手册,其中包括大量的实例研究。

2.环境费用效益分析的相关理论

(1)环境破坏和污染引起的经济损失

人类活动破坏或污染环境,使环境原有的一些功能退化,给社会带来了危害,造成了经济损失,这就是环境破坏或污染的经济损失。如人类活动使大气中SO_2超过了一定的浓度,使农作物产量减少、金属设备和建筑物遭到腐蚀而造成的经济损失。由于人类活动使用的环境功能具有多样性,致使环境破坏和污染造成的经济损失也具有多样性。

谈到污染引起的经济损失,人们往往想到排放废物中的物料流失。其实这些物料流失,从概念上讲并不是污染引起的经济损失。首先,这些都不是污染引起的,污染是由于排放废物引起的不良后果,而不是引起废物排放的原因。从另外一个角度来看,当废物排放量小于环境对废物的承载能力时,即使排放了废物,环境并没有被污染,所以把废弃物中的物料流失作为污染的经济损失,在逻辑上是不正确的;其次,在一定的技术经济水平情况下,人们对物料的加工深度是有限的,一个工厂往往不能将原材料百分之百地完全利用,对原材料的加工或提取总是进行到对该工厂最有利的程度,若再进一步加工,可能得不偿失,而将加工后的剩余原材料作为废物排放到环境中,这种排放,就工厂而言并不是经济损失,而正是从工厂的经济角度考虑的。但是当废物排放量超过环境的承载能力,使环境遭受污染时,对其他工厂、农田、建筑物、人体健康等造成危害而带来的经济损失,才是污染引起的经济损失。需要指出的是,目前我国资源利用率较低,物料流失量很大,其中有相当一部分在目前的技术经济水平下完全可以回收或利用,这是工厂的经济损失。因此,从生产的角度减少这种物料流失既有显著的经济效益,又有较好的环境效益。近几年来,国内外十分重视发展清洁生产技术、清洁工艺和废物综合利用的技术,这是防治污染的最有效途径。

（2）环境保护措施的费用和效益

人类为了改善和恢复环境功能或防止环境恶化采取了各种措施,减少了环境破坏和污染引起的经济损失,给人类带来了效益。这种效益称为环境保护措施的效益,是环境决策费用—效益分析的主要对象。值得注意的是,环境保护设施运行也可能带来新的污染损失,称为环境保护设施的负效益。例如洗煤设施虽然减少了由于燃煤中含硫和灰分过高引起大气污染而带来的经济损失,然而洗煤水的排放又可能污染水体造成新的污染(二次污染)损失。

环境保护设施、公共事业投资以及这些设施的运转费就是费用—效益分析中的费用。一般而言,费用是由政府机构和企业来负担的。环境保护设施还可以带来一些直接经济收入,例如,物料流失的减少、资源能源利用率的提高、综合利用、废物资源化的收入等。因为这部分收入,从性质上讲,是属于政府和企业费用的节约,一般从费用中减去。

（3）经济效益与环境效益的统一

西方费用—效益分析是以福利经济学为基本理论发展起来的。这个理论强调个人的福利和个人与社会福利(个人福利的累加总和)的变化,属于主观经济学的范畴。其基本设想是:"个人从物品和劳务中获得满足的程度可以用人们消费物品和劳务愿意支付的价格来度量。"环境与经济存在着互相依赖、互相制约的双向联系,发展经济、改善环境都是为了满足人民日益增长的物质和文化需求。环境的变化在生产活动中以外部不经济性形式反映,在消费活动中则直接影响满足人民对环境需求的有效供给。所以,在计量生产活动获得的全社会的直接经济效益的同时,必须以环境效益的形式计量生产活动对环境的影响;对生产活动不仅要评价其经济效益,而且要评价其环境效益,以经济效益、社会效益和环境效益的统一作为评价准则。为了便于统一考虑和权衡这三种效益,将它们都用货币化的形式来描述,这就是环境费用效益分析的重要任务。

3. 环境费用效益分析的步骤

环境费用效益分析的步骤可参见图2.1。

（1）弄清问题

费用效益分析的任务是评价解决某一环境问题各方案的费用和效益,然后通过比较,从中选出净效益最大的方案。因此,在费用—效益分析中,首先要弄清楚费用—效益分析对象,分析问题所涉及的地域范围;弄清楚为解决这一环境问题的各方案和对策方案跨越的时间范围。例如计算某一地区酸雨和大气 SO_2 污染对农作物的危害,必须弄清酸雨和 SO_2 危害农作物的范围和危害程度。一般的做法是以酸雨和 SO_2 浓度的空间分布图与各种农作物种植面积分布图相叠加,推算出酸雨和 SO_2 对农作物不同危害程度的面积。

（2）环境功能分析

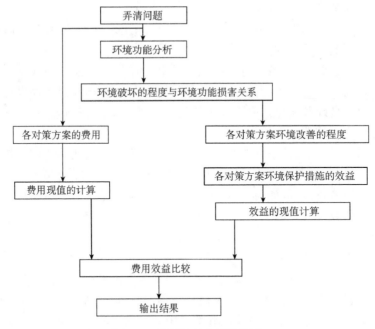

图 2.1　费用效益分析结构图

环境问题带来的经济损失,是由于环境资源的功能遭到破坏,反过来影响经济活动、人体健康。环境资源的功能是多方面的,环境问题带来的经济损失也是多方面的。因此要计算环境问题带来的经济损失,首先要弄清楚被研究对象的功能是什么。例如,森林有提供木材、林产品、固结土壤、涵蓄水分、调节气候、保护动植物资源等的功能;河流有为工农业、人民生活提供水源、发展渔业、航运、观赏、娱乐、防洪等的功能,并对这些功能进行定量的评价。通常这种环境功能是因地而异,需要实地测定或调查。

(3) 确定环境破坏程度与环境功能损害(剂量—反应)关系

环境被破坏或污染了,环境功能就受到了损害,两者之间的定量关系是进行费用—效益分析的关键。通常可以利用科学实验或统计对比调查(与未被污染的地区或本地污染前进行比较)而求得。例如,据统计对比调查,退化草原的载畜能力(以羊计)由正常草原的 1.05 头/公顷降到 0.33 头/公顷;据国外大量研究资料表明大气中 SO_2 浓度大于 $0.06mg/m^3$,对农作物有减产影响;江苏省的资料表明大气中 SO_2 浓度在 $0.06\sim0.15mg/m^3$,使农作物减产 4%～5%。我国关于剂量反应关系还缺乏完整系统的资料,应该大力开展这方面的研究工作,否则费用—效益分析就缺乏必要的科学依据。

（4）确定环境改善程度

对策方案改善环境功能的效益取决于方案改善环境的程度。例如某方案可以使原来污染了的大气质量改善，SO_2 的浓度从 $0.20mg/m^3$ 降至 $0.05mg/m^3$，而另一方案仅可从 $0.20mg/m^3$ 降至 $0.15mg/m^3$，当然前者的效果好于后者。显然，这是方案对比的一个重要依据。

（5）计算环境效益

根据方案改善环境和环境功能的程度大小，即受纳体的反映来计算各种方案的环境改善效益，除此之外，还应计算各种方案可能引起的新污染带来的经济损失，即方案的负效益。

（6）计算方案的费用

对策方案的费用包括投资和运转费用，还要计算各种方案可以获得的直接经济效益，从费用中扣除；最后将费用和效益根据各自形成的时间，计算其现值。用现值进行费用与效益的比较，求其净效益的现值，找出净效益现值最大的方案。

五、清洁生产环境效益的经济评价

1. 市场价值法

市场价值法是重点用来阐述环境污染及生态破坏对自然系统或对人工系统影响的经济评价。它假定所掌握的市场信息是完全的，用市场价格来确定环境与资源的价值，并且认为生产价格反映了资源的稀缺性，因而是一种有效价格。如果存在价格扭曲，则需要对现存的价格进行调整后再使用。市场价值法的具体方法主要有：

（1）生产率变动法

这种方法是利用生产率的变动来评价环境状况变动的影响，并且生产率的变动是用投入物和产出物的市场价格来计算的。这里把环境质量当作一种生产因素，环境质量的变化会导致生产率和生产成本的变化，从而导致产品价格和产品产量的变化，上述变化是可以进行测量和计算的。例如，化工厂向外排放污水会使工厂周围的农业生产率下降，可以把损失的农产品的市场价格作为减少污染所得到的一部分效益；空气的污染会加快机器设备的腐蚀和损坏，从而降低这些机器设备的生产率；山地的水土流失会使其生产率下降等。

（2）有效成本法

该法是当资金、信息有限，难以用货币计算福利时，不考虑福利、只计算成本的一种经济评价方法。它的具体操作办法是先确定目标，然后分析达到这一目标的不同方法及其成本，最后选择成本最小的方案作为优选方案。在一般情况下，只有当边际成本等于边际效益时，净效益才能最大化，而这里由于福利难以用货币值来衡量，只能用成本为标准，选择成本最小的方案。

(3) 预防性支出法

这种方法是把人们为了避免环境危害而支付的预防性支出作为环境危害最小成本,它假定人们为了避免环境危害而会支付货币来保护自己,这种愿意支付的货币量可以用来预测他们对环境危害的主观评价。例如在我国一些地区,即使在夏天,人们也不直接饮用自来水,而是把水烧开后再喝。这里人们烧水是为了避免水中的细菌危害,那么烧水付出的成本,如燃料费、燃烧设备费、时间等,就是一种预防性支出,可以用这笔费用作为人们对水中细菌危害的主观评价值。又如在韩国,山地水土流失破坏了低地农田,农民为了防止水土流失破坏可以修筑地沟渠,其成本作为农民对山地水土保持的主观评价的最低估计值。

(4) 置换成本法

该方法是因环境危害而损失的生产性物质资产的重新购置费用来估计消除这一环境危害所带来的效益。运用这种方法的基本假设是:环境危害的生产性物质资产的数量是可以测算的;生产性物质资产的重置费用是可以计量的,并且大于生产性物质资产损失的价值;重置费用不产生其他连带效益。例如在韩国,高原地区的土壤由于水土流失而受到危害,研究者把重置失去的土壤和营养的成本作为高原地区水土保持的受益。

市场价值法还包括一些特殊的方法,如疾病成本法和人力资本法、机会成本法。

(5) 疾病成本法和人力资本法

这是用来评价环境状况变化对人类健康影响的方法。环境恶化对人类健康的不利影响需要进行货币化衡量,这方面的损失主要有以下几方面:过早死亡或疾病及病休造成的收入损失;医疗费开支增加;精神或心理代价。疾病成本法以损害函数为基础,损害函数将人们接触到的污染物与污染对健康的影响联系起来,它需要计算所有由疾病引起的成本,如因病造成的收入损失和医治疾病所花费的医疗费用。若要计算因污染引起的过早死亡的成本时,通常采用人力资本法,这种方法用收入的损失来估价过早死亡的成本,即人失去生命或工作时间的价值,它等于这段时间内个人劳动的价值。

(6) 机会成本法

在没有市场价格信息的情况下,资源使用的成本可以用它所牺牲的替代用途的收入来估算,这种方法就是机会成本法。如保护土地的效益是很难直接计算的,可以用为了保护土地资源而放弃的其他用途最大效益来间接地计算保护土地的效益。

2. 替代市场法

当分析研究的对象本身没有市场价格来直接衡量时,可以用能够替代物品的市场价格来衡量,这种方法就称为替代市场法。其具体方法如下:

(1) 资产价值法

资产价值法是根据土地生产的产品计算土地价格,从而评价环境影响所引起的损益。也就是说,根据人们对环境资源的支付愿望,用市场价格间接地评价人们对环境资源的需求曲线,再由此计算出因环境资源质量或供应量的变化而产生的收益或损失。

固定资产,例如土地、房屋等价值,等于使用这个资产所得到的未来净收益的现值。固定资产的功效影响着消费者对它的需求;而它的机会成本又影响到它的供应。因此,资产的任一使用特性或机会成本的变化,都将导致其价格的变化。

资产价值法的一个基本假设是:周围环境质量的变化使资产未来的收益受到影响,结果在其他因素保持不变的情况下,资产出售的价格发生变化。这样,在受污染的地区可预期资产的价值将因负的效应而下降。

资产价值法亦称舒适性价格法,它认为舒适性是资产的主要使用特性,其价格就是资产隐价值的反映。它在理论上有三个假定:

① 空气质量的改善可利用个人的支付愿望来说明,并估计其价值;

② 整个区域可看作是一个单独的房屋市场,所有的人都掌握选择方案的资料,并可自由选定任何位置的房屋;

③ 房屋市场是处于或接近于平衡状态,并在给定的条件下,选购房子都可获得最大的效用。这样,房屋的价格 P 便可成为它的内在特性 S(如房间数量、大小、新旧程度和结构类型等)、四邻环境的质量 N(如当地学校的优劣、离公园和商店或工作地点的远近、以及当地的犯罪率等)和空气质量水平 Q 的函数,如下式所示

$$P = f(S, N, Q) \qquad (2-4)$$

这个函数就是舒适性价格或资产价值函数。如果能得到有关的资料,就可用多变量分析法建立函数关系,求得资产使用特性的隐价格。但是,由于此方法本身有些假设是不现实的,因而建立的基础不可靠,同时需要的数据又很多;故在一些发展中国家的应用可能受到限制。

(2) 土地价值法

土地价值法与资产价值法类似,两者实际可以归为一大类。它是用土地的市场价格来评价环境质量效益的一种方法。例如,对于土壤保持工程来说,可用来分析执行与不执行这个工程的产出价值,由于牧场生产率的改善,每亩牧场增加的价值容易计算(采用市场价值法),然而,改善与未改善的土地的零售价格之间的差异比增加的生产率大,额外的价值就归因于环境质量的效益。

(3) 工资差额法

工资差额法的基本理论是:在一个完全竞争的平衡条件下,劳动力的需求等于工人边际产品的价值,劳动力的供应则随着该地区工作和生活条件而变化。因此,对于被污染的地区或者承担有风险的职业,需要付给工人以较高的工资。假设工

人可以自由地选择职业,则工人就能够选择对他收益最大的那种职业和工作地点。如果工资差别不大,劳动力不能自由流动,或工作不能随便变动,则此法就不能应用。

影响工资差额的许多职业属性,一般都可识别,其中最主要的是生命或健康的风险和城市舒适度这两种属性。这方面的实例研究也较多,特别是关于空气污染方面所估计的隐价格,可提供环境大气污染与个人收入之间的权衡价值。但是,这种方法迄今还不完善,在理论与实践方面存在着不少困难,尤其是弄清和测量职业的属性,需要获得大量的数据。如果数据不足,估算所用的基本效用函数可能给出错误的结论。

此外,对于完全竞争的劳动力市场,许多人对生活或工作条件无法选择,更谈不到环境舒适度和职业风险度了。为了确定工资与周围环境质量之间的相关模式,需要更多的经验与深入的研究。

(4) 旅行费用法

该法是一种评价无价格商品的方法,发达国家广泛应用这种方法来求得人们对娱乐商品的需求曲线。本法产生的原因是:作为环境商品,娱乐场所(如湖泊、野营地、河流)等对用户来说往往是不花钱的,或者至多是付入场费,因此使用这些设施的收费不能很好地反映这个场所的价值,或者不能很好的反映用户实际的支付愿望。而当必须决定把资源用于保护现有的场所或建立一个新的场所时,场所真实价值包括用户的费用,也包括用户因享受这个场所而支付的的总消费者剩余。

假设娱乐场所不交费,但用户对该商品的需求也不是无限的,这是因为到达这个场所和从这里返回都要花费一定费用,这就是该法产生的原因。旅行费用法认为,潜在的用户地离娱乐场所越远,他们对该场所环境商品的期望用途就越少;近用户对环境商品的需求比远离该商品的用户要大,因为这些商品对他们的隐价格比远离的用户低。根据消费者剩余,最远的用户旅行费用最高,他们具有最低(甚至没有)消费剩余,而近处居民消费者剩余较大。

本法也有一些不足,如方法的基本假设是旅游人数仅是旅行费用的函数,这便过分简单,因为还有其他一些原因,如忽略了旅行时间的影响,通常,旅行时间少的地区旅游率相对要高,且并非所有旅行只有一个目的。

3. 假想市场法

在既无直接市场,又无间接替代市场的情况下,人们只能主观地创造假想市场来衡量环境质量及其变动的价值,这种经济评价的方法就是假想市场法。假想市场法是环境经济评价的最后一道防线,凡是不能用其他方法评价的环境经济问题,都可以用这种方法来进行评价。但由于这是一种主观的评价方法,因而存在一些缺点。假想市场法的主要代表是意愿调查法,有的也称之为意愿调查评估法,即直接询问一组调查对象对减少环境污染危害的不同选择所愿意支付的价值的一种环境经济评价方法。意愿调查法可以大致分为两类。

一类方法是直接询问调查对象的支付意愿或接受赔偿的意愿,如叫价博弈法,也称为投标博弈法,它是通过模仿商品的拍卖过程,对被调查者的支付意愿或受偿意愿进行调查。这种方法要求调查者首先要向被调查者说明环境质量变化的影响以及解决环境问题的具体办法,然后询问被调查者,为了改善环境,是否愿意支付一定数额的货币(或者是否愿意在接受一定数额的经济补偿的前提下,接受环境质量的某种程度的恶化),如果被调查者的回答是肯定的,就再提高金额(在接受补偿的情况下是降低金额),直到被调查者做出否定的回答为止。

另一类方法是询问表示支付或接受赔偿意愿的商品或劳务的需求量,并由询问结果推断支付意愿,其中包括无费用选择法、优先性评价法等。以前者为例,它是一种通过询问个人在不同的无费用物品之间的选择来估计环境商品价值的方法。例如,请被调查者在一定数额的货币和某种环境产品之间进行选择,如果被调查者选择了环境产品,那么货币的数额就可用来表示此人对环境产品的最低估价,如果此人选择了钱,那就表明被调查者认为环境产品的价值低于该数额,亦即该金额构成环境评估的上限。

六、环境经济政策与手段

1. 概述

解决环境领域的问题,特别是正确协调经济活动与环境保护的关系,需要综合运用多种手段,包括法律、行政、经济和宣传教育等。这些手段彼此并非孤立的,而是密切渗透、相互交叉、相互依存的。通常,认为最有效的是靠国家或地区制订有关法律、法规和行政条例对环境污染的直接控制,如环境法和环境标准。而当前,无论从我国还是从其他国家来看,按照经济规律,运用价格、成本和税收等经济杠杆,调整和影响人们从事经济活动和污染防治活动的利益,即利用排污收费、税收和财政补贴等经济手段间接促进环境保护,在实践中已经得到了日益广泛的应用,并发挥了重要的作用。

在环境保护工作中,经济手段通常和行政法律等手段相联系,因此,很难通过一个明确的定义把它和其他手段区分开来。英国的布兰德(Boland)把环境经济手段定义为:"为改善环境而向污染者自发的和非强迫的行为提供金钱刺激的手段"[21]。一般来说,所谓环境管理的经济手段,是指利用价值规律的作用,通过采取鼓励性或限制性措施,促使污染者减少、消除污染,来达到保护和改善环境目的的手段。其特点是:注重财政刺激;有自发活动的可能性,使污染者能以他们认为最有利的方式对某种经济刺激做出反应;有政府机构参与,经济手段必须通过行政管理予以实施;通过经济手段的实施能达到保持或改善环境质量的目的。

环境经济手段大体上可以分为两个大类,一类侧重通过"看得见的手"即政府干预来解决环境问题,可称之为庇古手段;另一类侧重通过"看不见的手"即市场机制本身来解决环境问题,可称之为科斯手段。每一类又包括若干种具体的手段,如图2.2所示。

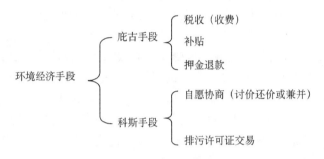

图 2.2　环境经济手段类型

所谓庇古手段,就是庇古在《福利经济学》中所表述的政策措施,即由于环境问题的重要经济根源是外部效应,那么,为了消除这种外部效应,就应该对产生负外部效应的单位收费或征税,对产生正外部效应的单位给以补贴。

所谓科斯手段,就是著名的"科斯定理"所表明的内容,只要能把外部效应的影响作为一种财产权明确下来,而且谈判的费用不大,那么,外部效应的问题可以通过当事人之间的自愿交易而达到内部化。

总之,目前国内外采用的环境经济手段有很多,主要有排污收费、使用者收费、产品收费、排污权交易、预付金返还、税收、污染赔偿、补贴等。

2. 排污收费

所谓"排污收费",就是向排放污染物的单位收取费用。由于它能够将环境保护同排污单位的经营成果和职工的切身利益结合起来,能够调动企业治理环境污染的积极性,因此成为目前国内外主要运用的一种环境管理经济手段,其内容已扩大到环境的许多领域,如水、气、固体废物、噪声等污染的控制。征收排污税是由英国经济学家庇古最先提出的,所以排污收费也称为"庇古税",是根据排污者对环境造成的危害的程度所征收的一种税,其实质是企业承担的超标准排放污染物对自然环境造成损害的经济责任,是通过国民收入再分配形式对污染受害单位和个人的经济补偿。

排污收费的目的在于明确企业排污危害自然与社会方面的经济责任,为防治污染、保护环境开辟资金渠道,从而促使排污单位在其生产经营活动中,将其废物处理好,使其不损害环境和人体健康。排污收费有两种情况:一是对排入环境的污染物,不论其数量大小,一律要征收一定的费用,理由是任何污染物的排放不仅会造成环境污染,而且会浪费资源。为了保护环境,节约资源和能源,应尽量避免污染物的排放,需要对全部排放到环境中的污染物征收一定的费用;二是只对超过规定标准排放的污染物征收一定的费用,而对于在规定标准之内排放的污染物,则不征收费用。目前两种操作方式都有,但理论界多倾向于第二种做法。按照可持续发展的要求,只对超标排放的污染物征收费用是不彻底的,只有对所有排放的污染物都征收费用,才能有效抑制环境污染。

关于排污收费的性质,目前没有统一的意见,主要有三种观点:一是认为排污收费具有税收性质,排污收费是按照污染物的种类、浓度以及超标数量来征收的,它是国家财政收入的重要组成部分,主要用于环境保护费用而不返还给排污单位,因而具有税收的固定性和无偿性特点;二是认为排污收费具有补偿和罚款的性质,它是对排污单位向环境排放超标准污染物的一种具有法律效力的制裁措施;三是认为排污收费是超标准排污给社会造成损失而进行补偿的一种经济形式,具有社会成员之间互助储金的性质。

排污收费制度为环境保护提供了一定数量的资金,各国对它的分配和使用情况不尽相同,主要与各国对污染者支付原则的理解和制订排污收费政策的出发点相对应。对于污染者所应支付的范围,主要有两种观点:一种认为污染者应该支付排污所造成的全部费用和损失。但许多环境损失目前还难以用货币度量,并且污染者的支付能力还是有限的,把一切社会、环境费用全部加在污染者身上是行不通的,它只会大大增加企业的成本和经济负担,不利于社会发展。另一种观点主张污染者只负担防治污染和赔偿受害者费用,目前大多数国家采用这种做法,把环境规划中用于污染防治和环境质量管理所需费用作为征收排污费的依据。因此,排污收费资金主要用于向污染治理的工业部门或城镇公共设施提供贷款和补助金,对于这项资金的收、管、用和返回污染治理的比率各国各地区有明显差异。

我国政府第一次提出排污收费是在1978年12月。1979年9月颁布的《环境保护法(试行)》对排污收费制度作了明确的规定,自当年7月1日起在全国执行,标志着排污收费制度的正式建立。我国排污收费的法规体系由四个层次组成:全国人大颁布的法律,国务院制定的行政法规,各省、自治区、直辖市制定的地方法规,国家有关部门及地方政府制定的行政规章。目前征收排污费的项目有水、气、固体废物、噪声、放射性废物等五大类113项。

作为我国环境管理的重要经济手段,排污收费制度为发展生产、保护环境发挥了重要作用。它加强了企业管理,促进了污染治理,取得了显著的环境效益、可观的经济效益和巨大的社会效益;增强了企事业单位治理污染的积极性,促进了环境保护事业的发展。

3. 排污交易

排污交易制度也可以称为"买卖许可证"制度,它是把环境转化成为一种商品并将其纳入价格机制的可供选择的制度,其基础是排污许可证制度。政府向厂商发放排污许可证,厂商则向指定地点排放特定数量的污染物,排污许可证及其所代表的排污权是可以买卖的,厂商可以根据自己的需要,在市场上买进或卖出排污权。排污许可证可以看成固定的"污染权",而排污收费可认为是"污染价格",两者结合起来就建立了一种市场,在这一市场中可以交易污染权。

实现排污权交易要有一定的前提,一是政府具有维护和管理排污权交易市场的能力,以避免有人对排污权进行恶性炒作而使排污权功能失效;二是环境管制部门的工作人员应做到行为公正、公开,以保证排污权市场的正常运作;三是政府能够对污染者的排污行为进行有效的管理,避免无证排污现象的发生。

建立排污交易制度的过程主要有以下两步:首先确定该管理系统内各种污染物的允许排放负荷总量,并分配到各个排污者,即建立排污许可证制度;其次是允许排放量在各排污者之间进行必要的交换,相互间买卖的排放量一部分取决于总允许排放负荷,另一部分取决于区域对污染治理的最低排放要求。

4. 其他经济政策和手段

(1) 产品收费

产品收费就是对那些在生产和消耗过程中产生污染的产品收取费用,这项收费是通过提高产品的价格来实现的。产品收费是基于"污染者支付"原则的。产品收费有两个作用:一是通过产品价格的上升减少这些产品的使用量,从而促使生产者生产污染小的产品;二是可以筹集资金,产品收费的收入作为污染防治措施的资金来源,也可以加到一般的公共预算之中。目前,国外产品收费的应用范围很广,包括润滑油、矿物燃料油、不可回收容器、包装纸、电池等。

(2) 税收差异

税收差异可以认为是产品收费的一种特殊形式。所谓税收差异,是指对有不同环境影响的产品在现有产品税之外以税收形式附加不同的收费,对有污染的产品实行正收费,使其价格上升,对无污染的产品实行负收费,使其价格下降。

(3) 使用者收费

所谓使用者收费,是指为集中处理排放的污染物,污染物排放单位使用污染物的收集、治理设施,依据其排放污染物的数量和质量,有关部门向这些使用者收取费用。目前,使用者收费在许多国家得到应用,其目的主要是为废水和固体废物的收集和处理提供资金。因此,使用者的收费率是根据污染物收集和处理系统的总开支来确定的。一些国家的实际情况表明,总费用不能由收费完全补偿,需要市政部门补贴。

(4) 补贴

补贴是各种财政补助形式的总称,其目的在于促使污染者改变其不利于环境的活动,减少对环境污染,或者帮助那些在执行特殊环境要求中有困难的企业。补贴一般包括以下几种形式:补助金,长期低息贷款,减免税等形式。通过上述几种财政资助手段来达到刺激污染预防、保护环境的目的。

(5)押金制度

所谓押金制度是指对有潜在污染的产品增加一项额外费用(押金),如果通过回收这些产品或把它们的残余物送到收集系统,从而避免了污染环境,就把押金退还给购买者。押金制度由来已久,在二次世界大战前,欧洲对玻璃瓶普遍使用这种方法,当时的目的是出于经济上的考虑,回收容器后能使油、酒和饮料的价格下降。随着环境问题和原材料、能源缺乏等问题越来越受人们的重视,一些国家把押金制度看成环境政策的一项手段。押金制度的应用可以减少废物数量,减轻废物的处置量、减少原材料和能源的消费。目前,押金制度在一些国家应用于饮料容器和废汽车等方面,并取得了良好的效果。

第三节　末端治理与全过程控制理论

一、末端治理

所谓"末端治理"是指对工业污染物产生后实施的物理、化学、生物方法的治理。其着眼点是在企业层次上对生成污染物的治理。在以往的环境保护工作中末端治理发挥了重要作用,在一定程度上减缓了生产活动对环境的污染和破坏程度。实践证明,随着工业化进程的加快,末端治理的弊端日益明显,主要表现为:

① 随着生产的发展,工业污染物的种类越来越多,规定污染物控制(特别是有毒有害污染物)的要求也越来越严格,从而对污染治理与控制的要求也越来越高。为达到更加严格的排放标准,企业不得不大大提高治理费用,这就给企业带来沉重的经济负担,使企业难以承受,进一步影响了企业治理污染的积极性和主动性。

② 由于污染治理技术有限,治理污染很难达到彻底消除污染的目的,存在污染物在不同介质中转移的问题。特别是有毒有害的物质,往往在新的介质中转化为新的污染物,形成"治而未治"的恶性循环。

③ 末端治理不仅需要增加投资,而且使一些可以回收的资源(包含未反应的原料)得不到有效的回收利用而流失,致使企业原材料消耗增高,产品成本增加,经济效益下降,因此,企业治理污染的积极性大受影响。同时,污染控制与生产过程控制往往没有密切结合,资源和能源不能在生产过程中得到充分利用。

二、全过程控制

全过程污染控制和预防理论可分为三个层次。

(1) 低层次控制

它是生产过程的全过程控制,可有效地解决末端治理带来的一系列问题。从产品,原材料、能源选择,原材料采购、储运,生产组织形式,生产工艺设备选择及产品生产、包装、储运等全过程控制污染。

（2）中层次控制

它是工业再生产过程的全过程控制。即在基本建设、技术改造、工业生产以及供销活动的过程中进行控制。

（3）高层次控制

它是经济再生产全过程控制。即生产、流通、分配、消费各领域的过程控制。它是按产品的生命周期进行全过程控制,甚至包括产品报废后的回收利用。

全过程污染控制和预防的作用主要有:

第一,全过程污染控制和预防可促进环境与经济可持续协调发展。可持续发展强调资源的永续利用和环境容量的持续承载能力;只有对工业企业实施全过程污染控制和预防才有可能最大限度地节约利用资源和能源,实现可持续发展。

第二,全过程污染控制和预防可促进工业生产由资源型粗放经营向效益型集约经营转变,并克服末端治理的不足,提高企业的生产积极性。

第三,全过程污染控制和预防是实现清洁生产的基本保证。清洁生产是一个相对概念,它是一个新的观念和动态目标;清洁生产通过全过程污染控制和预防来实现,全过程污染控制和预防又以清洁生产的内容为主要对象,同时还要包括末端治理。因此,全过程污染控制和预防是推行清洁生产和实现持续发展战略的综合性措施。

第四节　推进清洁生产的相关理论

一、可持续发展

1. 概述

（1）可持续发展理论的提出及发展

20 世纪 60 年代以前,人们通常把经济的增长当作发展的全部内涵,考虑的是如何扩大资源投入和消费来增大经济的总量。这种依靠掠夺自然资源的发展模式,使人类活动的扰动强度逐步达到了全球系统自然调控能力的临界点,引起了令人担忧的全球系统的变化,从而使得环境问题全球化。联合国 1989 年内罗毕环境大会的决议对全球环境问题按其影响程度做了排序,依次是:温室效应、臭氧层破坏、酸雨蔓延、海洋污染、森林锐减、土地荒漠化、物种灭绝、有毒废物和饮用水污染。

这些环境问题威胁着人类赖以生存的自然生态系统,从而威胁着人类自身的发展。于是,人们开始认识到,人类作为自然生态系统中的一员,不可能任意地改造自然环境和无限制地利用地球资源,其生存和活动必然受到地球自然生态系统的发展及其规律的制约,如果不与过去那种非理智的发展理念决裂,不彻底否定过去那种依靠掠夺自然资源的发展模式,那么人类活动对自然资源的影响将不仅是扰动的问题,支撑地球生命的系统将发生全面崩溃。因此,人类面临的重大决策是如何协调自身发展与自然环境的关系。可持续发展理论就是在这种情况下产生并发展的。

1972年,联合国在瑞典的斯德哥尔摩召开了"人类与环境会议",发表了《人类环境宣言》,做出了"环境和发展是相互依赖的"的结论,为可持续发展战略奠定了基础。一方面发展为改善环境提供了保障;另一方面,环境又为发展创造了条件,两者是辨证统一的关系。

1987年,世界环境与发展委员会经过近四年的研究,把长篇报告《我们共同的未来》提交给联合国大会,明确提出了可持续发展的思想。该报告针对当前人类在经济发展与环境保护方面存在的问题进行了系统的评价,并指出:过去我们关心的是发展对环境带来的影响,而现在我们迫切地感到生态压力,如土壤、水、大气、森林的退化对于发展所带来的影响。不久以前我们感到国家之间在经济方面相互联系的重要性,而现在我们则感到国家之间在生态方面相互依赖的紧密性,生态同经济从来没有像现在这样相互紧密地联系在一个互为因果的网络之中。

1989年,联合国环境署第15届理事会经过反复磋商,通过了《关于可持续发展的声明》。《声明》着重指出:"可持续发展意味着应维护、合理使用并提高自然资源的基础;意味着在发展计划和政策中应纳入对环境的关注与考虑。"它表明,可持续发展和环境保护两者密不可分,人类要实现可持续发展,就必须维护、改善人类赖以生存与发展的自然环境;同时,环境保护也离不开可持续发展,它们必须协调进行。

1992年,联合国在巴西里约热内卢举行了"环境与发展大会",183个国家和70个国际组织及非政府组织的代表参加了会议,会议通过了《环境与发展宣言》《21世纪议程》等重要文件。在《环境与发展宣言》这个历史性文件中,世界各国首次提出,人类应遵循可持续发展的方针。世界各国就人类摆脱环境危机、实现社会经济的可持续发展达成共识。至此,可持续发展的观点已被大多数人所接受,可持续发展理论已趋于成熟,可持续发展的行动纲领已被越来越多的国家所采纳。

2002年9月2日~4日在南非约翰内斯堡召开了联合国可持续发展世界首脑会议,约有130多个国家的元首和政府首脑、国家代表和非政府组织、工商界和其他主要群体的领导6万多人参加了会议。会议涉及政治、经济、环境与社会发展等多方面问题,其最终目的是要变计划为行动。联合国经济与社会发展事务处提交了一份题为《全球挑战全球机遇》的报告,号召各国改变危及地球及人类的经济发展模式,进一步管理好全球资源,实施可持续发展战略。会议通过了长达65页的《执行计划》和《约翰内斯堡可持续发展承诺》,这是关系到全球未来10~20年环境与发展进程走向的指南。

(2) 可持续发展的定义

世界环境与发展委员会(1989年)对可持续发展的定义是:"既满足当代人的需要,又不对后代人满足其需要的能力构成危害的发展"。它至今仍是可持续发展的权威定义。但在国际上人们从不同角度对可持续发展进行了表述,具有代表性的几种定义有:

① 从发展的生态属性定义可持续发展。1991年,国际生态学联合会(INTECOL)和国际生物科学联合会(IUBS)联合举行关于可持续发展问题的专题研讨会,该研讨会的成果发展并深化了可持续发展概念的自然属性,将可持续发展定义为:"保护和加强环境系统的生产和更新的能力"。也就是说,可持续发展是不超过环境系统更新能力的发展。R. Forman从整个人类生存生活的生物圈的立场出发,从生态学属性来定义可持续发展,他认为,可持续发展是寻求一种最佳的生态系统以支持生态的完整性和人类整体生存生活愿望的实现,并使人类的生存环境得以持续。据此,我国有学者认为,可持续发展的本质,是运用生态学原理,增强资源的再生能力,引导技术变革使再生资源替代非再生资源成为可能,制定行之有效的政策,使发展要素的利用趋于合理化。

② 从发展的社会学属性定义可持续发展。1991年,世界自然保护同盟(INCN)、联合国环境规划署(UNEP)和世界野生动物基金会(WWF)共同发布《保护地球——可持续发展生存战略》,其中提出的可持续发展的定义为:"在生存不超出生态系统涵容能力的情况下,改善人类社会的生活品质",并提出了人类可持续发展的9条基本原则。其中强调了人类的生产方式与生活方式要与地球承载能力保持平衡,要保护地球的生命力和生物多样性,提出了人类可持续发展的价值观和130个行动方案,着重强调了"可持续发展"的最终落脚点是人类社会,即改善人类社会的生活品质,创造美好的生活环境。我国的一些学者认为,可持续发展是个复杂的社会系统工程,它的中心问题是提高人的素质,实现人的全面发展。

③ 从发展的经济学属性定义可持续发展。这方面的定义也是多种的,其共同点是认为可持续发展的核心是经济发展。E. B. Barbier在其著作《经济、自然资源、稀缺和发展》中,把可持续发展定义为"在保持自然资源的质量和其所提供服务的前提下,使经济发展的净效益增加到最大限度"。英国环境经济学家皮尔斯等用经济学语言表达为"在发展能够保证当代人的福利增加的同时,也不会使后代人的福利减少"。经济方面的关于可持续发展定义中的经济发展已明显不再是传统的以牺牲资源与环境为代价的经济发展,而是"不降低环境质量和不破坏世界自然资源基础的经济发展"。

④ 从发展的科学技术属性定义可持续发展。J. G. Spath从科学技术的角度扩展了可持续发展的定义,认为"可持续发展就是转向更清洁、更有效的技术——尽可能接近'零排放'或'封闭式'工艺方法——尽可能减少能源和其他自然资源的

消耗"。也有人认为"可持续发展就是建立极少产生废料和污染物的工艺或技术系统"。很多科学家认为污染并不是工业活动不可避免的必然结果,而是技术差、效率低、管理不善的表现。他们主张发达国家与发展中国家之间技术合作,以缩小技术差距,提高发展中国家的经济生产力。同时,应在全球范围内开发更有效的矿物能源的使用技术,提供安全又经济的可再生能源技术来限制导致全球气候变暖的二氧化碳排放,通过恰当的技术选择,停止某些化学品的生产和使用,以保护包括臭氧层在内的生物生活圈层,逐步解决全球的生态环境问题,实现全人类的可持续发展。

(3) 可持续发展的内涵

可持续发展把发展与环境当作一个有机的整体,其基本内涵可概述为五个方面。

① 可持续发展不否定经济增长,尤其是穷国的经济增长,但需要重新审视如何推动和实现经济增长。要达到具有可持续意义的经济增长,必须将经济增长方式从粗放型转变为集约型,减少经济活动所造成的环境压力,研究并解决经济上的扭曲与误区。环境退化的原因既然存在于经济过程之中,其解决答案也应该从经济过程中去寻找。

② 可持续发展要求以自然资产为基础,同环境承载能力相协调。"可持续性"可以通过适当经济手段、技术措施和政府干预得以实现。要力求降低自然资产的耗竭速率,使之低于资源的再生速率或替代品的开发速率。要鼓励实施清洁生产工艺与可持续消费方式,使经济活动所产生的废料和污染物的数量尽量减少。

③ 可持续发展以提高生活质量为目标,同社会进步相适应。"经济发展"的概念远比"经济增长"的含义更广泛。经济增长一般被定义为人均国民生产总值(GNP)的提高,它并不等同于经济发展。经济发展必须使社会结构与经济结构发生变化,使一系列的社会进步目标得以实现。

④ 可持续发展承认并要求体现出自然资源的价值。这种价值不仅体现在环境对经济系统的支撑与服务上,也体现在环境对生命支持系统的存在价值上。应当把生产中环境资源的投入与服务计入生产成本(包括开采成本、环境成本和用户成本)与产品价格之中,并逐步修正和完善国民经济核算体系。

⑤ 可持续发展的实施以适宜的政策和法律为条件,强调"综合决策"与"公众参与"。需要改变过去那种各个部门分别制定与实施经济政策、社会政策和环境政策的做法,提倡根据周密的经济、社会、环境考虑及科学的原则、全面的信息和综合的要求,来制定各方面的政策并予以实施。可持续发展的原则要纳入经济、人口、环境、资源、社会等各项立法及重大决策之中。

2. 清洁生产与可持续发展

(1) 清洁生产与可持续发展的关系

清洁生产能兼顾经济效益和环境效益,能最大限度地减少原材料和能源的消耗、降低成本、提高效益;能变有毒有害的原料为无毒无害的产品,能使环境和人类的危害降低到最小程度;能通过科学管理使生产过程中排放的污染物达到最小量;能鼓励对环境无害化产品的需求和以环境无害化方式使用产品。因此,清洁生产方式可以实现资源的可持续利用,在生产过程中减少工业污染的来源,从根本上解决环境污染与生态破坏问题,具有很高的环境效益。另一方面,清洁生产可以在技术改造和工业结构调整方面大有作为,清洁生产对经济发展的巨大贡献表现在清洁生产技术、产品与设备等方面,与清洁生产有重要的关系的环保产业已经成为国民经济的支柱产业。无论从经济角度,还是从环境和社会的角度看,推行清洁生产技术均符合可持续发展战略,它已经成为世界各国实施可持续发展战略的重要措施。

人口与经济的快速增长,要求人类只能在资源可持续利用和环境保护的前提下,寻求发展的合理代价与适度的承受能力的动态平衡。发展中国家已经丧失了发达国家在工业化过程中曾经拥有的资源优势和环境容量,不可能再重复先污染、后治理的工业化道路。只有发展清洁生产,才能在保持经济增长的前提下,实现资源和环境的可持续利用。发达国家可持续发展追求的目标,主要是通过清洁生产等措施提高增长的质量,改变消费模式,减少单位产值中资源和能源的消耗以及污染物的排放量,进一步提高生活质量和关心全球环境问题。所以,清洁生产对于发展中国家和发达国家的可持续发展是同等重要的选择。

(2) 推行清洁生产是中国实行可持续发展的必由之路

《中国 21 世纪议程》在"中国可持续发展的战略与对策"中明确提出了在中国"大力推广清洁生产技术,努力实现废物最小化和资源化,节约资源、能源,提高效率"。原因在于:

① 我国工业的特点决定了必须大力推行清洁生产。中国正处在工业化加速发展的阶段。今后相当长的一段时间内中国经济将保持较高的增长速度。工业的加速发展致使污染物排放量增加,如不采取有效的预防措施,新增工业污染和由此产生的城市污染,将会进一步加剧。

工业布局不合理。中国的工业企业 80% 集中在城市,特别是大中城市。不少工业企业还建在居民区、文教区、水源地、名胜游览区,布局的不合理加重了工业污染。

现有工业的总体技术水平还比较落后。由于原料加工深度不够,资源和能源的利用率不高,单位产品能耗大大高于发达国家。据统计,中国社会最终产品仅占原料总投入量的 20% ~30%,这是造成"三废"排放量大的重要原因。

工业结构中,重污染行业的比重较大,工业的"结构性污染"给城市环境构成了严重的威胁。

小型工业企业多。一些小型工业,工艺、技术落后,设备简陋,操作管理水平低,造成严重污染。

②中国的资源特点也决定了必须大力推行清洁生产。工业是能源和原材料的消耗大户,中国与工业发展相关的资源相对不足,要通过清洁生产大力节约和综合利用资源。

水资源不足已成为社会经济发展的重要制约因素,全国缺水城市达300多个,日缺水量1 000万 t 以上,使工业生产和居民生活受到很大影响。

矿产资源保证程度下降,浪费严重。中国是世界上矿产资源总量丰富、矿种配套程度比较高的国家之一,但是由于矿产丰欠不均(优势矿多半用量不大,大宗矿产又多半储量不足),区域分布不平衡,贫矿、难选矿和中小型矿多等原因,在现有的技术条件和经济条件下,可供开发利用资源不足,保证程度呈下降趋势,有些生产矿山的可采储量严重不足。

能源生产、消费结构以煤为主。节约能源不仅具有环境效益,而且也有经济效益。

二、生命周期评价

1. 概述

(1) 生命周期评价的起源和发展

现代生活离不开产品,产品和服务是消费者与生产者之间的纽带。传统的产品是为了满足用户对性能、质量和价格的要求,企业则以谋求最大利润为目的,追求产品的功能性和经济性的平衡、最大的性能价格比,以占有更大的市场份额,忽视了资源的成本,由此客观上造成了全球性生态恶化和资源枯竭,构成了对人类生存与发展的空前挑战。在全球追求可持续发展的呼声愈来愈高的背景下,提供环境友好产品成为消费者对产业界的必然要求,这就迫使产业界在其产品开发、设计阶段就开始考虑环境问题,将生态环境问题与整个产品系统联系起来,寻求解决的途径与方法。同时,环境管理部门和政府也积极开发一种基于全过程、全功能、全方位角度的综合环境问题管理工具,从而彻底摆脱"解决问题"的传统思路,转向"预防问题发生"的新模式。在产业界、政府与消费者三种驱动力的共同作用下,面向产品系统的环境管理工具——生命周期评价(Life Cycle Assessment,LCA)应运而生[33,34]。

生命周期评价的研究始于生命周期清单分析,在1963年的世界能源大会上,Harold Smith 报告了关于化学中间体及其产品的生产对累积能源需求的计算方法。

最早的生命周期评价由美国可口可乐公司发起,1969年,由该公司中西部资源研究所开展的针对可口可乐公司饮料包装瓶进行评价的研究,是公认的生命周期评价研究开始的标志,为目前的生命周期清单分析方法的确立奠定了基础。

20 世纪 70 年代早期,美国和欧洲的其他一些公司也完成了类似的生命周期清单分析。资源使用和产品环境释放的量化方法被称为资源和环境的轮廓分析(Resource and Environmental Profile Analysis, REPA),在美国得以实践。在欧洲其被称为生态平衡(Ecobalance)。1970～1975 年期间,大约完成了 15 项资源与环境轮廓分析。

1975 年东京野村研究所为日本利乐公司进行了首次包装生命周期评价研究,通过不同的销售方案对纸盒与玻璃瓶进行了比较。随后美国 Franklin 协会也通过研究提出了《15 种一次性饮料瓶的能量比较》的报告,这些都可被视为生命周期评价的早期研究成果。

从 1975 年开始,美国国家环保局(EPA)开始放弃对单个产品的分析评价,转向如何制订能源保护和固体废物的减量目标。同时欧洲经济合作委员会(EEC)也开始关注生命周期评价的应用,并于 1985 年公布了"液体食品容器指南",要求工业企业对其产品生产过程中的能源、资源以及固体废物排放进行全面的监测与分析。

1989 年荷兰国家居住、规划与环境部针对传统的末端控制环境政策,首次提出了制定面向产品的环境政策。这种面向产品的环境政策涉及产品的生产、消费到最终废物处理处置的所有环节,即所谓的产品生命周期。该研究提出要对产品整个生命周期内的所有环境影响进行评价,同时也提出了要对生命周期评价的基本方法和数据进行标准化。

20 世纪 90 年代以后,由于国际环境毒理学和化学学会以及欧洲生命周期评价开发促进会的大力推动,LCA 方法在全球范围内得到较大规模的应用。国际标准化组织制订和发布了 LCA 系列标准。一些国家如美国、荷兰、丹麦、法国等国家的政府和有关机构也通过实施研究计划和举办培训班,研究和推广 LCA 方法学。在亚洲,日本、韩国和印度均建立了本国的 LCA 学会。

我国对生命周期评价的工作也非常重视,1999 年和 2000 年相继推出了 GB/T24040—1999《环境管理 生命周期评价 原则与框架》、GB/T24041—2000《环境管理 生命周期评价 目的与范围的确定和清单分析》等国家标准。

(2) 生命周期评价的定义与特点

① 生命周期评价的定义。生命周期评价,又被称为"从摇篮到坟墓"分析(Cradle to Grave Analysis)或资源和环境轮廓分析(Resource and Environmental Profile Analysis),是对某种产品或某项生产活动从原料开采、加工到最终处置的一种评价方法,并力图在源头预防和减少环境问题,而不是等问题出现后再去解决。因此,对企业生产过程进行生命周期评价有助于优化企业清洁生产设计与创新决策。

目前,生命周期评价的定义有多种提法,其中国际标准化组织(ISO)和国际环境毒理学和化学学会(SETAC)的定义最具权威性。

ISO 的定义:汇总和评估一个产品(或服务)体系在其整个生命周期内的所有投入及产出对环境造成的和潜在的影响的方法。ISO 不仅规范所有产品和服务的技术标准,随着环境保护的需要,也在尝试对环境问题的分析方法进行标准化。ISO 的 TC207 技术委员会在 ISO14000 系列环境管理标准中为生命周期评价预留了 10 个标准号(14040~14049)。1997 年 6 月,ISO 公布了有关生命周期评价的第一个国际标准,即环境管理生命周期评价原则和框架。

SETAC 的定义:生命周期评价是一种对产品生产工艺以及活动对环境的压力进行评价的客观过程,它是通过对能量和物质的利用以及由此造成的环境废物排放进行识别和进行量化的过程。其目的在于评估能量和物质利用,以及废物排放对环境的影响,寻求改善环境影响的机会以及如何利用这种机会。评价贯穿于产品、工艺和活动的整个生命周期,包括原材料提取与加工、产品制造、运输以及销售,产品的使用、再利用和维护,废物循环和最终废物处理与处置。

美国环保局的定义:对最初从地球中获得原材料开始,到最终所有的残留物质返回地球结束的任何一种产品或人类活动所带来的污染物排放及其环境影响进行估测的方法。

Procter&Gamble 公司的定义:显示产品制造商对其产品从设计到处置全过程中造成的环境负荷承担责任的态度,是保证环境确实而不是虚假地得到改善的定量方法。

美国 3M 公司的定义:在从制造到加工、处理乃至最终作为残留有害废物处置的全过程中,检查如何以减少或消除废物的方法。

关于 LCA 的定义,尽管存在不同的表述,但各国际机构目前已经趋向于采用比较一致的框架和内容,其总体核心是:LCA 是对贯穿产品生命周期全过程(即所谓从摇篮到坟墓)——从获取原材料、生产、使用直至最终处置的环境因素及其潜在影响的研究。

② 生命周期评价的主要特点

全过程评价。生命周期评价是与整个产品系统原材料的采集、加工、生产、包装、运输、消费和回用以及最终处置生命周期有关的环境负荷的分析过程。

系统性与量化。生命周期评价以系统的思维方式去研究产品或行为在整个生命周期中每一个环节中的所有资源消耗、废物产生及其环境的影响,定量评价这些能量和物质的使用以及排放废物对环境的影响,辨识和评价改善环境影响的机会。

注重产品的环境影响。生命周期评价强调分析产品或行为在生命周期各阶段对环境的影响,包括能源利用、土地占用及排放污染物等,最后以总量形式反映产品或行为的环境影响程度。生命周期评价注重研究系统在生态健康、人类健康和资源消耗领域内的环境影响。

（3）生命周期评价的基本方法

生命周期评价目前采用两种方法：SETAC-EPA LCA 分析方法（SETAC-EPA Life Cycle Analysis，通常称为生命周期评价——LCA 方法）和经济输入—输出生命周期评价模式（Economic Input-output Life Cycle Assessment Model，EIO-LCA）。

SETAC-EPA LCA 分析方法是经环境毒理学与化学学会（Society of Environmental Toxicology and Chemistry，SETAC）和美国环保局发展的方法，现已被纳入 ISO14000 体系，公布了几个标准，我国于 1999 年和 2000 年先后推出了 GB/T24040—1999 及 GB/T24041—2000 等国家标准。

经济输入—输出生命周期评价模式（EIO-LCA）是 Leontief 提出的输入—输出分析在生命周期评价的应用。1994 年，在美国国家工程院举行的关于"工业生态系统的绿化"会议上，Duchin 讨论了输入—输出分析对工业生态学的意义。1995 年，Lave 等人认为，SETAC-EPA LCA 由于受到缺乏全面的数据、新工艺难以模拟以及边界不易确定三方面的限制，因此并不是可靠的科学工艺，他们把输入—输出分析用于生命周期评价，建立了模型。1998 年，Hendrickson 等人对 EIO-LCA 模型和 SETAC-EPA LCA 方法进行了对比分析。2000 年，Rosenbulm 等人采用 EIO-LCA 模型对美国日益增长的服务行业（Service Industries）所提供直接和间接服务在经济和环境方面的影响进行了比较评价。

2. 生命周期评价的实施框架

1997 年 6 月 1 日正式颁布的 ISO14040（生命周期评价——原则和框架）将一个完整的产品生命周期环境分析工作分为四个基本阶段：目的与范围的确定、清单分析（即分析产品从原材料获取到最终废置整个生命过程各个阶段中的环境投入与产出及其影响的清单）、影响评估（根据清单分析的结果，分析产品各生命阶段对环境的影响，或比较类似产品对环境的影响）、结果解释（将得到的结果与所确定的目的进行比较，确定潜在的改进方向）如图 2.3 所示。

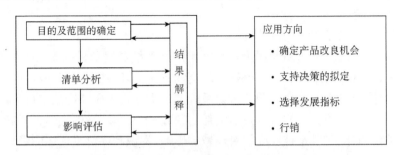

图 2.3　生命周期分析的构架

这些阶段既是相互独立且又相互联系的，可以完成所有阶段的工作，也可以开展部分阶段的工作。

（1）目的与范围的确定

在开始执行产品生命周期评价时，首先需要根据研究的应用方向，对研究的目的及范围做出清楚的定义，并与应用意图相符。根据研究的目的，可把研究的目标分为三类：观念的、初步的和全面的生命周期评价。

观念的产品生命周期评价用于解决产品—环境系统的基本问题，主要向消费者描述环境标志产品应有的品质。

初步的产品生命周期评价为半定量或定量地确定产品存在的主要环境问题，为产品的设计、开发及企业内部环境管理服务，也可用于政府部门的有关环境的决策研究。

完全的产品生命周期评价需要大量数据来支持产品环境体系的全面评价，因而有较强的权威性，用于环境标志的认证、企业的外部宣传，也用于政府的法规制定。

研究范围的界定主要是为了保证研究的广度、深度与要求的目标一致，必须根据生命周期评价方法学中所提及的内容及具体要求考虑所有的有关项目，同时应当认识到生命周期研究是一个反复的过程，随着对数据和信息的收集，可能要对研究范围的各个方面加以修改，以满足原定的研究目的。研究过程应重点包括以下内容。

① 确定产品的功能和功能单位。在确定产品生命周期评价的范围时，必须陈述产品的功能特征，功能单位必须与研究目的与范围相符，功能单位提供了一个在数学意义上统一计量输入与输出关系的基准，因此，它必须是明确规定并可被测量的。一旦确定了功能单位，就须确定实现该功能所需的产品数量，此量化结果即为基准流。基准流可用来计算产品系统的输入与输出。进行系统间的比较必须基于同样的功能，以相同功能单位所对应的基准流的形式加以量化。

② 确定系统边界。单元过程是进行生命周期评价时从中收集数据的产品系统的最基本部分，确定系统边界就是确定要纳入待模型化系统的单元过程。在理想情况下，建立产品系统的模型时，其边界上的输入输出关系均为基本流。但很多时候无法进行如此全面的研究，因此确定系统边界时必须决定在研究中对哪些单元过程建立模型，并决定对这些单元过程研究的详细程度，从而不必为量化那些对总体结论影响不大的输入和输出而耗费资源。在很多情况下，随着研究的进展，还要在前期工作成果的基础上对初步确定的系统边界加以修改，对任何可忽略的过程、输入和（或）输出的假设给予说明。

③ 输入输出的选择。在确定研究范围时，初步选定用于清单的一组输入输出。在此过程中如将所有的输入和输出都纳入到产品系统中进行模拟分析是不实际的。识别应追溯到环境的输入输出，即识别应纳入所研究的产品系统内的产生

上述输入或输出的单元过程。识别一般都是先利用现有数据做初步识别,根据研究中数据的积累对输入输出做出更充分的识别,最后通过敏感性分析加以验证。

(2) 清单分析

研究目的与范围的确定为开展产品生命周期分析提供了一个初步计划,生命周期清单分析则涉及数据的收集和计算程序。清单分析的工作步骤如图 2.4 所示。具体可归纳为:

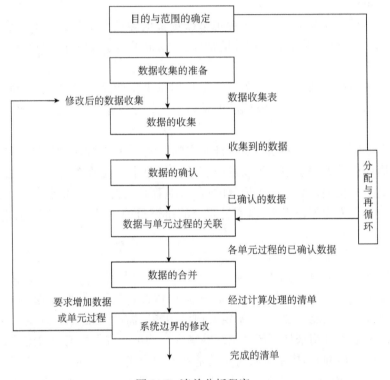

图 2.4　清单分析程序

① 数据收集准备。LCA 研究范围确定后,单元过程和有关数据类型也就初步确定了,为保证对有待模型化的产品系统进行统一和一致的理解,应做到以下几个方面。

绘制具体的过程流程图,绘制所有需要建立模型的单元过程和它们之间的相互关系图;

详细表述每个单元过程并列出与之相关的数据类型;

编制测量单位清单;

针对每种数据类型,进行数据收集和计算技术的描述,使参与工作的所有人员理解该产品生命周期分析研究需要哪些信息;

要求将涉及报送数据的特殊情况、异常点和其他问题作以明确文件记录。

② 收集数据。在生命周期分析中,数据收集程序会因不同系统模型中的各单元过程而变,同时也可能因参与研究人员的组成和资格以及满足产权和保密要求的需要而有所不同。数据收集要详细了解每个单元过程,并对每个单元过程的表述予以记录,以避免重复计算。对从公开出版物中收集的数据要明确表明出处。对于从文字资料中收集到的对研究结论作用重大的数据,必须详细说明这些数据的收集过程、收集时间以及其他数据质量参数的公开来源。

③ 计算程序。建立计算程序,以便对产品系统中每一个单元过程和功能单元,求得清单结果。所有的计算程序都必须明确形成文件。任何一种计算程序都需要有正确或适当的资料输入,才能得到较好的结果。

④ 分配。生命周期清单分析要建立在将产品系统中的单元过程以简单的物流或能流相联系的基础之上。大部分工业过程都是产出多种产品,并将中间产品和弃置的产品通过再循环用作原材料。因此,必须将物流、能流和向环境排放根据规定的程序分配到各个产品中。清单是建立在输入与输出的物质平衡的基础上,因而分配程序应尽可能反映这种输入与输出的关系与特征,必须对每个要进行输入输出分配的单元过程所采用的分配程序进行论证。对于共生产品、内部能量分配、服务(例如运输、废物处理)以及开环和闭环的再循环,应遵循以下分配原则:

研究中必须识别与其他产品系统公用的过程;

单元过程中分配前后的输入、输出的总和必须相等;

如果存在若干个可采用的分配程序,必须进行敏感性分析,以说明采用其他方法与所选用方法在结果上的差别。

对系统中相似的输入输出,必须采用相同的分配程序。物流、能流和排放的分配必须在上述原则的基础上分步执行以下步骤。

步骤一:只要有可能,就应避免进行分配;

步骤二:当分配不可避免时,应将系统的输入和输出划分到其中的不同产品或功能,做法上应能反映它们之间的物理关系,即输入输出如何随着系统所提供的产品或功能中的量变而变化。但最终的分配结果不一定与简单的测量值完全成比例;

步骤三:如果单纯的物理关系无法建立或无法作为分配基础,应当以能反映它们之间其他关系的方式将输入在产品或功能间进行分配。

(3) 影响评估

生命周期影响评价是对清单分析阶段所识别的环境影响程度进行定性或定量评估,即确定产品系统的物流、能流及各种排放对其外部环境的影响。影响评估由以下三个步骤组成:影响分类、特征化和量化。

① 影响分类。影响分类是将清单分析中的输入和输出数据归纳分成不同的

环境影响类别。生命周期各阶段所使用的能源/资源及所排放的污染物,经分类、整理后作为影响因子。如表 2.1 所示,影响因子可分为资源消耗影响、化学方面影响及非化学方面影响三大类。

各类影响因子对环境产生的影响可见表 2.2。环境影响主要分为生态系统影响、人类健康影响和自然资源影响三类。例如,清单分析中空气释放物如二氧化碳、甲烷、氟氯烃和臭氧会引起温室效应,可被归到生态系统影响中的温室效应一类中。

表 2.1　影响因子分类

资源消耗	可再生资源,不可再生资源
化学方面	温室气体 臭氧消耗气体 毒性物质 酸化物质 光化学氧化物 营养化物质
非化学方面	栖息地改变 淤泥沉积 噪声 离子化辐射 生活空间受到限制

表 2.2　影响因子及其相关的环境影响

影响因子	初级影响	二次影响
酸性气体排放	酸雨	湖泊酸化
光化学氧化物	烟雾	健康损害
营养物质	富营养化	沼泽、湿地的破坏
温室气体	温室效应	海平面上升
臭氧消耗物质	臭氧层破坏	皮肤癌
毒性化学物质	毒性效应	健康损害
固体废弃物	土地占用	栖息地破坏
化石燃料使用	资源减少	
噪声	干扰人与生物	
施工建设	栖息地破坏	生物多样性变化

② 特征化。特征化是运用量化方法,对不同类别的影响因子造成的影响进行定量评价和综合分析。目前,特征化的方法不少,一种方法是用统一的方式将清单

分析的数据与无可观察效应浓度或特定的环境标准相联系。另一种方法是试图模拟计量效应间的关系，并在特定的场合运用这些模型。当前，许多工作放在不同影响类型的当量系数的开发和使用上，如全球变暖潜力（GWP）和臭氧耗竭潜力（ODP）。特征化阶段更进一步的发展是对某一个给定区域的实际影响量进行归一化，从而增加不同影响类型数据的可比性，为下一步的量化评价提供依据。但是，用任何方法从影响评价中得出结论的依据必须在研究报告中给予完整的描述。

③ 量化。量化是确定不同影响类型的贡献大小，即权重，以便得到一个数字化的可供比较的单一指标。影响评价的量化包括确定产品的环境属性，确定环境影响、环境影响类型的权重值和将权重值应用到环境影响描述符中这几方面工作。目前，环境毒理学和化学学会 SETAC、美国 EPA、加拿大标准协会已经公布了生命周期影响评价的理论指南。

（4）结果解释

这是生命周期评价的最终目标，即根据清单分析和影响评估的结果来解释并满足目标和范围界定的各项要求，对现在的产品设计和生产工艺提出改进和实施方案，从而找出合理、经济、有效的方法来降低环境风险。

3. 生命周期评价在清洁生产中的作用

生命周期评价是对产品、工艺过程或生产活动从原材料获取到加工、生产、运输、销售、使用、回收、养护、循环利用和最终处理处置等整个生命周期系统所产生的环境影响进行评价的过程，在促进和推动清洁生产方面发挥着积极的作用[35]。

（1）改进生产过程

通过对产品的生命周期评价，可以促进企业对其生产过程进行审查，帮助企业确定在产品整个生命周期中对环境影响最大的阶段，了解在产品的生命周期各个阶段中所造成的环境风险，从而使企业在废物的产生过程和能源的消耗过程都考虑到对环境的影响，减少污染物排放，作出改进生产过程、确保环境影响最小化的决策。

（2）优化产品的设计

生命周期评价促使企业对产品的设计开发提出了更高的要求，使其在产品设计阶段就要考虑到资源的消耗和保护环境的要求。产品设计不但要遵循经济原则，更要遵循生态原则。瑞典的环境优先战略计划是利用生命周期评价，建立全面的产品环境评价系统，是用于产品设计的典范之一。其内容主要包括：

① 运用环境负荷描述产品各生命周期的原材料、能源消耗和污染排放；

② 对不同生产方法、产品设计提供有良好可比性的环境评估方法；

③ 建立系统的、以产品生命周期评价基本原则为基础的环境影响评价信息、方法信息。

（3）区域清洁生产的实现——生态工业园分析和入园项目的筛选

生命周期评价不仅对企业内部的清洁生产起到了积极的推动作用,而且对于区域清洁生产的实现,也有着重要的意义。生态工业园的最主要特征是实现园区内资源利用最大化和环境污染最小化。生命周期评价由于考虑的是产品生命周期全过程,即既考虑产品的生产过程(单元内),亦考虑原材料获取和产品(以及副产品、废物)的处置(单元外),将单元内、外综合起来,考察其资源利用和污染物排放清单及其环境影响,因此可以辅助进行生态工业园区的现状分析、园区设计和入园项目的筛选。

4. 生命周期评价的局限性

很明显,生命周期评价在环境管理领域将成为一种很有潜力的重要工具,但产品的生命周期评价只是风险评价、环境表现(行为)评价、环境审核、环境影响评价等环境管理技术中的一种,它并不是万能的。生命周期评价中主要技术的局限性有:

① 生命周期评价中所做的选择假定,如系统边界的确定、数据来源和影响类型的选择,可能具有主观性;

② 用来进行清单分析或评价环境影响的模型要受到所做假定的限制。另外,对于某些影响或应用,可能无法建立适当的模型;

③ 针对全球性或区域性问题的生命周期评价研究结果可能不适合个别局域性应用,即全球或区域性条件不能充分体现当地条件;

④ 由于无法取得或不具备有关数据,或是数据质量(如数据断档、数据类型、数据综合、数据平均、现场特性等)限制了生命周期研究的准确性;

⑤ 用来进行影响评价的清单数据缺乏时空属性给评价结果带来不确定性,这种不确定性常因具体影响类型的空间和时间特性而异。

一般说来,从生命周期研究所取得的信息,只能作为一个比它更为全面的决策过程的一部分加以应用,或是用来理解广泛存在的或一般性的权衡与分析中。对于不同的 LCA 研究,只有当它们的假定和本身条件相同时,才有可能对其结果进行比较。

三、污染预防

1. 污染预防的起源和发展

污染预防(Pollution Prevention)是美国环境保护局(EPA)提出的一套环境管理体系。早在 20 世纪 80 年代初,美国政府在实践中发现,实行"终端控制"(末端治理)不可能从根本上解决美国的环境污染问题,因而将源头削减的"污染预防"战略作为环境保护的有效手段[36]。

1988 年,EPA 在政策、计划和评价办公室内成立了污染控制预防中心办公室,着手污染预防的立法工作,首次将污染预防纳入法律之中,取名为《废物削减法》,

后经修改,1990 年以《1990 年污染预防法》的形式由国会批准生效。

《1990 年污染预防法》将污染预防确定为"全国的目标",并制定了一系列对策。该法规定,在处理环境污染时,首先应选择的办法是污染预防,其次是循环利用,再次是污染处理,最后才选择污染处置或直接排入环境之中。

1991 年 2 月美国环保局发布了"污染预防战略",其主要目标为:①在现行的和新的指令性项目中,调查具有较高费用和有效性的清洁生产投资机会;②鼓励工业界的志愿行为,以减少美国环保局根据诸如有害物质控制条例采取的行动。

至 1992 年 3 月美国已有 26 个州相继通过了实行污染预防或废物减量化的法规。1993 年 6 月 15 日 EPA 局长 Carol M.Browner 签发了"环保局关于污染预防的政策声明"。1994 年春发表了美国环保局"污染预防的成就报告——政策导致行动"。至此,污染预防已经逐步形成了一套完整的法规、政策、计划和实施体系。

2. 污染预防的定义和内涵

美国环保局对污染预防的定义为:污染预防是在可能的最大限度内减少生产场地产生的全部废物量。它包括通过源削减,提高能源效率,在生产中重复使用投入的原料以及降低水消耗量来合理利用资源。

污染预防不包括废物的厂外再生利用、废物处理、废物的浓缩或稀释以减少其体积或毒性;也不包括有害有毒的成分从一种环境介质中转移到另一种环境介质中。

加拿大联邦政府对污染预防的定义是:采用适当的生产工艺、操作方法、物料、产品和能源,避免或减轻污染物和废物的产生,以减轻其对人类健康和环境的危害。

污染预防政策的内涵是在污染的产生源进行预防,减少污染的产生;无法预防的污染应当以环境安全的方式回收利用;污染物的处置或向环境中排放只能作为最后的手段,并且要以环境安全的方式进行。或者说污染预防法的基本政策是作为环境管理体系的最高重点,是通过源削减实现污染预防,而不是在废物产生后进行控制。

污染预防是以一种完全不同的方式来减少对人类健康和环境的危害,力求消除污染的病因,而不是医治污染的症状,反映了从"控制"到"预防"的战略转移。这一转移所能带来的效果就是生产成本的降低,经济效益的提高,及更有效的环境保护。

3. 美国污染预防推行状况

美国的污染预防发展较早,《1990 年污染预防法》颁布后,污染预防有了法律依据,相关工作不断深化,污染预防现已成为美国环境政策的中心,它在美国的环境保护事业中发挥着巨大的作用。美国的污染预防工作主要体现在以下几个方面。

（1）成立污染预防办公室

按《1990年污染预防法》的要求，美国环保局内成立了污染预防办公室，其任务是开发、推广和实施污染预防战略。

（2）环保局内成立污染预防信息交流中心（PPIC）

PPIC由污染预防办公室和研究与发展办公室发起成立，它将为企业提供有关源削减及再循环利用方面的信息服务（无偿服务）。PPIC还将帮助政府和企业制定污染预防计划，向计算机网络提供相关资料。此外，PPIC内部还成立了污染预防信息交流系统（PIES）。

（3）实施绿光计划

绿光计划（the green lights program）是一项将有用资金投入能源有效利用技术的自愿非法规管理计划。其目标是提高能源利用率，预防与发电有关的污染，通过安装有效节省能源的照明系统，节省能源费用。因为光源消耗电力大约占美国能源消耗的25%，且一半以上光源是浪费电力的。这项计划提供了一个污染预防的实质机会，并增加了利润，在不到两年的时间里，参与绿光计划的单位共节省电费2 960万美元。

（4）制定和实施33/50计划

该计划是由EPA有毒物质管理办公室实施的污染预防活动，旨在通过志愿性源削减，在制造业中将17种有毒污染物的排放量和转运量从1988年的1 474百万磅① 降至987.7百万磅（削减33%）；到1995年再降至737.1百万磅（削减50%）。计划实际执行情况是：在1988～1991年已使17种有毒化学物质排放量减少了34%；1993年提前两年完成削减50%的最终目标。到1993年末，近1 200家公司被选定参加33/50计划，使全国最大的600家公司中参与该计划的超过了60%。高度优先控制的有毒化学物质包括：苯、铜、四氯化碳、氯仿、铅、氰化物、二氯甲烷、三氯乙烷、三氯乙烯、四氯乙烯、甲基乙基酮等。

（5）制定"源削减检查计划"（SRRP）

实施SRRP的目标是为了评价新颁布的工业标准对工业界采用源削减措施潜力的影响，SRRP重点选择了对16个主要工业部门产生影响的废气、废水和固体废物标准，SRRP是建立在现有管理办法基础上的，重点考虑源削减。SRRP分三步进行：源削减分析、制度和规章、规章的实施。实施SRRP使工业界获得不小的收益，如通过SRRP计划，Briggs&Stratton公司采用新的清洁剂替代三氯乙烷，每年可减少100万磅大气污染物和50多万吨有毒废物，每年节约开支31.2万美元。

（6）树立污染预防伦理观念

由于污染预防在环境保护中占有重要地位，因而需要将污染预防作为环境保

---

① 1磅＝0.4536kg。

护的基本准则,在处理任何环境问题时,污染预防均作为第一选择,美国环保局局长 Willian Reilly 许诺,准备把污染预防纳入国家的环境道德规范之中。让人们树立污染预防的伦理道德,当人们认识到污染预防的意义和作用时,他们就会主动进行污染预防工作。

(7) 建立污染预防示范工程

为推动污染预防工作,美国环保局在不同的行业建立了污染预防示范工程,包括企业、区域生态系统、大学、军事基地等。每个示范工程均以污染预防为特色,通过开发多种预防技术来消除污染。通过示范工程的示范作用,带动全国范围的污染预防工作。

四、工业生态学(产业生态学)

1. 工业生态学的产生和发展

人类社会的发展进入工业文明以后,建立了以人类为中心的社会体系——经济体系,工业系统则是其主要的子系统,其在传统的经济发展模式中发挥了举足轻重的作用。随着工业文明的不断推进,工业系统在满足人类社会经济和生活需求的同时,其全部活动对区域甚至全球的自然环境产生扰动的强度越来越大,导致工业系统与自然环境系统之间的矛盾越来越尖锐。如何有序地协调工业系统与自然环境的关系,使人类社会发展需求与自然生态系统的发展达到动态平衡,人们一直在探讨科学有效的理论和解决方法。在这一背景下,产生了工业生态学,并得到了迅速发展[37~41]。

20 世纪五六十年代,随着生态学的蓬勃发展,人们产生了能否模仿自然生态系统中物质循环和能量流动规律重构工业系统的想法。随后,许多学者开始以生态学观点重新审视工业体系并对其存在的问题进行了分析。1983 年,比利时的生物学家、化学家及经济学家通过联合研究,认为工业社会是一个由生产力、流通与消费、原料与能源以及所产生的废料等构成的生态系统,因此可以运用生态学的理论与方法来研究现代工业社会运行机制。这一阶段被认为是工业生态学的萌发阶段。

工业生态学概念的提法始于 1989 年,美国通用汽车公司的研究部副总裁罗伯特·福罗什(Robert Frosch)和负责发动机研究的尼古拉斯·加罗布劳斯(Nicolas Gallopoulos)在《科学美国人》上发表的题为《可持续工业发展战略》的文章,作者认为在传统的工业系统中,每一道制造工序都独立于其他工序,通过消耗原料生产出即将被销售的产品和相应的废料;指出工业完全可以运用一种更为一体化的生产方式来代替这种过于简单的传统生产方式,那就是工业生态系统。在这样的系统中,每个工业企业必须与其他工业企业相互依存、相互联系,从而构成一个复合的大系统,以便运用一体化的生产方式来代替传统的生产方式,减少工业对环境的影响。文章发表之后立刻引起了强烈反响,一方面是因为《科学美国人》的学术声誉,罗伯特·福罗什的个人声望(他曾担任联合国环境署的首位助理主任),以及通用汽车公司的地位与分量,另一方面,当时关于布伦特兰委员会可持续发展报告的讨论已经开始展开,而这极大地推动了工业生态学的发展。

经过十多年的发展,目前工业生态学已经得到了广泛地应用。不仅发达国家开展了相关的研究和实践活动,而且相关概念也在发展中国家迅速得到推广。但就其应用的层次而言,可以分为三个层次:第一个层次是在企业内部,探索如何从企业整体角度通过过程的集成来优化使用各种资源,使废物产生最小化,相应的方法包括生命周期评价、环境设计、生态效率分析等;第二个层次是在工业系统内部考虑不同企业之间的相互合作,各企业通过共同管理环境事宜来获取更大的环境效益、经济效益和社会效益,这个效益通常会大于单个企业通过个体行为最优化的效益之和,这个层次的应用在实践上就是目前颇为流行的生态工业园;第三个层次是考虑在一个地区、一个国家,或更广的范围内(如区域、全球范围)建立生态工业网络。这指的是考虑不同的工业系统、工业群落之间如何通过有效地合作来优化资源的使用,改善整体环境绩效,最大可能地推进可持续发展。

产业生态学作为一门新兴科学,是在工业生态学的基础之上发展起来的,是将研究领域由工业延伸到三次产业。产业生态学界定的产业的外延非常广泛,涵盖了人类的各种活动,包括采掘业、制造业、农业、建筑业、交通运输业、能源生产和使用业、消费者和服务提供商对产品的使用以及废物处理处置等活动。产业生态学研究范围已扩展到人类生存和活动对环境造成的影响,能够更全面的指导人类社会的可持续发展。从 1996 年联合国环境规划署《产业与环境》杂志中文版首次将工业生态学的概念和方法引入中国以来,经过近 10 年的发展,产业生态学原理已渗透到工业、农业和服务业的各个环节,在我国众多生态工业园区和循环经济园区的建设中得到应用,并成为研究的热点领域,其研究内容也不断深入。产业生态学作为清洁生产的理论支撑,已经在清洁生产实践中发挥了重要的指导作用,同时也将清洁生产的研究领域由工业企业拓展到社会经济活动的各个领域。我们将结合今后的研究工作,进一步探讨和应用产业生态学的相关理论,丰富清洁生产和循环经济理论体系,全面提升清洁生产和循环经济在环境保护中的地位和作用。

2. 工业生态学的定义

工业生态学作为一门正在蓬勃发展的新兴学科,对其不同的定义多达 20 多种。综合各种定义,比较有代表性的主要有以下三种。

(1)《工业生态学杂志》的定义

工业生态学是迅速发展的一个领域,它从局部、区域和全球三个层次上系统研究产品、工艺、产业部门和经济部门中的物质与能量的使用和流动,它集中研究工业在降低产品生命周期的环境压力方面的潜在作用,产品生命周期包括原材料采掘、产品制造、产品使用和废物管理等。

(2) 美国跨部门工作组报告的定义

工业生态学这一术语把工业和生态学两个熟悉的词结合为一个新的概念,它研究在工业、服务及使用部门中原料与能源流动对环境的影响。它阐明工业过程如何与生态系统中天然过程发生相互作用。自然生态系统发生的物质和能源使用及其循环的重建指出了可持续工业生态学的道路。工业生态学提供了一个研究技术、效率、资源的供应、环境质量、有毒废物以及重复利用诸多方面互相关联的框架。

(3) 工业生态学在国际学会上的定义

工业生态学提供了一个强有力的多视角的工具,通过它,可审视工业和技术的影响及其在社会和经济中的相关变化。工业生态学是一正在形成的领域,它研究产品、过程、工业部门和经济活动中的原料和能源在局地、区域和全球范围地使用与流动。它关注工业产品生命周期及与之相关问题在减少环境负荷方面的潜在作用。

总之,工业生态学认为工业系统既是人类社会系统的一个子系统,也是自然生态系统的一个子系统,是人类社会与自然生态系统相互作用最为强烈的一个子系统,其与自然系统关系处理的好坏是人类可持续发展的核心问题。工业生态学从这一核心问题出发,以工业系统中的产品与服务为重点,采用定量的方法,分析、研究工业系统的全部运行过程(包括原材料采掘、原材料生产、产品制造、产品使用、产品的回用、产品最终处置)对自然环境造成的影响,从而找出减少这些影响的办法。

工业生态学为研究人类工业社会与自然环境的协调发展提供了一种全新的理论框架,为协调各学科与社会各部门共同解决工业系统与自然生态系统之间的问题提供了具体、可供操作的方法,为可持续发展的理论奠定了坚实的基础。工业生态学追求的是人类社会和自然生态系统的和谐发展,寻求经济效益、生态效益和社会效益的统一,实现人类社会的可持续发展。

3. 工业生态系统

(1) 生态系统与工业生态系统

工业生态系统理论的主要思想是把工业系统视为一类特定的生态系统,首先与生态系统一样,工业系统是物质、能量和信息流动的特定分布,而且完整的工业有赖于生物圈提供的资源和服务。工业生态学的观点认为,在考察工业系统而不是单一生产单元或设施时,有必要借鉴自然生态系统的物质与能量流动模型,来构筑工业系统中不同企业的废物最小化的运作模式。在生态系统中,一种生物产生的废物或一个种群的部分产生的废物,都是有用物质和能量的来源,不被整个系统当作废物来处置,在生态系统中,物质得以充分利用,形成封闭循环。如微生物自身常常成为其他生物的食物,因此储存在他们身上的物质和能量势必在相关生物组成的网络中流动。工业系统中的各种成员都能与自然生态系统中的生物相对应。在人类生产与消费组成的复杂空间与时间网络中,单个物料可能流过几种不同的工业系统,每一个系统成员可能在多个工业系统中起作用。从全球化的角度,我们可将地球视为由无数相关的自然生态子系统组成,工业生态系统就相当于由工业子系统组成的整体网络,这些工业子系统分别涉及不同的地域、行业或原料。工业生态系统的概念与生物生态系统概念之间的简单类比不是工业生态学的核心,真正的核心是使工业体系模仿自然生态系统的运行规则,实现人类的可持续发展。同自然生态系统一样,工业生态系统具有四个基本生态系统原则,见表2.3。

表 2.3　工业生态系统的四个基本生态系统原则

生态系统	工业生态系统
循环传输	循环传输
物质循环	物质循环
能量层叠	能量层叠
多样性	多样性
生物多样性	行为者多样性(行业、部门、企业等)
物种、生物	相互依赖性和协作
相互依赖性和协作	工业输入—输出
信息	
地域性	地域性
利用地方资源	利用地方资源(包括废物)
注重地方特性	注重地方特性
限制性因素	限制性因素
地方依赖性	地方成员间协作
协作	
渐变	渐变
利用太阳能进化	利用废物、能源和再生资源
通过繁殖进化	系统多样性缓慢发展
轮回的时间周期性和季节性	
系统多样性发展缓慢	

(2) 工业生态系统的组成

自然生态系统中存在着三类有行为的基本组成,即生产者、消费者和分解者。对于工业生态系统,也可以按自然生态学的基本原则对其成员进行划分,内容见表2.4。

表 2.4　生态系统成员组成

组成	自然生态系统	工业生态系统
生产者	利用太阳能或化学能将无机物转化成有机物,或把太阳能转化为化学能,供自身生长发育需要的同时,为其他物种群(包括人类)提供食物和能源。如绿色植物、单细胞藻类、化能自养微生物	初级:利用基本环境要素(空气、水、土壤岩石、矿物质等自然资源)生产出初级产品,如采矿厂、冶炼厂、热电厂等 高级:初级产品的深度加工和高级产品生产。如化工、肥料制造、服装和食品加工、机械、电子产业等
消费者	利用生产者提供的有机物和能源,供自身生长发育,同时也进行有机物的次级生产,并产生代谢物,供分解者使用。如动物(草食、肉食等)、人类	不直接生产"物质化"产品,但利用生产者提供的产品,供自身运行发展,同时产生生产力和服务功能,如行政、商业、金融业、娱乐及服务业等
分解者	把动、植物排泄物、残体分解成简单化合物,再生以供生产者利用。如分解性微生物、细菌、真菌及微型动物等	把工业企业产生的副产品和"废物"进行处置、转化、再利用等,如废物回收公司、资源再生公司等

按生态学或进化论观点,生态系统内部组成之间是优胜劣汰,适者生存的竞争关系,但同时又有协作和共生关系。对于工业系统而言,工业生态学家普遍强调协作和共生关系,尤其在原料和能量流动的网络共享和废物利用方面。这样就打破了传统上企业轻视废物资源化的思想和将废物管理、处置和环境问题交由次要部门处理的低级运作方式。按工业生态学的观点,各工业企业应给予废物资源化增值和产品生产、市场营销以同样重要的地位。那些原来附属于企业内部的"次要"部门可以被其他同样重要而且独立的组成部分替代。从实现高效物质和能量循环流动的角度看,这些组成部分显得格外重要。因此,在工业生态系统的组成部分中常常有资源回收再生公司或环境技术公司。

（3）工业生态系统的平衡

在任何一个正常的生态系统中,在一定时期内,能量流动和物质循环在生产者、消费者和分解者之间都保持一种相对的、动态的平衡,这种平衡就是所谓的生态平衡。在自然生态系统中,生态平衡还表现为生物种类和数量的相对稳定。群落成员的结合主要是每一种成员的作用所致,这种作用甚至当环境条件发生变化时,仍然能够保持。同时,群落组成的多样性使群落能很快适应周围环境的变迁。当环境中发生某些对群落不利的影响时,有些种类可能反应敏感,而另一些种类则能够忍受这种影响,因而,整个群落仍然维持。并且,在变化的环境条件下,能借以群落成员之间的相互作用为基础的自我平衡机制自我调节,维持稳定。

工业生态系统的长期稳定发展有赖于整个系统的平衡。这种平衡的内在机制是市场价值规律,而平衡的实现要靠系统内部具有自动调节的机制和能力。当系统的某一组成部分出现机能异常时,就可能被不同组成部分的调节所抵消。而当某一组成失效(如破产、搬迁等),造成系统生态链中断或部分脱节,必须有其他组成成员填补空位或使用新途径的生态链。系统的组成部分越复杂,能量流动和物质循环的途径越复杂,其调节能力就越强。但这种内在调节能力也有一定限度,因此,有必要辅助于人为调控手段,这种调控来源于工业生态系统的协调管理机构。这些都是在进行工业生态学理论的实践——生态工业园的建设中需要重点考虑的问题。

4. 生态工业园

(1) 生态工业园的定义

20 世纪 90 年代初,在一些学术论文和会议报告中开始出现"生态工业园"的概念,它是工业生态系统具体的体现,也是工业生态学理论的具体实践。自 20 世纪 50 年代自发形成的丹麦卡伦堡共生体系是世界上第一个典型的生态工业园区,被誉为工业生态学的经典范例。它极其重视并鼓励企业、政府等建立密切的内部联系。1993 年起,在美国已经有了生态工业园的实验基地或示范园,美国可持续发展总统委员会(President's Council on Sustainable Development, PCSD)还专门成立了一个生态工业园的专家组,指导和研究这些示范项目的确定、设计和实施。1996 年,美国 PCSD 在弗吉尼亚的开普查尔斯召开的"工业生态园研讨会"上,对工业生态园作了如下定义:

"一个工商业组成的群体相互合作,并且与地方社区合作,达到充分共享资源(信息、材料、水、能源、基础设施、自然条件),在获得经济效益和环境效益的同时,为满足工商业和当地社区的需要,提高人力资源水平。一个工业系统充分考虑材料和能源交换,以求最大程度地降低能源和原材料消耗,使废料降低到最低水平,从而使经济、生态、社会三者之间形成可持续发展的关系。"

概括地说,工业生态园就是集工商企业、良好的环境、社区服务为一体,以求创造更多的商机、改善生态系统,是将发展经济与保护环境有机结合的一个新理念。它通过对周围"资源"(包括商业、政府、组织、科研院校)等的有机结合,创造出一种"活性链",产生出更大的经济与环境效益。在一个园区中,各企业进行合作,以使资源得到最优化利用,特别是相互利用废料(一个企业的废料作为另一个企业的原料)。不过,"园区"的概念不应使人们理解成一定是某个在地理上毗邻的地区,一个生态工业园完全可以包括附近的居住区,或者包括一个相距很远的企业。生态工业园的观念区别于传统的废料交换项目,它不满足于简单的一来一往的资源循环,而旨在系统地使一个地区的总体资源增值。

（2）生态工业园的特征

目前,尽管生态工业园的研究与实践尚处于初级阶段,但与传统的工业园相比,生态工业园具有以下特征:

① 具有明确主题,但不只是围绕单一主题而设计、运行,在设计工业园同时考虑了社区;

② 通过毒物替代、二氧化碳吸收、材料交换和废物统一处理来减少环境影响或生态破坏,但生态工业园不单纯是环境技术公司或绿色产品公司的集合;

③ 通过共生和层叠实现能量利用效率最大化;

④ 通过回用、再生和循环对材料进行可持续利用;

⑤ 在生态工业园定位的社区以供求关系形成网络,而不是单一的副产物或废物交换模式或交换网络;

⑥ 具有环境基础设施或建设,企业、工业园和整个社区的环境状况得到持续改善;

⑦ 拥有规范体系,允许一定灵活性而且鼓励成员适应整体运行目标;

⑧ 应用能减废、减污的经济型设备;

⑨ 应用便于能量与物质在密封管线内流动的信息管理系统;

⑩ 准确定位生态工业园及其成员的市场,同时吸引那些能填补适当位置和开展其他业务环节的企业。

有学者指出生态工业园最本质的特征在于企业间的相互作用以及企业与自然环境间的作用。对生态工业园主要的描述是系统、合作、互相作用、效率、资源和环境。这些显然是传统工业园难以同时具有的特征。

（3）生态工业园的实践

① 生态工业园先驱——丹麦卡伦堡生态工业园。丹麦的卡伦堡是目前世界上工业生态系统运行最为典型的案例。20 世纪 70 年代,卡伦堡的几个重要企业按照互惠互利的原则,在废物的利用、管理和有效使用淡水等方面建立了企业间的相互协作关系。20 世纪 80 年代,当地的发展部门意识到这些企业自发地创造了一种新的体系,将其称之为"工业共生体"（industrial symbiosis）。在这个工业小城市中,已经形成了蒸汽、热水、石膏、硫酸和生物技术污泥等材料的相互依存、共同利用的格局,卡伦堡也因为这种共生体的运作模式而成为生态工业园的先驱。

卡伦堡生态工业园中的主体企业是电厂、炼油厂、制药厂和石膏板生产厂。以这四个企业为核心,通过贸易方式使对方生产过程中产生的废物或副产品作为自己的生产原料,或部分替代原材料。使用副产物的还有大棚养殖、养鱼、硫酸厂、供热站、水泥厂、农场等。通过这种"从副产品到原料"的交换,不仅减少了废物产生量和处理费用,还产生了经济效益,形成经济发展与资源和环境的良性循环。

阿乃斯燃煤火电厂位于卡伦堡工业生态系统的中心,对蒸汽和热能进行了多级使用。首先,分别向炼油厂和制药厂供应生产过程中的蒸汽,炼油厂由此获得生产所需蒸汽的 40%,制药厂所需蒸汽则全部来自电厂。1981 年,由居民支付基本的费用,通过地下管道为卡伦堡镇的 4 500 户居民提供集中供热,淘汰了镇上 3 500座燃烧油渣的炉子,大大减少了灰尘排放。此外,余热供温水养鱼,年产 200 t 鲑鱼。1993 年电厂投资 115 万美元安装了除尘脱硫设备,除尘的副产品是工业石膏,年产量 8 万多吨,全部出售给附近的一家石膏厂,替代了该厂从西班牙石膏矿进口原料的 1/2,粉煤灰供造路和生产水泥之用。

炼油厂 1972 年开始通过管道向石膏厂供气,用于石膏板生产的干燥过程,同时减少了常见的火焰排空。此外,1990 年炼油厂建造了一个车间进行酸气脱硫生产稀硫酸,用罐车运到 50km 外的一家硫酸厂。炼油厂脱硫气则通过管道供给电厂燃烧。挪伏制药厂是世界驰名的药厂,生产胰岛素、酶和青霉素等产品。其对生产残渣进行了综合利用。该厂原料是农产品,经过微生物发酵加工最终生产成药物,残渣经热处理杀死微生物,向附近约 1 000 家农户销售,供进一步使用。

卡伦堡还进行水资源的循环和综合利用。由于该地淡水资源稀缺,因此卡伦堡生态工业园实施水资源重复利用计划。1987 年炼油厂废水经过生物净化处理,通过管道向电厂输送,每年输送 70 万 m^3 的冷却水,作为锅炉的补充水和洁净水。通过水的重复使用,减少了生态工业园整个系统 25% 的需水量[16]。

通过废物或副产品的资源化利用产生了明显的经济效益和环境效益,表 2.5 给出了卡伦堡生态工业园的基本经济和环境效益数据。

表 2.5　卡伦堡生态工业园运行模式的经济和环境效益

副产物/废物的重新利用/t	节约的资源/t	减少污染物排放/t
飞灰 70 000	油 45 000	CO_2 175 000
硫 2 800	煤 30 000	SO_2 10 200
石膏 200 000	水 600 000	
污泥中的氮 800 000		
磷 600		

注:目前关于卡伦堡工业共生体的文献较多,但数据统计并不准确。本书所引数据主要来源于卡伦堡站点 http://www.sysbiosis.dk 和 Suren Erkman,工业生态学(中文版),1999.

卡伦堡共生系统的形成是一个自发的过程,是在商业基础上逐步形成的,所有的企业都从中受益。其运作模式具有以下几个特点。

适合的成员组成:卡伦堡生态工业园是由几个既不相同又能直接互补的大企业组成的。这些适合的成员在能源、生产原料和副产物的流动上形成了高效、低耗的生态链。

相互距离较近:卡伦堡生态工业园核心成员彼此之间的距离邻近,对利用管道输送能源及材料等非常重要。如果要在面积更大的其他地方“复制”这样一个共生系统,需要鼓励某些企业迁移和混合,使之有利于废料和资源的交换。

企业间的相互信任:卡伦堡的共生关系广泛地构建在不同成员间已有的密切关系基础上。这就使得企业成员间在各个层次上的日常接触都比较频繁和容易,也方便了合作和决策。

作为世界上第一个生态工业园,卡伦堡在多年的运行过程中积累了丰富的实践经验,但本身也存在一些问题。例如,企业成员的种类和数量有限,若工业园中的某一部分有所变化则将打破整个体系的平衡。市民使用的由市政府提供的供暖和燃气比从外面引入的天然气要贵,但是为了避免对市政府提供的远距离供暖造成致命的竞争,卡伦堡市至今没有引入天然气管道,造成经济方面的不合理性。尽管卡伦堡自发形成的共生体系不尽完善,但这种运行模式及其积累的经验,为今后生态工业园的发展奠定了良好的基础。

② 广西贵港国家生态工业示范园区。我国广西贵港的支柱产业是甘蔗制糖业,贵港 GDP 的 30% 来自制糖及其辐射产业。其中贵糖公司是我国最大的甘蔗化工企业,制糖、酒精、造纸等是该公司的主导产业,为解决长期以来的污染严重、治理难度大的问题,1999 年以来,贵糖公司共投入资金 7 000 多万元,对制糖、造纸、酒精、热电等生产厂排放的工业污染物进行全面综合治理和利用,在此基础上形成生态工业园的雏形,初步建成了制糖、造纸、酒精、水泥、轻质碳酸钙、复合肥的工业共生体系,构建成两条主要的工业生态链:甘蔗制糖—废蜜糖制造酒精—酒精废液制造有机复合肥,甘蔗制糖—蔗渣造纸—黑液碱回收。此外,还形成用制糖滤泥制水泥,造纸中段废水用于锅炉除尘、脱硫、冲灰等多条副线生态工业链。这些生态工业链相互利用废物作为自己的原材料,节约了资源,并把污染物消除在工艺过程中,创造了非常可观的经济效益和环境效益,据统计,"九五"期间该企业"三废"综合利用产值达 13.35 亿元,占公司工业总产值的 53%,创造利润 7 000 多万元。

该园区以贵糖(集团)股份有限公司为核心,由蔗田、制糖、酒精、造纸、热电联产、环境综合处理 6 个系统组成,各系统之间通过中间产品和废物的相互交换而互相衔接,形成一个比较完整和闭合的生态工业网络。园区内资源得到最佳配置,废物得到有效利用,环境污染减少到最低水平。完善园区内的主要生态链,形成纵向闭合、横向耦合、区域整合的网络化结构。贵港生态工业园的建设,标志着我国第一个生态工业园区正式启动,也预示着中国开始探索 21 世纪的生态工业之路。

总之,生态工业园是人们在可持续发展领域多年探索的产物,是工业生态学的一个重要研究领域。通过生态工业园的建设,可使区域内不同企业间,企业、居民与自然生态系统间的物质、能源的输入与输出优化,从而达到物质与能量的高效利用;废物产生量最小化;成为可持续发展的区域综合体。随着生态工业园理论与方法研究的不断深入,它将成为全面协调人类工业活动与自然生态环境关系的重要模式,并将对可持续发展的理论与实践产生深远的影响。

5. 积极发展生态工业

一个工业体系,以更少的资源,以对生物圈造成更小的影响,产出了更多的财富与物质,无可争议地会被看作更为杰出的工业体系,工业生态学的目的,就是形成工业体系更为杰出的整体。

工业生态学作为一种可行的理论或方法正在讨论与发展之中。但是,许多国家已将工业生态学付诸行动,除丹麦卡伦堡工业园外,瑞典的"自然之步"项目在许多大公司实施,比利时、美国等国家还提出了"零排放"的倡议。美国总统可持续发展委员会在 1996 年的年度报告中,专门提到要创建生态工业园的发展模式,并在德克萨斯、墨西哥、弗吉尼亚等近十个州实施生态工业计划,可见其生命力及其对于工业可持续发展的重要性。

由于我国正处于工业化的起步阶段,转变生产方式,实施可持续发展战略是我国现代化的重要战略之一。生态工业为我们提供了一条转变生产方式、实现资源节约、保护环境、使经济增长与资源环境相协调的有效途径。为了推动生态工业的发展,提出如下对策:

① 制订和完善资源综合利用和环境保护法规。我国已建立了一整套资源综合利用和环境保护法律、法规,应当制订与之相适应的实施细则,使之更具有可操作性。如电厂的粉煤灰使用收费应按不同情况制订不同的标准,对使用的单位及产生的单位应有具体的要求或限制,使其利用既有法律依据,又能产生社会效益和环境效益。

② 工业布局应考虑经济生态化的原则。构筑一种布局环境或园区功能,使一个企业的废物或副产品能方便地为另一家企业所利用,而不需投入较高的运输成本。如发电厂热能分级使用要有相应的下游用户,如大棚养殖、养鱼等;啤酒厂应与下游其他企业相联系,如与养鱼(BOD 既是污染物又是生物的营养成分)、蘑菇种植、养鸡等附属性产业相联系,这样既可以减少 BOD 的排放,又为其他企业提供生产原料。

③ 有效地应用经济手段。企业生产的目的是降低成本,追求最大的经济效益。当其他生产厂家的废物或副产物可以用作自己的原料而且价格适中时,企业会优先考虑使用这种替代物。在日本,水泥厂使用电厂的粉煤灰不仅不向电厂付费,相反还要得到电厂的补贴,这是因为,电厂的粉煤灰如不被利用就要建设灰场,其成本是相当可观的。

④ 逐步推广先进生态工业园区的试验。我国目前已建立了各种类型的试验区、工业开发区或社区,应选择企业相对集中,通过分析能找出可以共生、相互利用废物的企业群体进行试点。我国已有一些工业废物循环利用的例子,如武汉钢铁集团公司的综合利用,河南南阳酒精厂酒精发酵生产沼气、清液的综合利用等。生

态农业在我国也已取得成功的经验,创建了诸如"猪—桑—塘"等生态农业模式,有了这种系统思想和成功经验,一定能发展和形成具有我国特色的生态工业系统,达到改变传统工业运行方式的目的。应当特别注意,生态工业的实施要受到法规、经济(机会成本、交易成本)等因素的制约。因此,应选择不同行业,如以火电、酿造等为中心的企业,形成生态工业群体,并逐步推广,达到提高资源、能源的利用效率,减少环境污染的目的,实现工业发展和环境保护的双赢。

⑤ 开展国际合作,提高我国生态工业的发展水平。一方面,应与国外合作开展工业生态学等相关研究,形成理论,指导我国生态工业实践;另一方面,在开展国际项目时,应在项目的设计上采用工业生态学的设计框架,以减少工业生产中的物料一次性投入,节约资源,实现资源的连续利用。

五、综合污染控制

1. 概述

综合污染控制(IPC)是 1990 年英国《环境保护法》引进的环境执法体系,它与清洁生产的全过程控制类似,强调综合性的措施,目的是将原有的单一环境执法体系转变成真正综合的环境执法体系。在英国,主管综合污染控制的有关机构是污染检察署。

综合污染控制为考察各种工艺对环境产生的影响提供了一种机制和一个法律依据。它的特点是把污染控制的重点从治理技术和管理转移到全过程检查,最大限度地减少有害物质释放的途径。综合污染控制包含政府环境保护政策,主要特征有:如果污染物不可避免地要释放到环境中去,应释放到对环境损害最小的介质中;预防优于治理的原则;对法规的执行过程要有公开监督。

英国的《环境保护法》要求污染检察署在确定批准书上的条件时,必须保证:

① 用有限费用的最佳可得技术(BATNEEC,包括技术和运行这些技术的实践)来防止某些有害物质向环境中释放,或者最大限度减少向某些特定介质中释放,并使被释放的任何规定物质和可能引起危害的任何其他物质无害化;

② 向环境中的这种释放不应造成或促成违反欧共体或国际上其他环境保护质量指标、目标或其他法定极限;

③ 当一种工艺可能涉及向一种以上环境介质中释放污染物时,这种工艺产生的污染物释放要通过有限费用的最佳可得技术加以控制,从而使其对环境的影响最小化,即控制这种污染物的方案必须是最佳实用环境方案(BPEO)。

英国污染检察署通过运用综合污染控制,不仅有效推动了清洁生产,也逐步形成了体现本国特色的环境执法体系,实现了经济的可持续增长。此外,污染检察署还注重同其他国家开展技术和信息等方面的交流和合作,最大限度的提高了综合污染控制所带来的经济效益和环境效益。

2.综合污染控制的技术支撑

(1)有限费用的最佳可得技术

有限费用的最佳可得技术及这些技术的运行实践在防止有害物质进入环境方面发挥了重要的作用。英国环境部在出版物《综合污染控制:实用指南》中从以下几个方面对"有限费用的最佳可得技术"进行了定义解释。

① "技术"不仅包括用来实施某一工艺的装置,还包括这种工艺运行的方式。不能只追求安装先进的设备装置,而且要保证这些设备能够始终正常运行。

② "可得"是指该种工艺的经营者可以采购到,该技术可以不是通用的,但必须是可以普遍得到的。

③ "最佳"是指这种技术能够最有效的预防污染物的释放,使之最少化和无害化。需要指出的是,这种所谓的"最佳"技术并不仅限于一套,能够达到相同预防效果的技术都可以采用。

④ "有限费用"是指从经济学角度出发可以考虑将最佳可得技术适当改变,但该技术的采用者必须对是否仍能保证预防效果给予充分说明。

(2)危害性评价

在《环境保护法》中,"危害"是指"对生物健康的危害,或对生态系统的其他干扰。"对人而言,"危害"则包括对其任何一种感官造成的侵害或对其财产的危害。但该法没有对有害物质的性质或有害物质在环境中含量要求的标准定义。而综合污染控制又必须要有一种评价方法来准确判断污染物向环境中释放所产生的危害性,这就需要定义以下内容。

① 不可忍受水平:不可忍受水平相当于任何一种法定极限,如向空气中释放的"环境质量标准",或向水体中释放的"环境质量目标"。如果不存在某种物质的法定极限,污染检察署就要设定一个临时"环境评价水平"(ELA),目的是给经营者和检察官提供关于某一污染物与上述无害性条件相一致的最大环境浓度的指导。

② 阈值:定义阈值的目的是确定某种污染物的释放是否显著。这个值设定在人们可以确信其对环境的影响可忽略不计的水平上。阈值可以根据环境质量标准和环境评价水平制定,污染检察署也会制定这种阈值,作为经营者和现场检查官的一种指南。

(3)最佳实用环境方案

最佳实用环境方案可以认为是"包括土地、空气和水体在内的以环境保护为重点的一种系统协调和决策程序的结果。在一种工艺涉及向一种以上环境介质释放多种物质的情况下,检察官需要判定所提出的方案是否是相关污染物的最佳实用环境方案。对于一组给定目标来说,这种最佳实用环境方案程序确定了能在长期以及短期内以可接受的费用提供对整个环境的最大效益和最小损害的方案"。

最佳实用环境方案的选择方法不是一成不变的。经常使用的是专家判断法。

此外,进行费用效益评价可以帮助经营者进行相关的判断。费用和效益的分析中,最重要的一点是对污染物向环境中排放所引起的危害性后果有一个科学的定量尺度。可以通过不同污染物释放的相对危害性信息,计算出一个反映环境污染状况的综合指数。

3. 开展综合污染控制的有效途径

综合污染控制对污染检查署提出了更高的要求,因此,检查署必须制定相关的措施以适应综合污染控制的需要。开展综合污染控制的有效途径主要有:

(1) 制定出台相关的标准和指导准则

对工业界采用最佳可得技术的要求,应当以一种合理和连续的方式运用。因此,要制定并出版关于每类综合污染控制工艺的有限费用的最佳可得技术标准,从而向工业界提供规定污染物的排放标准。此外还要列出设备应达到的最低标准,以及构成新设备的工艺有限费用的最佳可得技术标准。《综合污染控制:使用指南》中还制定了有关以下几个方面的指导准则:

① 综合污染控制的一般条款;

② 现有设备更新到新设备标准的时间尺度;

③ 对于完全改变的定义;

④ 有限费用的最佳可得技术/最佳实用方案/削减技术;

⑤ 与这些技术对应的释放水平;

⑥ 达标检测。

(2) 提高管理者的业务水平

管理者(或执法人)只有具备良好的科学技术技能,才能够根据最佳实用环境方案及有限费用的最佳可得技术,批准一些综合污染控制工艺。因此,管理者应当能够与企业的人员探讨各种工艺、了解工艺的替代方法、评价不同方案所产生的环境后果。这就要求污染监督和管理部门应举办培训班,培训班要覆盖管理人员职责的所有方面。通过这种形式的培训,使管理或执法人员不断提高自己工作的熟练程度,以适应综合污染控制工作的需要。

(3) 积极开展国际合作

除英国外,很多国家也在开展类似的污染控制工作。这就要求检察署积极同其他国家的相关部门进行信息和实践等方面的交流,以拓宽视野、扩大信息来源、丰富实践经验。目前,关于此项工作已经形成了一个很有影响力的论坛,即欧盟环境立法实施与执法网络(IMPEL网络)。这一网络的宗旨是:

① 通过促进信息与经验交流,提高环境立法实施上的一致性,帮助确保环境立法在国家层次和地方层次更有效的运用;

② 为政策制订者、环境检查人员和执法官提供一个框架来交流思想和实践经验;

③ 提供关于立法实施与执法的反馈,这将有益于共同体层次和国家层次的立法者和政策制订者编制新的立法。

(4) 增强公众的参与意识

污染检察署以统计报告的形式公布关于工作情况、人员配置和费用等方面的信息,以及有害物质的使用和贮存的年度监测报告及常规情况资料清单,使公众能够随时了解最新的综合污染控制信息。通过这些信息开放式公布,提高公众的参与意识,使公众可以提出他们关心的污染问题和希望从检察署得到服务的类型和标准,有了公众的反馈意见,污染检察署就能够有针对性的制定并完善综合污染控制的措施。

六、ISO14000 环境管理标准

1. ISO14000 产生的背景

随着科学技术和全球经济的迅猛发展,环境污染、生态破坏、人口爆炸、资源匮乏、环境恶化也日趋严重。人类赖以生存的空间环境正惨遭破坏,而人口的迅速膨胀使得本已有限的自然资源更加短缺,不同程度地影响和制约了社会进步和经济发展。

环境问题引起世界各国的关注,并由此认识到,制定国际统一的环境管理标准在当今具有十分特殊的意义。一些发达国家和国际组织率先制定和推出环境管理的法规和标准,并在本国实施。但是由于环境问题的国际性,一个国家的环境标准并不能满足可持续发展的要求。自 20 世纪 80 年代以来,许多国家和组织都一直试图制定一些国际通用的标准,但是由于种种原因一直未能成功。在联合同环境与发展大会的筹备过程中,这一想法不断被提及并逐渐酝酿成熟。在 1992 年的联合国环境与发展大会上,“可持续发展商务委员会”强调了商业界和企业界在环境管理方面需要帮助,希望能够制定出可以测量环境行为和加强环境管理的方法。在这样的背景下,ISO14000 环境管理系列标准应运而生。

2. ISO14000 的构成

ISO14000 系列标准是一个系列的环境管理标准,它包括了环境管理体系,环境标志、生命周期评价等国际环境领域内的许多焦点问题。ISO 给 ISO14000 系列标准预留了 100 个标准号,编号为 ISO14001～ISO140100。根据 ISO/TC207 各分技术委员会的分工,该系列标准包括 7 个子系列,分属 6 个技术委员会和 1 个工作组,这 100 个标准号分配见表 2.6。

截至 2000 年,ISO 已有 30 多个标准处于不同的制订阶段,其中正式颁布的国际标准有 20 个,见表 2.7。

表 2.6 ISO14001～ISO14100 系列和标准号分配表

分技术委员会	任务	标准号
SC1	环境管理体系(EMS)	14001～14009
SC2	环境审核(EA)	14010～14019
SC3	环境标志(EL)	14020～14029
SC4	环境表现评价(EPE)	14030～14039
SC5	生命周期评价(LCA)	14040～14049
SC6	术语和定义(T&D)	14050～14059
WGI	产品标准中的环境因素	14060
	(备用)	14061～14100

表 2.7 ISO14000 系列国际标准

编号	标准名称	颁布时间
ISO 导则 64	产品标准中环境因素导则	1997 年
ISO/IEC 导则 66	从事环境管理体系评价和认证/注册的一般要求	1999 年
ISO14001*	环境管理体系－规范及使用指南	1996 年
ISO14004*	环境管理体系－原则、体系和支持技术通用指南	1996 年
ISO14010*	环境审核指南－通用原则	1996 年
ISO14011*	环境审核指南－审核程序－环境管理体系审核	1996 年
ISO14012*	环境审核指南－环境审核员资格要求	1996 年
ISO14020*	环境标志与声明	1998 年
ISO14021*	环境标志与声明－自我环境声明(Ⅱ型环境标志)	1999 年
ISO14024*	环境标志与声明－Ⅰ型环境标志－原则和程序	1999 年
ISO14025	环境标志与声明－Ⅲ环境标志	2000 年
ISO14031*	环境管理－环境表现评价－指南	1999 年
ISO14032	环境管理－环境表现评价－案例	1999 年
ISO14040*	环境管理－生命周期评价－原则与框架	1997 年
ISO14041*	环境管理－生命周期评价－目标范围确定及清单分析	1998 年
ISO14042	环境管理－生命周期评价－生命周期影响评价	2000 年
ISO14043	环境管理－生命周期评价－生命周期解释	2000 年
ISO14049	环境管理－生命周期评价－ISO14041 标准中目标范围确定及清单	2000 年
	分析应用案例	
ISO14050*	环境管理－术语和定义	1998 年
ISO/TR14061	林业组织在实施 ISO14001 环境管理体系标准中的信息帮助	1998 年

＊标准已等同转化为国家标准并予以发布。

3. ISO14000 标准的特点

(1) 标准的自愿性

ISO14000 系列标准的所有标准都不是强制性的,而是自愿性的。组织可根据自己的经济、技术等条件自愿采用。

（2）标准的灵活性

ISO14000 系列标准的制定应充分考虑组织的地域、环境、经济和技术条件等的不同,标准将建立环境行为标准(环境绩效目标、指标)的工作留给了组织自己,要求组织在建立环境管理体系时,遵守国家法律法规、组织建立、实施和改进环境管理体系等方面工作采取较大的灵活性。

（3）标准的广泛适用性

ISO14000 系列标准要求建立的环境管理体系模式(即 ISO14001 标准)适用于任何类型、规模、行业的组织,并适用于各种地理、文化和社会条件,既可用于内部审核或对外的认证、注册,也可用于自我管理。

（4）标准的预防性

ISO14000 系列标准突出强调了环境保护以预防为主的原则,强调污染的源头削减,强调全过程污染控制,体现了当前国际环境保护领域的发展趋势。

（5）标准的兼容性

ISO14000 系列标准与其他管理体系标准协调相容。它与 ISO9000(2000 族标准)具有良好的兼容性,主要表现在:一是两个管理体系运用共同的术语和词汇,如"内部审核"、"记录的控制"等;二是基本思想和方法一致,如都遵循持续改进和预防为主的思想;三是建立管理体系的原理一致,如系统化、程序化的管理,必要的文件支持等;四是管理体系运行模式的一致,都遵循 PDCA 螺旋式上升的运作模式。

（6）标准的持续改进性

持续改进是标准的灵魂,也是组织追求的一个永恒目标。组织只有通过建立实施环境管理体系,运用自我改进的机制实施不断改进,才能实现自己的环境方针和承诺,达到改善环境绩效的目的。通过组织广泛地实施 ISO14000 标准,持续的改进自身的环境绩效,最终才能确保整个社会实现可持续发展。

4. 实施 ISO14000 的意义

（1）有利于消除贸易壁垒

目前,不少工业化国家采取单方面限制进口(如美国禁止进口墨西哥的金枪鱼,丹麦要求所有进口啤酒、矿泉水和软饮料一律使用可再生罐装容器等),把环境与贸易联系起来。绿色壁垒将更多地取代传统的关税壁垒是世界贸易领域的新趋势。

（2）有利于企业推行清洁生产

标准要求企业从全面管理的角度思考企业的环境问题,最有利于变末端治理为全过程控制。标准要求组织全面考察产品的原料选用、生产加工、包装、运输、使用/回用、废弃/处置等全过程,实行污染预防,实施清洁生产。

（3）有助于提高企业环境管理水平

标准提供了一个机制,将社会环境宏观管理与企业微观管理结合起来,并运用方针、策划、实施、检查、评审等管理手段,运用 PDCA 管理模式,自觉将环境保护纳入企业目标,并运用内部审核、管理评审、生命周期分析等工具提高企业自我管理能力。

(4) 有利于提高员工的环境意识

标准要求进行体系认证的企业,从最高管理者到普通员工必须了解企业的环境方针,进行环境意识和技能的培训,有利于提高员工的环境意识。

(5) 有助于提高企业信誉,增强市场竞争力

标准服务于众多相关方和社会对环境的不断发展需要,组织运用这一标准从侧面表明组织的社会责任感,有利于提高企业的信誉,增强市场竞争力。

(6) 可减少环境风险,改善企业的公共关系,安定社会

近年来,有毒原材料泄漏、爆炸等环境事故时有发生。ISO14000 系列标准中对各种环境问题全面管理包括产品、原材料的贮运及各种潜在紧急事故的预防和处理措施,尽可能减少环境风险。标准把企业各有关人员和集体称为相关方(含政府各部门、顾客、周围居民和环境组织等),要求企业收集各相关方对环境的要求,做好与相关方的交流工作。使标准与组织内和社会各界人群联系在一起,相互促进与发展,共同承担社会环境责任。

5. ISO14000 与清洁生产的关系

清洁生产与 ISO14000 管理体系均是以可持续发展原则为基础的环境保护新思路,并越来越受到世界各国的关注,二者有不同之处,但又是密切相关,相辅相成的。

清洁生产是联合国环境规划署提出的环境保护由末端治理转向生产全过程控制的全新污染预防策略。清洁生产是以科学管理、技术进步为手段,通过节约能源、降低原材料消耗、减少污染物排放量,提高污染防治效果,降低污染防治费用,消除、减少工业生产对人类健康和环境的影响。故清洁生产可作为工业发展的一种目标模式,即利用清洁能源、原材料,采用清洁的生产工艺技术,生产出清洁的产品。清洁生产也是从生态经济的角度出发,遵循合理利用资源、保护生态环境的原则,考察工业产品从研究设计、生产到消费的全过程,以协调社会与自然的关系。

ISO14000 系列标准是集近年来世界环境管理领域的最新经验与实践于一体的先进管理体系,包括环境管理体系(EMS)、环境审计(EA)、生命周期评价(LCA)和环境标志(EL)等方面的系列国际标准。旨在指导并规范企业建立先进的体系,帮助企业实现环境目标与经济目标。

(1) 清洁生产与 ISO14000 的不同点

① 侧重点不同。清洁生产着眼于生产本身,以改进生产、减少污染产出为直接目标;而 ISO14000 侧重于管理,是集内外环境管理经验于一体的、标准的、先进的管理模式。

② 实施目标不同。清洁生产是直接采用技术改造,辅以加强管理;而ISO14000 标准是以国家法律、法规为依据,采用优良的管理,促进技术改造。

③ 审核方法不同。清洁生产重视以工艺流程分析、物料和能量平衡等方法为手段,确定最大污染源和最佳改进方法;环境管理体系审核侧重于检查企业自我管理状况。

④ 产生的作用不同。清洁生产向技术人员和管理人员提供了一种新的环保思想,使企业环保工作重点转移到生产中来;ISO14000 标准为管理层提供了一种先进的管理模式,将环境管理纳入其他的管理之中,让所有的职工提高环保意识并明确自己的职责。

总之,清洁生产虽也强调管理,但生产技术含量高,为 ISO14000 实行提供了技术支持;ISO14000 管理体系强调污染预防技术,但管理色彩更浓,为清洁生产提供了机制、组织保证。

(2)清洁生产与 ISO14000 环境管理体系的密切相关性

① 清洁生产是环境管理体系的基本要求。ISO14000 条款 4.2 中明确要求企业采取清洁生产手段来控制污染。这使得清洁产生成为 ISO14000 的基本条件,企业只有积极开展清洁生产审计,才能最终通过 ISO14000 的认证。

② ISO 管理体系对环境意识提出明确要求。环境管理体系认证工作最重要的前提是提高企业员工的环境意识,环境意识的增强是实施环境管理的根本动力,清洁生产的实施为环境意识的提高提供了途径。

③ 推行清洁生产可提高企业的整体技术和管理水平。企业推行清洁生产,从原料、设备、管理人员等全方位进行优化,采用先进的科学方法进行技术改造,故可有效地提高企业的综合管理水平,建立一个良好的管理体系。

④ 清洁生产为建立企业环境管理体系提供方法。实行清洁生产,为环境因素调查,确定环境问题根源、重点,方案产生,可行性分析等提供了一套操作性强的具体方法,即通过物料平衡计算、生命周期评估,确定物料损失原因和造成污染的原因后,提出解决方案。故环境管理体系是清洁生产持续发展的保障。

第三章 清洁生产的目标与指标体系

第一节 构建清洁生产目标和指标体系的重要性

清洁生产作为实现可持续发展的最佳途径,已为社会各界所认可和接受。随着清洁生产在社会实践中逐步深入,对清洁生产活动进行规范化并科学地评价其效果变得日益重要。清洁生产评价是通过对企业的生产从原材料的选取、生产过程控制到产品服务的全过程进行综合评价,评定出企业清洁生产的总体水平以及各环节的清洁生产水平,并针对其清洁生产水平较低的环节提出相应的清洁生产措施和改进措施,以增加企业自身的综合竞争力,降低企业的环境风险,实现企业的可持续发展。

我国现进行的清洁生产评价工作,大都是进行定性论述和分析,缺少定量评价指标,难以准确地描述清洁生产的水平与成果。在《中华人民共和国清洁生产促进法》的贯彻与清洁生产的实施过程中,各地普遍提出了清洁生产指标及清洁生产工艺、技术和企业的界定问题。清洁生产设计、实施、管理和示范技术的推广迫切需要建立一个规范和科学合理的清洁生产指标体系。制定和实施一套具有科学性、激励性、针对性和可操作性,且符合我国当今管理水平的简单易行的清洁生产指标,可以实现清洁生产的指标化管理,为清洁生产的效果提供定量评价的尺度,从而科学地评估清洁生产技术和管理手段的合理性,为清洁生产技术和管理措施的筛选、清洁生产实施效果的评估提供有效工具。同时,清洁生产指标体系的建立,明确了生产全过程控制的主要内容和目标,使企业和管理部门对清洁生产的实际效果和管理目标具体化,把清洁生产由抽象的概念变成直观的可操作、可量化、可对比的具体内容,实现了过程控制与末端控制的有机结合,为环境管理向清洁生产过程控制转变提供了强有力的技术支持,对提高清洁生产的水平,推进我国清洁生产普及和深入实施具有重要的理论意义和指导意义。

另一方面,国际上与清洁生产相关的其他领域,都先后开展了有关标准和指标体系研究和建立工作,已取得了巨大的成果。我国也在环境管理、可持续发展、生态省(市)和小康社会等有关领域进行了指标体系建立的模型和方法研究,并建立了相应的指标体系,指标体系的建立和赋值的理论与方法日益系统和完善。清洁生产指标体系的研究极大地丰富了我国的环境指标体系。各种指标体系的建立可以相互借鉴、相互补充,不断发展和完善,共同构筑更为科学全面的经济、社会和生态环境指标体系,将进一步促进整个社会的可持续发展。

　　目前,我国企业在清洁生产的实施过程中,尚存在较多的障碍,特别是企业缺乏明确的清洁生产意识和动力,缺乏自主性。建立清洁生产指标体系,可以定性和定量地了解企业实施清洁生产的情况,系统地评估企业的清洁生产工作绩效,建立企业内部自身与外部环境沟通的手段,从企业内部和外部两个方面提供刺激因素,提高企业自愿开展清洁生产工作的积极性。

　　在清洁生产的实践工作中,我国为促进清洁生产的开展在财政、税收、技术等方面制定了众多优惠政策。但由于缺乏对企业科学明晰的清洁生产定量评价,这些优惠政策在实际工作中难以充分发挥作用。清洁生产指标体系的建立也为上述工作提供了可行的评价工具。此外,清洁生产指标体系还可为科研部门的新技术研究与开发的选题,工程设计单位的企业技术改造或新、改、扩建项目的设计,环境影响评价单位的环境影响评价,清洁生产主管部门的企业清洁生产项目审批,提供必要技术支持[42]。

第二节　清洁生产目标和指标体系的构建

一、清洁生产的目标

　　清洁生产的实施目的,对企业而言,就是"节能、降耗、减污、增效";对区域和社会而言,就是实现区域经济、社会、环境的协调可持续发展。因此,清洁生产的目标应包含经济、社会和生态环境三个方面,应体现资源和能源消耗的降低、污染物的削减量或削减率、经济效益的增加值等,包括近期、中期和长期目标。具体的目标应包括:

　　① 通过资源的循环与综合利用、短缺资源的替代、二次资源的开发利用以及企业管理的改善和生产效率的提高,达到节能、降耗的目的,实现自然资源的最大化利用,减缓资源的耗竭速度。

　　② 减少废物和污染物的产生与排放,改进产品设计,促进产品的生产和消费全生命周期与环境相协调,降低整个生产活动对人和环境风险,实现企业的可持续发展。

　　清洁生产目标的实现将体现生产过程的经济效益、社会效益和环境效益的协调统一,最终实现整个社会的可持续发展。

　　各种清洁生产工具是实现上述目标的关键,但清洁生产不排斥末段治理。当末段治理方案能作为清洁生产合理对策之一时,也可以纳入到清洁生产的方案中。

二、清洁生产指标体系的构建方法

　　指标是对基本数据的集成或者综合,同时又超越了这些基本数据本身,是一种定量化的信息。指标是一种重要的信息工具,可以帮助人们了解事物发展变化的过程,传递关于复杂系统的信息。指标体系,主要指评价指标体系,是指为完成一定研究目的而由若干个相互联系的指标组成的指标群,是描述和评价某种事物的可度量参数的集合。指标体系的建立不仅要明确指标体系由哪些指标组成,更应确定指标之间的相互关系,即指标结构。指标体系可以看成是一个信息系统,该信息系统的构造主要包括系统元素的配置和系统结构的安排,系统中元素即指标,包括指标的概念、计算范围、计量单位等。各指标之间的相互关系是该系统的结构。

　　清洁生产指标体系是由一系列相互联系、相互独立、相互补充的清洁生产指标所构成的有机整体。清洁生产指标具有标杆功能,能为清洁生产绩效的评价和比较提供客观依据或标准。

　　1. 清洁生产指标体系的构建原则

　　清洁生产评价指标是指国家、地区、部门和企业根据一定的科学、技术、经济条件,在一定时期内规定的清洁生产所必须达到的具体目标和水平。清洁生产指标体系应当分类清晰、层次分明、内容全面、兼具科学性、可行性、简洁性和开放性,可以随着经济、社会和环境的变化而变化。因此,清洁生产指标体系的制定应当遵循以下原则[43,44]:

　　(1) 客观准确评价原则

　　指标体系中所选用和设置的评价指标、评价模式要客观充分地反映生产工艺的状况,真实、客观、完整、科学地评价生产工艺优劣性,保证清洁生产评价结果的准确性和公正性。

　　(2) 全过程评价原则

　　清洁生产指标所要评价的范围既包括整个生产过程,又包括产品本身的状况和产品消费后的环境效果,也就是对产品的设计、生产、储存、运输和消费的全过程中原材料、能源的消耗和污染物产生及其毒性进行分析评价。因此,将生命周期评价的思想引入清洁生产指标体系的设计中,以体现进行全过程分析的思想。

　　(3)重点突出,简明易操作原则

　　生产过程中涉及清洁生产的环节很多,清洁生产指标体系难以面面俱到,重点不突出往往导致标准可操作性差,难以有效实施。因此,作为应用到企业生产实际过程中的清洁生产指标体系应当抓住生产过程中的重点和关键环节,突出重点、意义明确、结构清晰、可操作性强、实施成本低。既要能够充分表达清洁生产的丰富内涵、综合性强又要避免面面俱到、烦琐庞杂;既能反映目标项目的主要情况,又简便易行。

　　(4) 定量指标与定性指标相结合的原则

　　为确保清洁生产评价结果的准确性和科学性,必须建立定量评价模式,选取可定量化的指标,计量其成果。另一方面,清洁生产的评价对象是复杂的生产过程且涉及面广,因此,清洁生产指标体系是一个复杂而又内在联系密切的系统,应采用绝对量、相对量、平均量等多种指标形式,对于一些不能定量管理指标,也可以采用定性指标。但采用的两种指标均应当力求科学、合理、实用、可行。

(5)规范性原则

清洁生产评价是相对的,同时由于清洁生产评价因行业、生产工艺和具体环境等因素的不同而难以选取完全一样的生产过程进行比较评价。另一方面,由于技术、工艺和市场条件的变化,对生产过程的清洁生产评价也具有动态性。因此,清洁生产指标体系的构建应充分考虑上述因素,筛选具有规范化、系统化、标准化、程序化的指标。

(6)持续性改进原则

清洁生产是一个持续改进的过程,要求企业在达到现有经济、技术和环境等标准的基础上不断向更高的环境目标迈进。因此,清洁生产指标体系应该体现持续性改进的原则,引导企业根据自身现有的情况,选择不同的清洁生产目标进行持续性地改进。

(7)与其他指标体系相协调原则

在建设清洁生产指标体系的过程中,应当充分考虑现有的相关领域的指标体系内容,应当与现有的经济、社会、环境管理、质量管理等方面的指标体系衔接起来,相互补充、相互协调。

2. 清洁生产指标的种类

当前,世界各国常用的清洁生产指标大多是定性指标与定量指标相结合,据其性质,大致可分为三类,即宏观性指标、微观性指标和为环境设计指标(Design for Environment,简称 DfE)[45]。

(1)宏观性指标

宏观性指标,可以表明企业经营管理者对于环境的承诺,还可以显示企业的管理水平。但此类指标一般具有相对性,有的无法提供具体证据,不能只根据此类指标就轻下结论。因此,此类指标不宜单独使用,而是应与其他指标结合使用来进行评价。

(2)微观性指标

微观性指标表示企业的环境影响程度的绝对值,必须要经过现场调查、测量,以获取真实资料,通过对实测的结果进行一系列计算得到具体数值。此类指标的针对性较强,要求有明确的分类和定义,属定量指标范围。此类指标可以用于识别企业的减废空间,说明企业的环境影响程度和环境绩效。

(3)为环境设计指标

为环境设计指标通常由产品生命周期的分析结果得来,根据产品生命周期模式将产品分成制造、销售、使用及弃置四个阶段,每个阶段依其特性设计出适用的清洁生产指标。此类指标为研发人员在选择材料、能源、工艺和污染物处理技术提供参考依据,可作为研发人员在开发新产品时的设计指南。此类指标既有定量指标,也有定性指标,如表 3.1 所示。

表 3.1　为环境设计指标

阶段	清洁生产指标
制造销售阶段	(1)是否考虑原辅材料的耗竭情况 　　开采对环境的破坏情况 (2)是否考虑避免使用下列化学物质 　　公告为有毒化学物质 　　被列入优先污染物减量清单 　　对工序有毒有害的废物 　　废弃的化学物质 (3)是否考虑新产品包装 　　外型易于包装 (4)是否考虑原材料及能源的回收再用 (5)厂内回收技术是否纳入设计 (6)是否考虑污染排放的种类、浓度和总量 (7)有无处理技术 (8)有无回收的可能性,若有,是否提供配套的技术 (9)是否进行物料和能源平衡计算
使用阶段	(10)耗能情况,有无节能装置 (11)资源损耗情况 (12)产品中耗材的更替周期长短,耗材料的可回收性
弃置阶段	(13)是否考虑产品的材质可回收性、单一性、易拆解、易处理处置

3. 清洁生产指标体系的构成和层次结构

清洁生产包括清洁能源、清洁的生产过程和清洁产品三个方面,清洁生产指标体系的构筑也应从上述三个方面考虑,在这一层次下又各自筛选若干分指标。

由于行业、地区和部门的差异,清洁生产指标体系所适用的对象和作用也不相同,因此,清洁生产指标体系又分为通用指标体系和特定指标体系。

通用清洁生产指标体系结构如图 3.1 所示。

4. 清洁生产指标体系的评价模式

为了对评价指标的原始数据进行"标准化"处理,使评价指标转换成在同一尺度上可以相互比较的量,因此该评价模式采用指数方法,分为单项评价指数法、类别评价指数法和综合评价指数法[43,46,47]。

(1) 单项评价指数

单项评价指数是以类比项目相应的单项指标参照值作为评价标准计算得出,计算公式为

$$O_i = d_i a_i \qquad (3\text{-}1)$$

式中　O_i——单项评价指数

　　　d_i——目标项目某单项评价指数对象值(设计值)

　　　a_i——类比项目某项目指标参照值

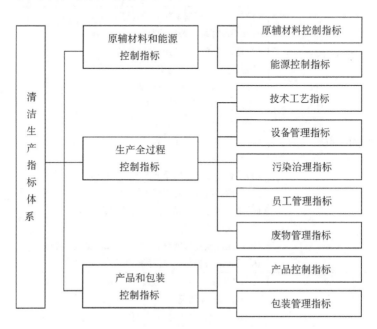

图 3.1　通用清洁生产指标体系结构

（2）类别评价指数

类别评价指数是根据所属各单项指数的算术平均值计算而得,计算公式为

$$C_j = (\sum O_i)/n \qquad (i = 1,2,\cdots,n; j = 1,2,\cdots,m) \quad (3\text{-}2)$$

式中　C_j——类别评价指数

　　　n——该类别指标下设的单项个数

　　　m——评价指标体系下设的类别指数

（3）综合评价指数

为了综合描述企业清洁生产实际的整体状况和水平,又能克服个别评价指标对评价结果准确性的掩盖,避免确定加权系数的主观影响,本评价采用了一种兼顾极值或突出最大值型的计权型的综合评价指数。计算公式为

$$I_{\text{cp}} = \frac{\sqrt{O_{i,\text{M}}^2 + C_{j,\text{a}}^2}}{2} \qquad (3\text{-}3)$$

$$C_{j,a} = \frac{\sum C_j}{m} \tag{3-4}$$

式中 I_{cp}——清洁生产综合评价指数

$O_{i,M}$——各项评价指数中的最大值

$C_{j,a}$——类别评价指数的平均值

m——评价指标体系下设的类别指标数

5. 清洁生产指标体系的权重确定方法

(1) 层次分析法确定指标权重的可行性

层次分析法(Analytic Hierarchy Process,简称 AHP),是 20 世纪 70 年代初期由美国运筹学家萨迪(T. L. Saaty)教授提出的一种定性分析与定量计算相结合的决策方法。该方法首先建立表示系统概念或特征的内部独立递阶层次结构,把复杂系统分解成若干子系统,并按它们之间的支配关系分组。通过两两比较的方式确定层次中各子系统的相对重要性。然后综合决策者的判断,确定各子系统相对重要性的总排序。整个过程体现了人的决策思维的基本特征,即分解、判断综合。该方法从本质上讲,是一种思维方法,强调人的思维判断在决策过程中的作用,通过一定模式使决策思维过程规范化,将人的主观判断用数量形式表达和处理,适用于既有定量指标又有定性指标,各要素依据隶属关系划分为上、下几个层次的决策问题。清洁生产指标体系结构符合上述特征,以此建立的清洁生产指标体系能够对清洁生产进行科学、有效、可行的评价。

(2) 层次分析法的基本步骤

利用层次分析法进行权重的确定大体分为 5 个步骤[63,91]。

① 建立递阶层次结构模型。应用层次分析法分析经济、社会领域的问题,首先要把问题条理化、层次化,构造出一个层次分析的结构模型。在该结构模型下,将复杂问题分解成各元素,作为组成部分。这些元素又根据其属性分成若干组,形成不同层次。同一层次的元素作为准则对下一层次的某些元素起支配作用,同时它又受上一层次元素的支配。这些层次通常分为三类:目标层、子目标层(也称准则层)、指标层(也称方案层)。通过层次框图说明层次的递阶结构以及元素间的支配关系。

② 构造两两比较判断矩阵。在建立递阶层次结构后,上下层之间元素的隶属关系就确定了。对于具体问题,元素的权重往往由于问题的复杂性而不易直接获得,这就需要通过适当的方法将其权重导出,层次分析法采用的是两两比较的方法。

层次分析信息是人们对于每一层次中各因素的相对重要性作出判断,这些判断通过引入合适的标度进行定量化,就形成了判断矩阵。判断矩阵表示上一层次

的某一因素与本层次有关因素之间相对重要性的比较。例如,假定上一层元素 C 为准则,所支配的下一层次的元素为 $u_1, u_2, \cdots, u_n$, 则对于准则 C, n 个被比较元素构成了一个两两比较判断矩阵(如表 3.2 所示)。

$$A = (u_{ij})_{n \times n} \tag{3-5}$$

即

表 3.2　C 元素的判断矩阵

C	u_1	u_2	$\cdots$	u_n
u_1	u_{11}	u_{12}	$\cdots$	u_{1n}
u_2	u_{21}	u_{22}	$\cdots$	u_{2n}
$\cdots$	$\cdots$	$\cdots$	$\cdots$	$\cdots$
u_n	u_{n1}	u_{n2}	$\cdots$	u_{nn}

判断矩阵中某个元素 u_{ij} 表示在对上一层次元素 C 有联系的因素中,第 i 个元素与第 j 个元素相比较,对于 C 元素相对重要的程度。为了使判断定量化,层次分析法采用 1~9 比例标度对重要性程度进行赋值,各标度的含义见表 3.3。

表 3.3　1~9 标度含义

标度	含义
1	表示两个元素相比,具有同样重要性
3	表示两个元素相比,前者比后者稍重要
5	表示两个元素相比,前者比后者明显重要
7	表示两个元素相比,前者比后者强烈重要
9	表示两个元素相比,前者比后者极端重要
2,4,6,8	表示上述相邻判断的中间值
倒数	若元素 i 与元素 j 的重要性之比为 u_{ij}, 则元素 j 与元素 i 重要性之比为 $u_{ji} = \dfrac{1}{u_{ij}}$

③ 排序及其一致性检验。根据某层次的某些元素对上一层某元素的判断矩阵,可计算出某层次元素相对于上一层中某一元素的相对权重,相对权重可写成向量形式。计算出该判断矩阵的最大特征值及特征向量,即可得该相对权重。这些排序计算称为层次单排序。在计算单准则下排序权向量时,需要对判断矩阵的偏离一致性作成衡量。

判断矩阵最大特征值及其对应的特征向量可用和法、根法、特征根法、对数最小二乘法和最小二乘法等方法求出。常用的根法计算步骤如下:

a. 计算判断矩阵 A 每一行元素的乘积 M_i

$$M_i = \prod_{j=1}^{n} a_{ij} \qquad i = 1, 2, \cdots, n \tag{3-6}$$

b. 计算 M_i 的 n 次方根 W_i

$$W_i = \sqrt[n]{M_i} \qquad i = 1, 2, \cdots, n \tag{3-7}$$

c. 对向量 $W = (W_1, W_2, \cdots, W_n)^{\mathrm{T}}$ 归一化,即

$$W' = \frac{W}{\sum\limits_{i=1}^{n} W_i} \tag{3-8}$$

则向量 $W' = (W'_1, W'_2, \cdots, W'_n)^{\mathrm{T}}$ 为所求的特征向量。

d. 计算判断矩阵的最大特征根 $\lambda_{\max}$

$$\lambda_{\max} = \sum_{i=1}^{n} \frac{(AW')_i}{nW'_i} \tag{3-9}$$

式中,$(AW')_i$ 表示向量 AW' 的 i 个元素。

采用除判断矩阵最大特征根以外其余特征根的负平均值,作为对判断矩阵一致性检验的指标,其步骤如下:

a. 计算一致性指标 C. I. (Consistency Index)

$$C.I. = \frac{\lambda_{\max} - n}{n - 1} \tag{3-10}$$

b. 查找相应的平均随机一致性指标 R. I. (Random Index)

对于不同判断矩阵,其一致性指标值不同,一般来说阶数 n 越大,其值就越大,为了度量不同判断矩阵是否具有满意的一致性,引入判断矩阵随机一致性指标 R. I. 值。平均随机一致性指标值是用随机的方法对 n 阶构造许多样本矩阵,计算其一致性指标 C. I.,然后平均即得 R. I.。表 3.4 给出了 1~15 阶正互反矩阵计算 1 000 次得到的平均随机一致性指标。

表 3.4　平均随机一致性指标 R. I.

矩阵阶数	1	2	3	4	5	6	7
R. I.	0	0	0.52	0.89	1.12	1.26	1.36
矩阵阶数	8	9	10	11	12	13	14
R. I.	1.41	1.46	1.49	1.52	1.56	1.58	1.59

c. 计算一致性比例 C. R. (Consistency Ratio)

$$C.R. = \frac{C.I.}{R.I.} \tag{3-11}$$

当 C. R. < 0.1 时,认为判断矩阵的一致性是可以接受的。当 C. R ≥ 0.1 时,应该对判断矩阵作适当修正。对于一阶、二阶矩阵总是一致的,此时 C. R. = 0。

④ 层次总排序。当我们得到一组元素对其上一层中某元素的权重向量后,需要进一步得到各元素对于总目标的相对权重,特别是要得到最低层中各元素对于

总目标的排序权重,即所谓"合成权重"。计算同一层次所有的元素对于总目标(最高层)的排序权重,称为层次总排序。这一过程是自上而下的。

若上一层次 A 包含 n 个元素 A_1, A_2…, A_n,其层次总排序权重分别为 a_1, a_2,…, a_n,下一层 B 包含 m 个因素 B_1, B_2,…, B_m,它们对于因素 A_j 的层次单排序权重值分别为 b_{1j}, b_{2j},…, b_{nj}(当 B_k 与 A_j 无联系时, $b_{kj}=0$),此时 B 层次总排序权重见表 3.5。

表 3.5　B 层次总排序的一般形式

层次 A 层次 B	A_1 a_1	A_2 a_2	… …	A_n a_n	B 层次总排序权重
B_1	b_{11}	b_{12}	…	b_{1n}	$\sum\limits_{j=1}^{n} a_j b_{1j}$
B_2	b_{21}	b_{22}	…	b_{2n}	$\sum\limits_{j=1}^{n} a_j b_{2j}$
…	…	…	…	…	…
B_m	b_{m1}	b_{m2}	…	b_{mn}	$\sum\limits_{j=1}^{n} a_j b_{mj}$

⑤ 层次总排序的一致性检验。自上而下逐层进行总的判断一致性检验。若 B 层次某些元素对于 A_j 单排序的一致性指标 C.I.$_j$ 相应的平均随机一致性指标为 R.I.$_j$,则 B 层次总排序随机一致性比率为

$$\text{C.R.} = \frac{\sum\limits_{j=1}^{n} a_j \text{C.I.}_j}{\sum\limits_{j=1}^{n} a_j \text{R.I.}_j} \tag{3-12}$$

当 C.R. <0.10 时,层次总排序结果具有满意的一致性,否则需要重新调整判断矩阵的元素取值。

6. 清洁生产指标的应用模式

清洁生产指标可用于发掘减废空间、作为产品设计的基准、展现环境绩效以及进行清洁程度比较[45]。

(1) 减废空间的发掘

清洁生产指标可以用于寻找减废空间。用于发掘减废空间的清洁生产指标不宜过于笼统。也就是说若能详细地订出清洁生产评价指标,将有利于组织发掘减废空间,寻找更多的减废机会。可用于发掘减废空间的清洁生产指标有物耗、能耗、废物产生比率等指标。

（2）产品设计和工艺开发的基准

根据生命周期评估模式，将工艺或污染物对环境影响的量化生态指标数据作为产品设计或工艺开发的基准。其优点是对清洁生产的代表性极高，缺点是生态指标的区域性强，所以对其他区域并不适用。

（3）展现环境绩效

清洁生产指标也可以用于展现环境绩效，为组织的环境影响评价提供数据支持。

（4）清洁程度的比较

清洁生产指标可作为同一工艺实施清洁生产前后清洁程度对比的基准，根据不同行业的特性所使用的清洁生产指标也可以用于组织间清洁程度的评比。

第三节　国外清洁生产指标体系及研究现状

近年来，许多国家建立了大量清洁生产指标体系，这些指标体系的建立为清洁生产的实施和评估提供了依据。由于在具体实践中，不同的国家对于清洁生产有不同的表述，如清洁生产、污染预防等，因此所构筑的清洁生产指标体系不完全相同，各具特色。清洁生产涵盖了从清洁能源和原材料、清洁生产过程以及清洁产品等多个方面的内容，因此清洁生产相关领域的指标体系建设也应当涵盖其中[49]。

一、国外常用的清洁生产指标

国外清洁生产指标也包括定量和定型两种类型的指标，主要从经济、社会和生态环境影响方面考虑筛选和构建指标体系，国外常用的清洁生产指标见表3.6[7,45]。

（1）生态指标

欧盟用环境影响的观念来评估污染物质对生态环境的影响和对人类健康的危害，并建立各项指标体系。

生态指标是根据污染物排放后对环境、生态系统和人类健康造成危害的大小所建立的指标。但是，这些危害的大小是属于区域性的，因为它们是根据当地对环境标准的要求、气候状况、天文状况、水文状况而定的。

由于生态指标的区域性很强，所以这些指标对其他区域并不一定适用。

（2）气候变化指标

众所周知，温室气体的排放会改变大气的组成，提高地表温度，引起全球变暖。荷兰所制定的气候变化指标是将全国每年的 CO_2、CH_4、N_2O 的排放量以及氯氟烃（CFC_S）、哈龙（halons）的使用量都折算成 CO_2 当量后相加，综合表示对温室效应或全球变暖的贡献。荷兰政府逐年调查此项指标，并制定具体的削减目标。

表 3.6　国外常用的清洁生产指标

指标名称	内容简述	备注
生态指标 (Eco-indicator)	从生态周期评价的观点出发,将所排放的污染物质对环境的影响进行量化评估,并建立量化的生态指标(Eco-indicator),共建立 100 个指标	由荷兰的废物再利用研究项目 (National Reuse of Waste Research Program)完成
气候变化指标 (Climate Change Indicator)	污染物排放量,所选择的标准物质,包括 CO_2、CH_4、N_2O 的排放量以及氯氟烃(CFC_S)、哈龙(halons)的使用量,以上均转换为 CO_2 当量。逐年记录以评估对气候变化的影响	由荷兰开发应用
环境绩效指标 [EPI (Environmental Performance Indicators)]	针对铝冶炼业、油与气勘探与制造业、石油精炼、石化、造纸等行业,开发出能源指标、空气排放指标、废水排放指标、废物指标以及意外事故指标	挪威和荷兰环境保护局委托非盈利机构欧盟绿色圆桌组织(European Green Table)开发
环境负荷因子 [ELF (Environmental Load Factor)]	$ELF = \dfrac{废物重量}{产品重量}$ 产品重量:产品销售量	英国 ICI 公司开发
废物产生率 [WR(Waste Ratio)]	$WR = \dfrac{废物重量}{产出量}$ 产出量:所有原副产品产量	
减废信息交换所 [PPIC (Pollution Prevention Information Clearinghouse)]	比较使用清洁生产工艺前后的废物产生量、原材料消耗量、用水量以及能源消耗量,来判断是否属于清洁生产(相对原来工艺而言)	美国环保署

　　这一指标适用于政府对全国的温室气体进行控制,能为全国温室气体的控制提供明确的指引,但是对企业和个体实施清洁生产的指导作用并不明显。

　　(3) 环境绩效指标

　　欧盟绿色圆桌组织(European Green Table)在提出的企业环境绩效指标(EPI, Environmental Performance Indicators in Industry)报告中,针对铝冶炼业、油与气勘探与制造业、石油精炼、石化、造纸等行业,根据行业特性提出该行业应该建立的清洁生产指标项目。虽然欧盟所提出的环境绩效指标对我国并不完全适用,但是这些针对行业特性发展清洁生产指标的原则,对于我们建立各行业的指标体系还是具有极高的参考价值。

　　(4) 环境负荷因子

　　英国得利(ICI)公司所属的精细化学品制造组织[FCMO (Fine Chemicals Manufacturing Organization)]开发出一种称为环境负荷因子(Environmental Load Factor)的简单指标,供化学工艺开发人员作为评估新工艺的参考值,其定义如下:

$$环境负荷因子 = \frac{废物重量}{产品重量} \tag{3-13}$$

在上式中的废物并不包括工艺用水和空气,不参与反应的氮气也不包括在内。该公式适合于含有化学反应的工序,其中,"废物"不分有害、无害,只以总当量指标值表示,不能真正表示其对环境的影响程度。

(5) 废物产生率

美国 3M 公司自 1975 年开始执行污染预防获利[3P(Pollution Prevention Pays)]计划以来,绩效卓著,第一年就减少各类气、水、固污染物约 50 万 t。3M 还有一个简单的指标——废物产生率作为评估工艺的参考值,其定义如下:

$$废物产生率 = \frac{废物重量}{产出重量} \tag{3-14}$$

式中　废物——水、空气以外的废物

　　　产出——产品、副产品和废物的总和。

3M 公司的废物产生率(Waste Ratio)与 ICI 公司的环境负荷指标两者极为相似,废物的定义相同,只是比较的基准不同而已。环境负荷指标以产品为基准,废物产率以总产出为基准,其值永远小于 1,而环境负荷因子值则可能大于 1。与环境负荷因子相同,废物产率的值也无法真正表示其对环境的影响程度。

(6) 减废信息交换所

美国环保局的减废信息交换所(PPIC,Pollution Prevention Information Clearinghouse)所采用的方式为:经常评估或调查废物产生量、原料、水及能源的耗用量。在每次评估或调查之间一定进行某项改善,然后比较改善前后的情况,以评估改善的程度,表 3.7 为 PPIC 用以比较的表格。

表 3.7　美国环保局的减量信息交换所常采用的比较内容

范畴	改善前的数量	改善后的数量
废弃物产生量		
原料用量		
用水量		
能源消耗量		

需要注意的是,美国这类指标只适用于同一组织在工艺改善前后的比较。

二、OECD 环境指标体系与压力-状态-响应模型

OECD 环境指标体系与清洁生产指标体系从严格意义上说具有一定的差异,但由于 OECD 环境指标体系具有突出的特色且建立了压力-状态-响应模型,对许

多国家清洁生产与污染预防指标体系的建立提供了重要的借鉴经验[1]。

1. 概况

根据 1989 年西方七国首脑会议的要求,OECD 在 1990 年开始了一项特别的环境指标计划。该计划的目标是:

① 就 OECD 国家共同的环境指标概念达成共识;

② 在三个主要基准的基础上识别和定义指标,即:政策层面、完整性和可测定性;

③ 在各个国家评测这些指标;

④ 在 OECD 国家的环境状态分析中应用这些指标。

通过长时间的工作积累,OECD 建立了环境指标,也应用这些指标进行了相关的研究。OECD 的工作取得了很大的成功,对许多国际组织和国家产生了重大影响。

2. OECD 环境指标体系框架

OECD 环境指标体系没有单一的指标系统,而是按照不同使用目的确定指标。OECD 环境指标体系的最主要特征是建立一个包括不同层次的指标体系,构成指标系统。最高层次为一个环境指标核心集,同时开发了大量部门指标,以便将环境因素纳入部门政策之中。该指标体系还包括环境和自然资源的核算指标。其指标系统构成如图 3.2 所示。

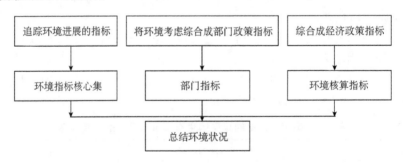

图 3.2　OECD 环境指标体系系统构成示意图

3. OECD 环境指标体系分述

(1) 环境指标核心集

环境指标核心集是指标体系中的最高层次。核心集指标的定期出版,建立了追踪环境进展的机制。核心集指标数量不多,但涵盖了广泛的环境问题,它反映了OECD 国家对环境指标的共识,综合了来自部门集以及环境与资源核算的指标。

为建立合理的核心集指标体系,OECD 建立了压力-状态-响应模型(DSR)模型(见图 3.3)。在这一模型中,OECD 将其核心集指标分成环境压力指标、环境条件指标和社会响应指标三个方面。这三个方面的划分清晰地表述了环境问题的不同方面。

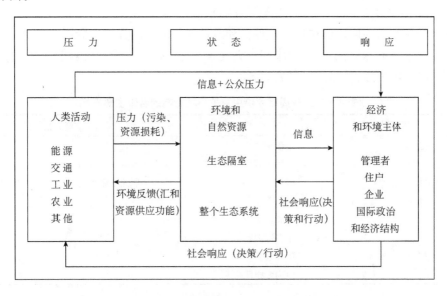

图 3.3　OECD 的压力-状态-响应模型示意图

① 环境压力指标描述了来自人类活动对环境和自然资源的压力。这里的压力包括了直接和间接的压力；

② 环境条件指标与环境质量和资源的质量和数量有关，它们反映了环境政策的最终目标。这类指标可以提供对环境状态及发展的概况；

③ 社会响应指标反映了社会对环境变化态度的影响。

（2）部门指标

部门指标集中每一集限于特定的部门及其与环境的关系。这些指标描述了部门本身的特点、与部门有关的环境特点、对环境和资源的正负影响以及经济和政策考虑。

（3）环境核算指标

OECD 建立的环境也只将广泛的环境核算（在物理和货币意义上）包括在内，这包括物理的自然资源核算以及污染控制和消除的花费等。

三、美国产品生命周期评价中的指标体系

1. 概述

产品的生命周期评价（LCA）是一种用于评估产品在其整个生命周期中，即从原材料的获取、产品的生产直至产品使用后的处置过程，对环境影响的技术和方法。借助于生命周期评价可以阐明在产品的整个生命周期中各个阶段对环境干预

的性质和影响的大小,从而发现和确定污染预防的机会。

2. 生命周期评价中指标的建立和应用

产品生命周期评价包括定性评价和定量评价两个部分。生命周期评价中三个主要要素是资源退化、生态健康和人类健康。它们被进一步分成若干主题,并制定相应的具体指标,具体内容见表3.8。

表3.8　生命周期评价中有关环境影响的若干主要指标

资源退化指标	生态健康指标	人类健康指标
能源	全球变暖	毒理影响
材料	臭氧层破坏	非毒理学影响
水	酸化	职业健康影响
土地	富营养化	
	光氧化形成	
	生态毒理影响	
	生境改变	
	生物多样性减少	

3. 应用定性和定量指标的比较

定性和定量两种方法的着重点不同,但并无严格边界。定性和定量方法所得的排序和选择可能不同,有些区别很明显。两种指标在某些情况下有很大差别。定性评价不需要花大量时间收集各种数据,但它不能代替定量评价,应保证误差在可以接受的范围内。定性和定量指标的特点与不同见表3.9。

表3.9　定性和定量指标在生命周期评价中的若干特点

	定　性	定　量
范围	综合	狭窄
系统描述	矩阵式(流程单)	流程单质量/能量流
方法	描述,打分	物理单位
目标	自然环境	自然环境
	工作环境	资源利用
	社会环境	(工作环境)
重要参数	化学有害性	能源利用

四、ISO14000 系列标准中的环境管理指标

为发挥标准化工作在统一各国环境管理上的作用,国际标准化组织于 1992 年设立了"环境战略咨询组(SAGE)",又于 1993 年成立了 ISO/TC27 环境管理技术委员会,正式开展环境管理体系和措施方面的标准化工作,以规范企业和社会团体

等所有组织的活动、产品和服务的环境行为。

该系列标准虽然缺乏定量指标,但是在环境管理定性要求方面却十分完备。这些指标反映在环境管理的多个方面。ISO14001 中污染预防是十分重要的概念。它包括旨在防止、减少或控制污染的各种过程、操作惯例、材料或产品的应用。该标准附录中还列举了主要的环境要素:

①　大气污染排放;

②　水污染排放;

③　废物管理;

④　土地污染;

⑤　对社区的影响;

⑥　原材料以及自然资源的使用;

⑦　其他地方性环境问题。

第四节　国内清洁生产指标体系的研究与构建现状

清洁生产指标体系作为指导和推动清洁生产的重要手段之一,从清洁生产推行之初,就开始了在探索中逐步发展完善的进程。从我国开始清洁生产试点和相关领域的研究以来,相继制定和颁布了一系列推动清洁生产的法律法规、政策和行业规范,并逐渐形成了较为规范成熟的清洁生产指标体系,为进一步构筑清洁生产指标体系奠定了基础。

一、清洁生产指标的分类

我国现有施行的行业清洁生产指标体系主要有工艺设备与技术、资源能源利用指标、污染物产生指标、污染物循环利用及处理处置指标、产品环境指标和环境管理指标六大类,各大类指标中又包含若干具体的定量或定性指标。前五类指标是技术指标,从技术手段体现清洁生产的要求,后一类指标是管理性指标,从管理手段体现清洁生产的要求[50]。

二、清洁生产指标的类型

总结我国现有清洁生产指标体系,可以划分为绝对量指标、相对量指标和定性指标。

①　绝对量指标。包括总体指标、平均指标和比例当量,无须进一步解释就可以直接使用。绝对量的单位可以是实物单位和价值单位。

②　相对量指标。包括计划完成程度相对指标、结构相对指标、比较相对指标、强度相对指标和动态相对指标等,是基于其他参数折合成的参量。

③ 定性指标。难以量化,可以按照建立的水准进行分级。

三、清洁生产指标体系

1. 工艺设备与技术指标

工艺设备与技术指标主要从生产工艺技术和设备条件等方面来对企业清洁生产状况进行评价,对于指导清洁生产的推进具有重要意义。该类指标因行业不同而具有不同的具体形式。

2. 资源能源利用指标

在正常操作情况下,生产单位产品对资源的消耗程度可以部分地反映一个企业的技术工艺和管理水平,即反映生产过程的状况。从清洁生产角度看,资源指标的高低同时也反映企业的生产过程在宏观上对生态系统的影响程度。

(1) 原材料统计指标

① 原材料消费量是指工业企业在报告期内实际消耗的原材料数量。它反映企业使用原材料的数量和种类。我国原材料按其消费的用途可以分为工业生产用、建筑施工用和运输邮电用三类。原材料消费量可以用实物量或价值量为单位。

② 原材料库存量,又称储备量,是指工业企业在某一时点上,已验收入库、尚未使用的实际存有的原材料数量。原材料库存是为保证生产持续进行而建立的。

③ 原材料消耗总量是指生产某种产品从原料投入生产过程第一道工序到完成产品生产、验收入库全过程中所实际消耗的某种原材料数量。

④ 单位产品原料消耗量(单耗)是指生产单位产品平均实际耗用的某种原料数量。它反映该种原料的实际消耗水平,是说明企业管理水平和生产技术水平的重要指标。计算公式为

$$单耗 = \frac{生产某种产品的某种原材料消耗总量}{某种产品产量} \qquad (3-15)$$

⑤ 原材料利用率是指合格产品中包含的原材料数量或原材料有效含量与生产该产品消耗的原材料总量的比率,说明原材料被有效利用的程度。计算公式为

$$原材料利用率 = \frac{合格产品中包含的原材料数量}{生产该产品的原材料消耗总量} \times 100\% \quad (3-16)$$

分子与分母之差,是生产中未被利用的原材料。其中既有废品消耗的原材料,工艺和设备落后以及管理不善而浪费的原材料,也有在一定技术水平下不可避免的工艺损耗,一定质量水平的原材料所引起的必要损耗等。

在工业的某些行业里,原材料利用率的另外一种表现形式是原材料产出率,反映原材料的利用程度。原材料产出率与单耗互为倒数关系

$$单耗 = \frac{合格产品量}{原材料总消耗量} \times 100\% \qquad (3-17)$$

（2）能源统计指标

反映企业能源消费量的指标主要有：

① 能源消费总量是指企业在报告期内实际消费的各种能源总量。它包括生产消费的能源和非生产消费能源，以及各种能源加工转化设备所损失的能源，但不包括回收利用的余热、余能等消费的数量。

② 综合能源消费总量是指企业为完成工业生产任务而消耗的能源总量。即

$$综合能源消费总量 = 能源消费总量 - 非生产能源消费量 \qquad (3-18)$$

③ 能源最终消费量是指企业在报告期内直接使用于生产和非生产的能源总量。其中，直接使用于生产的能源包括企业基本生产过程和企业辅助生产过程所消费的能源。计算能源最终消费量的目的是观察企业能源最终消费的使用方向和使用构成情况，研究提高能源效益的途径。

能源最终消费量＝能源消费消耗总量－能源加工转换损失量＋回收利用的余热能

④ 单位产品单项能耗是指企业生产某种产品，平均每一单位产品消耗的某种能源的数量。计算公式为

$$单位产品单项能耗 = \frac{某种产品消耗的某种能量数量}{产品数量} \qquad (3-19)$$

⑤ 单位产品综合能耗是反映企业生产的产品（或因创造产值）消耗各种能源总水平的指标，它用单位产品产量或产值平均消耗的各种能源数量表示。计算公式为

$$单位产品（产值）综合能耗 = \frac{能源消耗总量}{工业产品产值（或产品或产量）}$$

$$(3-20)$$

具体的指标可以是：吨产品能耗、万元产值能耗等。

⑥ 企业可比能耗是按标准工序计算的单位产品综合能耗，计算公式为

$$企业可比能耗 = \frac{按标准工序计算的能源消耗总量}{工业产品产值（或产品或产量）} \qquad (3-21)$$

该指标主要为了同一行业不同企业之间比较综合能耗水平的高低。

⑦ 能源有效利用率是指已被有效利用的能源数量与投入的能源数量的比值。计算公式为

$$能源有效利用率 = \frac{用能设备总有效率利用热量 + 输出热量}{投入能源总热量} \times 100\%$$

$$(3-22)$$

⑧ 能源转化率和能源转换损失率是能源加工转化设备的能源产出量与能源投入量之比，是反映能源在加工转化过程中的能源有效利用程度。它是观察能源

加工转化装置的生产工艺水平和能源管理水平的重要指标。计算公式为

$$能源转换率 = \frac{能源加工转换产出量}{能源加工转换投入量} \times 100\% \qquad (3\text{-}23)$$

能源加工转化投入量与能源加工转换产出量的差额,就是能源加工转换损失量,能源加工转换损失率的计算公式为

$$能源加工转换损失率 = 1 - 能源转换率 \qquad (3\text{-}24)$$

⑨ 热能回收率是反映生产过程中将所产生的余热或可以重复利用的热能回收利用程度的指标。计算公式为

$$热能回收率 = \frac{回收利用余热}{投入能源热量} \times 100\% \qquad (3\text{-}25)$$

⑩ 节能量是指一定时期内在一定可比条件下节约或少用的能量数量。既包括由于提高能源管理水平,进行节能技术改造,采用先进节能新技术、新设备、新工艺,使能源消耗降低而节约的能源数量,也包括由于调整产业结构、产品结构而少用的能源数量,即结构节能量。计算公式为

$$节能量 = (实验产品或产值能耗 - 基准产品或产值能耗) \times 实际产品产量或产值$$
$$(3\text{-}26)$$

节能量指标包括产品节能量、产值节能量、技术措施节能量和结构节能量等不同形式。计算结果为负值是节约量,正值则是超耗量。

⑪ 节能率是反映能源节约程度的指标,其计算公式为

$$节能率 = \left(\frac{报告期单位产品或产值能耗}{基期单位产品或产值能耗} - 1\right) \times 100\% \qquad (3\text{-}27)$$

计算结果如果为负值,表示节能率;如果为正值,则表示超耗率。

⑫ 工业能源消费弹性系数是指能源消费量年增长速度与国民经济年增长速度的比值,它表明一个国家或地区经济增长与能源消费增长的相互依存关系。利用它与历史资料或其他国家和地区资料进行对比,可以说明能源的利用状况和节能潜力的大小。计算公式为

$$工业能源消费弹性系数 = \frac{能源消费年增长率}{国民生产总值(或工业生产总值)年增长率}$$
$$(3\text{-}28)$$

(3) 水资源利用指标

① 单位产品水耗是指报告期内新鲜水消耗量与产品产量之比。新鲜水用量包括循环水补充水量、供热用水量、工艺用水量、冲洗设备管道用水量、生活用水量、消防用水量。

②

$$水的重复利用率 = \frac{串级用水量 + 循环用水量}{新鲜水量 + 串级用水量 + 循环用水量} \times 100\%$$

$$(3-29)$$

3. 污染物产生指标

污染物产生指标是除资源指标外,另一类反映生产过程状况的指标。污染物产生指标代表着生产工艺先进性和管理水平的高低。分析一般生产过程中污染问题的产生情况,污染物产生指标主要设置三类,即废水产生指标、废气产生指标和固体废物产生指标,另外还包括产污等标系数、产污增长系数、产污有毒系数等。

(1)废水产生指标

废水产生指标反映废水产生的总体情况,通常又可分为单位产品废水产生量和单位产品主要水污染物产生量两项指标。

(2)废气产生指标

废气产生指标也分为单位产品废气产生量和主要大气污染物产生量两项指标。

(3)固体废物产生指标

废物产生量指标是对废物进行合理地分类、鉴别、管理的依据,主要有固体废物产生量、单位产品主要固体废物产生量等指标,除此之外还有固体废物累积存量和占地面积等总量指标。

废物产生量通常采用的计算公式为:

$$固体废物产生量 = 固体废物产率 \times 产品产值或产量 \quad (3-30)$$

常见的废物产生量的环境空气和水环境控制指标见表 3.10。

(4)产污等标指标

产污等标指标是生产过程产生"三废"(废水、废气、废渣)中的各污染物的产生量与排放标准之比。其计算公式为

$$产污等标指标 = \sum \frac{单位产品"三废"中污染物产生量}{"三废"排放标准} \quad (3-31)$$

(5)产污增长指标

产污增长指标是"三废"中所有污染物年产生量增长率与产值增长率之比。通常采用的计算公式为

$$产污增长指标 = \frac{"三废"中污染物年产生量增长率}{产值增长率} \quad (3-32)$$

(6)产污有毒指标

产污有毒指标是单位产品每年所产生"三废"中所有有毒污染物的量。通常采用的计算公式为

$$产污有毒指标 = \frac{“三废”中有毒污染物年产生量}{年生产产值(规模)} \qquad (3-33)$$

表 3.10　环境空气和水环境指标

		工业二氧化硫排放量 t/a
污染物总量控制指标	大气污染物排放量指标 水污染物排放量指标	工业烟尘排放量 t/a
		工业粉尘排放量 t/a
		燃料燃烧过程废气排放量 t/a
		生产工艺过程废气排放量 t/a
		经过消烟除尘的燃料燃烧废气量 t/a
		经过净化处理的生产工艺废气量 t/a
		废水排放总量 t/a
		COD 排放量 t/a
		BOD 排放量 t/a
		某种类重金属排放量 t/a
环境污染治理指标	大气环境污染治理指标	二氧化硫去除量 %
		烟尘去除量 t/a
		粉尘回收率 %
	水环境污染治理指标	废水处理率 %
		COD 去除量 t/a
		BOD 去除量 t/a
		废水中重金属去除量 t/a

4. 污染物循环利用及处理处置指标

生产过程中的某些废物随着技术水平的不断提高可以进行综合利用,主要包括水资源循环利用指标、固体废物综合利用指标和废气综合利用指标两方面。

水资源循环利用指标主要包括工业废水回收利用率(%)等。

固体废物综合利用指标包括固体废物综合利用率(%),固体废物处置率(%)和固体废物综合治理率(%)等。

废气综合利用指标包括废气回收利用率、煤气回收利用率等。

5. 产品环境指标

清洁生产一方面侧重在生产过程中的污染预防或源削减,另一方面也关注产品的环境影响。产品的性能和包装在产品贮存、运输、销售、使用直至产品报废或处置过程以及寿命优化都将对环境和人体产生影响。产品环境指标作为体现清洁生产指标的重要组成部分,对于推动清洁生产和产品生态设计具有重要的意义。

(1) 清洁产品指标

清洁产品指标是指单位产品总成分中所含有毒有害成分的量。

(2) 寿命优化指标

寿命优化就是使产品的技术寿命(即产品的功能保持良好的时间)、美学寿命

(即产品对用户具有吸引力的时间)和初设寿命处于优化状态。常采用产品技术寿命指标。

另外还有产品的质量和产量指标、产品的性能指标、替代产品的性能指标、产品的包装性能、使用后报废产品的毒性和有害性、二次利用的环境影响、回收利用的材质生产产品的质量指标、回收利用的工艺指标、回收利用的产品利润、产品观念的更新和环境意识指标、生态标志等。

3.6　环境管理指标

环境管理指标包括生产过程控制中的环境管理指标、企业环境管理指标、劳动保护与安全卫生指标和环境经济效益指标等。

(1) 生产过程控制中的环境管理指标

生产过程控制中的环境管理指标主要有环境计划指标和环境保护考核指标。

① 环境计划指标是指根据环境目标与生产指标做综合平衡,应有相应的递减率。这方面尚无成熟的经验,一般用主要污染物的"万元增加值(或产值)排污量"或"万元等标污染负荷"作为环境计划指标。

② 环境保护考核指标主要有两类:即排放合格率或排放达标率和考核指标计划完成率。

a. 污染物综合排放合格率和达标率是指排放合格的污染因子数与全部污染因子数之比的百分率。其数学计算公式为

$$P = \frac{N'}{N} \times 100\% \qquad (3\text{-}34)$$

式中　P —— 企业污染综合排放合格率

　　　N —— 企业主要污染源的主要污染因子总个数,$N = \sum_{i=1}^{n} f_J$

　　　N' —— 企业主要污染源的排放合格的主要污染因子总个数,$N' = \sum_{i=1}^{n} f'_J$

　　　J —— 主要污染源的序号

　　　n —— 主要污染源总个数(废气按生产设施的烟囱或排气筒个数计,无烟囱或排气筒的按生产设施的个数计;废水按生产设施或车间、工厂的排放口个数计)

　　　f_J —— 第 J 个污染源中主要污染因子数

　　　f'_J —— 第 J 个污染源中排放合格的主要污染因子数

污染物综合排放合格率还可以由污染物排放达标率:

$$污染物排放达标率 = \frac{主要污染源达标排放的主要污染物项目总数}{主要污染源的主要污染物项目总数} \times 100\%$$

$$(3\text{-}35)$$

达标率指标有:废水达标率(%)、工艺尾气达标率(%)、厂界噪声达标率(%)等。

b. 考核指标计划完成率

主要污染物排放量计划完成率:

$$主要污染物排放量计划完成率 = \frac{已完成排放量计划的主要污染物项目数}{计划考核的污染物总项目数} \times 100\%$$

$$(3\text{-}36)$$

主要污染物排放达标率的计划完成率:

$$污染物排放达标率的计划完成率 = \frac{已完成的排放达标率}{计划排放达标率} \times 100\%$$

$$(3\text{-}37)$$

环境保护计划综合完成率(双指标考核):

$$环境保护计划综合完成率 = \frac{排放量计划完成率 + 排放达标率的计划完成率}{2}$$

$$(3\text{-}38)$$

(2) 企业环境管理指标

企业环境管理指标主要是定性指标,主要涉及企业环境管理制度建立执行情况、企业环境管理计划制订实施情况、企业环保设施运行管理情况、企业环保信息交流情况、企业原辅材料供应情况、生产过程污染源监测控制情况等。

(3) 环境经济效益指标

① 环保投资偿还期是指环保初始投资费用与环保投资所产生的年净经济效益(环境经济年总效益与年环保运转费用之差)之比;

② 环保成本是指单位产品所付出的环境代价(年环保费用和不可避免的损失费);

③ 环境系数是指项目创造每元产值所付出的环境代价(元/元)。

(4) 劳动保护与安全卫生指标

随着清洁生产的深入推广和清洁生产内容的不断丰富和完善,应将企业的劳动保护与安全卫生的要求逐渐纳入到清洁生产指标体系中,作为环境管理指标的一部分。该类指标主要是在分析采取劳动安全卫生对策设施、设置劳动安全卫生机构、建立检测保健制度以及配备专门人员等内容的基础上,针对生产过程中职业危害因素而设置的。其中用到的相关指标主要有国家防尘防毒、改善劳动条件的专款数额,百万吨煤矿死亡率,炉、压力容器万台事故爆炸率,职工出勤率,无伤亡事故天数,年(月)事故发生率,事故赔款总额,事故损失率,职业危险等级(破坏性的、危险性的、临界的、安全的)和现场清洁卫生指标(好、中、差)等。

四、工业企业常用的清洁生产指标体系

根据工业行业的清洁生产内容,可以将工业清洁生产的指标体系概括成原辅材料与能源控制、清洁工艺技术与过程控制和清洁产品与包装控制三个方面。

1. 原辅材料与能源控制指标

原辅材料和能源是生产过程的主要消耗品,其利用水平不仅影响工业生产成本,而且也影响生产过程的废物产生和排放,进而影响环境质量。因此,应从经济、技术和管理等方面设置原辅材料和能源的清洁生产指标。

(1) 原辅材料和能源的经济技术指标

原辅材料和能源的经济技术指标主要包括原材料的种类、原材料消耗总量、单位产品原料消耗量、原材料利用率、能源(煤、油、气、电、蒸汽、热水等)消费量、单位产品单项能耗、单位产品综合能耗、清洁能源使用率、单位产品水耗、水的重复利用率、能源节约经济效益、原材料节约经济效益等。

(2) 原辅材料和能源的环境指标

原辅材料和能源的环境指标主要包括无毒无害原材料使用率、有毒有害原材料使用率、易降解和易处理原材料使用率、原材料在获取、运输和使用过程中的废物产生率、能源使用的废物产生率、水资源供应方等。

(3) 原辅材料和能源的管理指标

原辅材料和能源的管理指标主要包括原料运输方式、原料储存方式、原料投入装置配备与维护、能源运输方式、能源储存方式、能源投入装置配备与维护等。

2. 清洁工艺技术与过程控制指标

清洁工艺技术与过程控制指标,可以进一步划分为过程控制指标、循环和回收利用指标、废物处理处置指标和安全卫生指标,且每类指标又可以从经济技术、环境和管理三个方面进行细化。

(1) 过程控制指标

① 过程控制的经济技术指标。企业清洁生产过程控制的经济技术指标主要包括清洁生产过程中各种投入的费用、清洁生产中节约的费用、清洁生产获得的附加效益、环境保护投资数量、技术改革投资数量、生产技术先进性指标、污染治理设备利用率、污染治理设备处理效率等。

② 过程控制的环境指标。企业清洁生产过程控制的环境指标主要包括废水产生量(率)和排放量、废水处理量(率)和处理达标率、废水中污染物含量和浓度、废水中污染物的毒性、废气产生量(率)和排放量、废气处理量(率)和处理达标率、废气中污染物含量和浓度、废气中污染物的毒性、固体废物产生量(率)和排放量、固体废物中各污染物数量、固体废物中各污染物毒性、噪声水平和达标率、环境意外事件的数量、生产过程对周围社区和环境的影响等。

③ 过程控制的管理指标。企业清洁生产过程控制的管理指标主要包括跑冒滴漏情况、环境投诉数量、环境规章建立和执行情况、环境计划指标达标率、考核计划指标完成率、生产现场布局合理性、操作合理性和规范性等。

(2) 循环和回收利用指标

① 循环和回收利用的经济技术指标。企业清洁生产的循环和回收利用的经济技术指标主要包括物料循环利用率、动力循环利用率、热能回收率、回收利用工程的合理性、回收利用技术工艺的先进性等。

② 循环和回收利用的环境指标。企业清洁生产的循环和回收利用的环境指标主要包括固体废物综合利用率、可回收物质的毒性和有害性、二次利用的环境影响。

③ 循环和回收利用的管理指标。企业清洁生产的循环和回收利用的管理指标主要包括原地回收利用的管理方式、不可在原地回收利用物料的运输和回收利用情况、登记和分类管理等。

(3) 废物处理处置指标

① 废物处理处置的经济技术指标。企业废物处理处置的经济技术指标主要包括废物处理处置技术水平和废物处理处置方式等。

② 废物处理处置的环境指标。企业废物处理处置的环境指标主要包括废物产生量、废物占地面积、废物累积存量、固体废物处置率、废物弃置对地表水、地下水、大气、土壤和生态环境的破坏等。

③ 废物处理处置的管理指标。企业废物处理处置的管理指标主要包括废弃过程的监督管理等。

(4) 劳动安全和卫生指标

① 劳动安全和卫生的经济技术指标。企业清洁生产的劳动安全和卫生的经济技术指标主要包括劳动安全设备的技术水平、防毒防尘、改善劳动条件专门拨款数量、事故损失额、事故赔款总额等。

② 劳动安全和卫生的环境指标。企业清洁生产的劳动安全和卫生的环境指标主要包括职业健康影响等级、职业危险等级、单位产出人员伤亡率、单位产出人员发病率、特定职业病发病率等。

③ 劳动安全和卫生的管理指标。企业清洁生产的劳动安全和卫生的管理指标主要包括现场清洁卫生指标、现场安全状况、劳动安全和卫生管理措施及实施情况、职工出勤率、设备事故率、设备监测和监督情况、监测和监督人员配备情况等。

3. 清洁产品和包装控制指标

(1) 清洁产品和包装的经济技术指标

企业的清洁产品和包装的经济技术指标主要包括产品的体积和重量、产品结构和功能的复杂性、产品使用寿命、产品所用原材料的种类、产品回收利用率、产品废物回收利用产值和利润、包装废物回收利用产值和利润、包装材料可回收利用率等。

(2) 清洁产品和包装的环境指标

企业的清洁产品和包装的环境指标主要包括产品运输、储存、销售、使用的健康风险、产品运输、储存、销售、使用的环境风险、产品使用中的材料消耗、产品使用中的能耗、产品废物的生态降解能力、产品废物的毒性和有害性、包装材料的生态降解能力、包装废物最小化指标、包装材料毒性指标等。

(3) 清洁产品和包装的管理指标

企业的清洁产品和包装的管理指标主要包括产品的设计与开发、产品的运输与销售、与产品相关的服务、产品的环境与生态标志、原地回收利用的管理方式、不可在原地回收利用的产品或包装的运销等。

第四章　清洁生产的实施方法学

第一节　企业实施清洁生产的主要途径

清洁生产是一个系统工程,是对生产全过程以及产品的整个生命周期采取污染预防的综合措施。工业生产过程千差万别,生产工艺繁简不一。因此,推行清洁生产应该从各行业或企业的特点出发,在产品设计、原料选择、工艺流程、工艺参数、生产设备、操作规程等方面分析生产过程中减少污染物产生的可能性,寻找清洁生产的机会和潜力,促进清洁生产的实施。根据清洁生产的概念和近年各国的成功实践,实施清洁生产的有效途径主要包括改进产品设计,替代有毒有害的原材料,强化生产过程的工艺控制,优化操作参数,改进设备维护,增加废物循环等[51,52]。

一、改进产品的设计

改进产品设计旨在将环境因素纳入产品开发的所有阶段,使其在使用过程中效率高、污染少,同时使用后便于回收,即使废弃,对环境产生的危害也相对较少。近来出现的"生态设计"、"绿色设计"等术语,即指将环境因素纳入设计之中,从产品的整个生命周期减少对环境的影响,最终导致产生一个更具有可持续性的生产和消费体系。

二、选择环境友好材料

选择对环境最为友好的原材料是实施清洁生产的重要方面,主要包括:选择清洁的原料,避免使用在生产过程或产品报废后的处置过程中能产生有害物质排放的原材料;选择可再生的原料,尽量避免使用不可再生或需要很长时间才能再生的原料;选择可循环利用原料;减少原材料的使用量,在不影响产品技术性能和寿命的前提下,使用的原材料越少,说明产生的废物越少,同时运输过程的环境影响也越少。

三、改进技术工艺、更新设备

在工业生产工艺过程中最大限度地减少废物的产生量和毒性是清洁生产的主要目的。检测生产过程、原料及产物情况,科学地分析研究物料流向及损失状况,是减少废物产生量和毒性的前提和基础。调整生产计划,优化生产程序,合理安排生产进度,改进、完善、规范操作程序,采用先进的技术,改进生产工艺和流程,淘汰落后的生产设备和工艺路线,合理循环利用能源、原材料、水资源,提高生产自动化的管理水平,提高原材料和能源的利用率,减少废物的产生。

四、资源综合利用

资源综合利用是实施清洁生产的重要内容。资源综合利用,首先是通过资源、原材料的节约和合理利用,使原材料中的所有组分通过生产过程尽可能地转化为产品,最大限度地减少废料的产生;其次是对流失的物料加以回收,返回到流程中或经适当处理后作为原料回用,使废物得到循环利用。实现资源综合利用,需要跨区域、跨部门和跨行业之间的协作,也就是以循环经济的理念为主导,构建以物料、资源和能源的循环流动为核心内容的生态工业链网体系。

五、加强科学管理

国内外情况表明,工业污染源有 30% ~ 40% 是由于生产过程管理不善造成的,只要改进操作,改善管理,不需要花费很大的经济代价,便可获得明显削减废物和减少污染的效果。加强科学管理的主要内容有:安装必要的高质量监控仪表,加强计量监督,及时发现问题;落实岗位和目标责任制,杜绝跑冒滴漏;完善可靠详实的统计和审核;产品的全面质量管理,有效的生产调度;改进操作方法,实现技术革新,节约用水、用电;原材料合理购进、贮存与妥善保管;加强人员培训,提高职工素质;建立激励机制和公平的奖惩制度;组织安全生产等。

六、提高技术创新能力

科技是第一生产力。企业要做到持续有效的实施清洁生产,达到"节能、降耗、减污、增效"的目的,必须依靠科技进步,开发、示范和推广无废、少废的清洁生产技术、装备和工艺。加快自身的技术改造步伐,提高整个工艺的技术装备和工艺水平,积极引进、吸收国内外相关行业的先进技术,通过重点技术进步项目(工程),实施清洁生产方案,取得清洁生产效果。

第二节　推行清洁工艺和技术

一、产业结构的优化调整

通过产业结构调整,开展清洁生产和资源循环,把污染消灭在源头。大力发展无污染、少危害的项目及产品,大力发展质量好、能耗低、效益高的行业和产品,这是国内外产业发展的共识。产业结构调整要立足于实际,以提高经济整体素质为目标,以市场为导向,以体制创新和科技带动为动力,以增强经济的国际竞争力为重点,通过政策引导、示范带动和规划建立产业结构协调科学、产业布局合理、产品链条完整、生产效率高、经济效益好的生态产业体系,确保生态产业在国民经济中占主导地位,逐步形成合理的产业体系,消除结构性污染[45]。

大力推进农业产业和农村经济结构调整,深入实施农业产业化经营,优化农业产业布局,加大科技兴农力度,促进农业和农村经济向专业化、产业化、标准化、生态效益化转变,全面提高生产效率。结合农业结构调整,采取有效措施,多途径治理农业面源污染,大力发展生态农业,鼓励施用复合肥、有机肥,控制不合理使用农药化肥产生的农业面源污染;通过发展农村沼气,推广畜禽养殖业粪便综合利用和处理技术,防治养殖业污染。

立足现有的工业基础,加快第二产业的结构调整,以市场为导向,以提高市场竞争力和发展特色工业为重点,以"资源能源消耗低、效益高、污染小"为原则,对企业改造一批、壮大一批、培植一批、淘汰一批,实施工业结构的战略调整。大力发展高新技术产业,加大扶持力度,使高新技术产业发展成国民经济新的支柱产业;对传统骨干产业,利用高新技术和先进实用技术进行高起点嫁接改造,促使其升级换代,更好地发挥传统工业的优势,快速提升经济竞争力;重点淘汰位于主要生态功能区内的落后生产工艺装备的企业,从而实现经济、社会、环境三个效益的协调统一。在第二产业内部,按区域资源特点进行产业合理布局,加速传统产业和新兴产业的结构调整,同时积极推行清洁生产,贯彻清洁生产的有关法规、标准,向公民普及清洁生产知识和环境法律知识,实行管理和监督机制。

大力发展第三产业,对产业结构、经济结构进行战略性调整。对商贸流通、交通运输、市政服务等传统服务业,运用现代经营方式和服务技术进行全面改造,提高服务质量和经营效益;运用生态经济的思想,加快现代流通、旅游、金融保险、房地产、社区服务、中介服务等现代服务业的发展,拓宽服务领域,提高服务水平。

二、改造提升传统产业

中国的各个产业普遍存在技术含量低,技术装备和工艺水平不高,创新能力不强,高新技术产业化比重偏低,能源消耗高、能源消费结构不合理,经济的国际竞争力不强等问题,这些问题已经成为制约中国经济和企业可持续发展的主要因素,亟需利用高新技术进行改造和提升。目前,利用高新技术改造提升传统产业,加快推进信息化和现代化,促进社会生产力跨越式发展,已成为许多国家和地区经济增长的新引擎。

针对中国产业特点,吸收国外先进的工艺和技术,整合国内现有技术,对传统产业进行改造提升,增强传统产业的可持续发展能力。

(1) 造纸行业

目前,无论是国际还是国内,制浆和造纸技术的发展主题是降低污染、提高制浆产率,减少气体和水的排放,提高产品质量和经济生产。

对制浆生产工艺,现在世界造纸行业广泛采用的是 AhlstromKamyr 公司和 Kvoerner 公司开发的改进连续型和延深脱木素改良型连续蒸煮、等温蒸煮以及快速置换加热法的间歇蒸煮等工艺和技术。在 20 世纪 90 年代中期推出氧脱木素,采用单段或两段反应槽使蒸煮后的浆木素含量进一步降低 35% 到 50%。

造纸技术方面,先进性体现在纸机及其辅助设备的改进。夹网成形器、压力流浆箱或全流流浆箱以及宽压区压榨纸机是目前先进的纸机设备代表。

(2) 石油化工行业

实行油、化、纤整体发展,合理使用和综合利用石油资源。

清洁汽油生产技术主要是减少汽油中的硫和烯烃含量。汽油脱硫技术主要是加氢处理,汽油进行选择性加氢或非选择性加氢脱硫。汽油降烯烃技术主要措施有采用 GOR 系列降烯烃催化剂、LAP 降烯烃添加剂,采用 MGD 工艺等。

清洁柴油生产技术主要是采用 MCI 技术加工催化轻循环油,渣油加氢处理/重油催化裂化(RHT/RFCC)联合技术,最大量地提高轻质产品产率;采用延迟焦化/循环流化床(CFB)锅炉联合技术,降低焦化装置的能耗。

化工行业应采用合成氨原料气净化精制技术,合成氨气体净化新工艺,气相催化法联产三氯乙烯、四氯乙烯,磷石膏制酸联产水泥,磷酸生产废水封闭循环技术,天然气换热式转化造气新工艺及换热式转化炉等清洁工艺、技术。

(3) 食品行业

实现生产过程高效率化,采用光/机/电/算一体化,过程控制智能化,生产线高度自动化,生产规模化大型化。

大力推广采用差压蒸馏,玉米酒精糟生产蛋白饲料(DDGS),薯类酒精糟厌氧–好氧处理,啤酒酵母回收及综合利用,味精发酵液除菌体生产高蛋白饲料,浓缩等电点提取谷氨酸,浓缩废母液生产复合肥技术等,以及微电子技术、微波技术、真空技术、膜分离技术、挤出膨化技术、超微粉碎技术、超临界萃取技术、超高压杀菌、低温杀菌、无菌包装技术等,提高资源与能源的综合利用率,达到产品节能、减少浪费、提高效益的目的。

(4) 纺织行业

纺织工业增强核心竞争力的根本问题是提高关键工艺技术水平。

化纤行业要加强产业链上下游企业的紧密配合与协作,注重化纤、纺织、染整、服装一条龙的配套开发。棉纺行业采用紧密纺、全自动转杯纺、喷气纺等新型纺纱装备,开发多种纤维混纺、交织产品。丝绸行业推广应用数码喷射印花、四分色印花、电脑测配色、连缸染色、冷轧堆丝绸精炼、喷雾染色、涂料染色与印花、功能性整理等新工艺、新技术,采用新型纤维原料,提高丝绸产品的技术含量与品质。麻纺行业应重视新型纺纱方法的应用,缩短工艺流程。针织行业应发展针织物连续前处理工艺技术与功能整理技术。

印染行业要加快环保型染化料、退煮漂一步法、湿短蒸、低温等离子体处理、超临界 CO_2 染色、低浴比染色、无水染色、生物酶处理、数码喷射印花、热量回收、碱回收装置等技术的推广和应用,加快电脑测配色、电脑分色制版、染整工艺参数在线监测等技术的应用,保证染整工艺的准确性、重现性和稳定性。

(5) 冶金行业

运用铁矿磁分离设备永磁化技术进行金属矿分选和非金属矿的除杂,采用高效连铸技术、洁净钢生产系统优化技术,高炉富氧喷煤工艺,尾矿再选生产铁精矿,干熄焦技术,小球团烧结技术,LT 法转炉煤气净化与回收技术,石灰窑废气回收液态 CO_2 等新工艺、新技术。

(6) 建材行业

推广应用新型干法水泥窑纯余热发电技术,利用工业废渣制造复合水泥技术,挤压联合粉磨工艺技术,快速沸腾式烘干系统,开流高细、高产管磨技术,高浓度、防爆型煤粉收集技术等。

三、大力发展高新技术产业

重点发展电子信息、生物技术及制药和新材料三大高新技术产业,引进开发高新技术及产品,培育高新技术企业,建设高新技术产业基地,同时带动海洋新兴产业、先进制造业、新能源等领域的发展。

(1) 电子信息产业

围绕微电子技术、光电子技术、软件技术、数字技术、光通信器件与系统、新型电子元器件等发展方向,以制造业信息化为切入点,进一步壮大信息装备制造产品,大力培植软件产品,加强信息网络工程建设和信息服务,以计算机及通信设备、信息家电、网络技术与设备等为重点,推动电子信息产业的发展,实现从以模拟技术为主向数字化、网络化、智能化方向转变,形成各具特色的电子信息产业群。

计算机及外围设备,以提高计算机产业的国产化水平、提高市场竞争能力为目标,研究开发专用集成电路设计技术、计算机总线设计技术、IC 卡及设备、工业控制机、计算机外设等产品,形成经济规模。网络与通信技术及产品,研究开发有线电视网络、综合业务数字网(ISDN)、计算机网络传输系统、信息互联网、移动通信、光纤通信、多媒体通信、智能网等,着重抓好数字程控交换机、移动通讯、智能公用电话、网络电话机等主要产品的开发和生产,以此带动其他终端设备的发展。消费类数字化电子产品,围绕提高数字信号处理水平和电子产品的高智能化程度,开发生产高清晰度电视、视频点播等数字化电子产品和高智能化家用电器。软件产品,以推进信息化建设为主攻方向,大力开发计算机辅助设计与制造、计算机集成制造系统、工业控制软件、仿真系统软件、智能软件、多媒体应用软件、嵌入式软件、管理信息系统软件、电子商务等应用软件,推进信息服务业的发展。微电子、光电子和新型元器件,研究和发展专用集成电路的设计与生产、中高压陶瓷电容器、微电子器件等。

（2）生物技术及制药

围绕基因工程、细胞工程、酶工程、发酵工程、生化工程"五大技术"研究开发,重点发展农业生物工程、生物工程创新药物及食品生物工程产业,开展生物工程育种。

推动现代生物技术的应用,重点攻克药物新制剂的关键技术,逐步建立新药创新体系。大力发展现代生物技术产品,着力开发有自主知识产权的新药。围绕转基因药物和生物农药、海洋药物、中药等创新药物的研究开发和产业化,培植高科技医药产业。以下游技术开发和产业化为重点,有选择的发展基因工程药物。围绕肿瘤、心脑血管疾病、恶性传染病、免疫缺陷等重大疾病的防治,重点研制抗肿瘤新药、肝病治疗新药等一类创新药物。研制抗艾滋病新药、抗动脉硬化新药等海洋药物。围绕高效、安全生物农药的开发,研究微生物源、植物源农药及生产技术。以实现中药现代化为目标,依托区域丰富的自然生物资源,选育一批适宜日照栽培的中药新品种,积极开发天然资源药物(中药),组建优质中药材规范化生产示范基地、中药标准化研究基地和天然资源药物(中药)产业基地。研究天然动植物药物提取技术,加快中药复方制剂的研制,改进中药工艺,发展浓缩、微粉化及单体提取技术。

（3）新材料

紧跟新材料向功能化、复合化、智能化发展的国际趋势,以新材料制备、材料成型加工两大关键技术为基础,利用信息和计算机管理技术,重点发展新型高分子化工材料、特种材料、电子基础材料、新型建筑材料四大产业。

新型高分子化工材料,着力开发研究特性纤维、聚氨酯、塑料,发展节能、长寿命、轻量化、环保型高分子材料,MDI规模生产、聚氨酯系列产品,差别化、功能化化纤和相关系列产品,离子膜、分离膜等膜材料及应用,海水淡化成套装置、均相膜及膜装置等产品。在特种陶瓷材料、纳米材料、高性能结构材料等方面,加强相关技术的研究开发,培植一批拳头产品。电子基础材料,重点发展大彩管导电涂料、电解铜箔、覆铜板、金丝等加工制品。新型建筑材料,以阻燃、轻质、隔热、吸音、防腐、防水为目标,大力增加节地、节能、利废产品,发展新型墙体材料、新型化学建材、无机非金属及复合建材、绿色环保建材,重点发展住宅产业和装饰装修市场需要的建筑节能和无毒害的"绿色"建材产品。有重点的适度发展特种钢材等冶金新材料、汽车专用新材料、新型精细化工材料。

四、延伸产品产业链,构建生态产业链网体系

依据生态工业的布局,结合循环经济和生态学的有关理论,通过分析企业之间原料和副产品的代谢关系,使某一企业的副产物或废料成为另一企业的原料资源加以利用,推进企业之间的耦合共生,进行更充分的物质和能量交换利用,延伸产业链,通过对"生产者—消费者—分解者"循环"食物链网"的模拟,形成物质流的"生态产业链"或"生态产业网",以达到能量流的多次梯级利用,使一定界区内的多行业、多产品得到联合发展。在延伸产业链的过程当中,以环境为最终的考察目标,追踪资源在从提炼到经过工业生产和消费体系后变成废物的整个过程中,物质和能量的流向,从而给出系统造成污染的总体评价,并力求找出造成污染的主要原因。

参与产业链构建的企业从区域位置看,一种是地理位置聚集于同一地区,可以通过管道设施进行成员间的物质交换的实体型;另一种是不以地理位置上的毗邻为局限,而是考虑"废物到原料"的可能性,通过交通运输进行成员间的物质交换的虚拟型。

在产业链市场机制还不很完善的情况下,产业链的运行过程中,一是要有法律保障和政府的引导,二是应明确企业的产权,以促进按市场规律交换,其方式有直接销售,以货易货,甚至友好的协作交换等,促使企业按经济规律办事,从最小成本角度选择生产中投入的原料,从而实现物料的循环使用,通过市场导向、利益驱动、政府整合的运行机制构建和完善主导产业链。

通过生态规划设计,使不同的企业群体间形成资源共享和废物循环的生态产业链网,采取资源综合循环利用,达到生态经济系统的最优化配置,从而实现以清洁生产和绿色工业为导向的新型经济模式。

第三节 推广清洁能源

一、清洁能源的概念和分类

清洁能源,即非矿物能源,也称为非碳能源,是清洁的能源载体,它在消耗时不生成 CO_2 等对全球环境有潜在危害的物质,将自然能源转换成清洁的能源载体,作为燃料和动力,也是实现清洁能源的重要途径。清洁能源有狭义与广义之分,狭义的清洁能源是指可再生能源,如水能、太阳能、风能、地热能、潮汐能等。广义的清洁能源,除上述能源外,还包括用清洁能源技术加工处理过的非再生能源,如洁净煤、天然气、核能、水合甲烷、硅能等。具体地讲,可靠的清洁能源应具备以下特征:一是资源量丰富;二是环境友好;三是技术可行;四是经济可行;五是易于实现。

在 21 世纪能够替代目前煤炭、石油、天然气等矿物能源的清洁能源,主要分为

核能、水电和可再生能源三大类,后者指太阳能、风能、地热能、生物质能,还有新发展起来的氢能等。

二、国内外清洁能源利用现状和发展趋势

清洁能源在我国能源消费结构中,除水电占据 5% 以外,其他如核能、太阳能、风能、地热能等,加起来也不足 1%。煤炭的比重居高不下,20 世纪 90 年代稳定在 75% 上下,比世界高 45 个百分点。

我国水资源丰富,居世界首位。但水能资源开发程度很低,不到 10%,与发达国家的 90% 相比差距太大。主要原因是水电投资大,工期长,加上我国水电资源 70% 以上分布在开发条件差的西南地区。

核电的发展在我国尚处在起步阶段,并且举步艰难。目前,世界上已有 400 多座核电站在运行,总装机容量超过 3 亿 kW,其发电量占世界总发电量的 17%。而我国仅有 3 台核电机组在运行,总装机容量 210 万 kW,其发电量占全国总发电量的 1.5%。

目前,世界上的太阳能、风能、海洋能等作为可再生能源正处于飞速发展时期[53],而它们在我国能源产业上几乎是一片空白[56]。其中地热能、海洋能以及生物质能,在我国虽然都有一定的资源优势,尤其是生物质能在我国农村中广泛利用,但总体说来,在技术上都缺乏大的突破,产业规模和商业价值都不大。

三、推广节能技术

节能技术可分为广义节能技术和狭义节能技术。广义节能技术包括对能源品种的规划,能源从开采到运输、使用整个系统的优化配置,用能系统的结构优化、能源品种的优选、能量等级的合理利用等;狭义节能技术即采用新的用能工艺和节能设备替代旧的能耗高的工艺设备,实现某一过程的节能。广义节能技术只有与狭义节能技术结合起来才能发挥出最佳的效果。

常见的节能新技术如热电冷联产联供技术、热管技术、高效工业锅炉和窑炉、电力电子调节补偿技术,高效节能照明技术,高效加热技术,高效风机、高效水泵、高效压缩机、高效电机、热泵、热管技术等[53~55]。

热电冷联产联供技术是同时产电、供热、供冷的系统技术。在热电联产联供基础上,再配以制冷系统,利用调峰电能或少量机械能来泵热制冷,可进一步提高电厂能量转换效率。据报道,我国最近已开发出利用冰—水蓄能调电供冷技术。城区住户,夏天分散制冷或用空调,会导致炎热时齐开机,电力不足;凉爽时齐停机,电力过剩。这种供电峰谷在每月、每旬,甚至每天内都可能出现,造成电力资源的极大浪费。采用集中供冷系统,可以在电力过剩时大量制冰并存入冰库,冰库底部有冰水,可通向冷负荷,同时为居民循环供冷。

　　热管是一种高效率而结构简单的传热元件,它在两端封闭的圆柱壳内壁衬一层多微孔的吸液"管芯"。管内一端受热另一端被冷却时,工质在受热端吸热气化,流向另一端就放热凝结,凝结的液态工质借毛细作用沿管芯又渗回受热端,如此循环传热。热管广泛用于工业热回收、电子工业和航空航天技术中。

　　高效工业锅炉和窑炉。20世纪90年代中期以前我国的工业锅炉和窑炉效率低,煤耗高,污染重。目前正采取发展高效层燃式煤燃烧器、流化床燃烧器、小容量煤粉燃烧器和适当提高蒸汽压力、余热回收利用等措施,平均热效率高达80%以上,且排污量符合标准。

　　当前世界各国都十分重视节能,能源界也有人将节能称为第五种能源,与煤炭、石油和天然气、水电、核电并列。推动节能应采取多种政策和措施,开发各种节能产品,使节能技术和效率得到更大的发展。

四、加快清洁能源的开发

　　由于新型的清洁能源对环境无污染,具有取之不尽、用之不竭的可再生性,因此备受各国关注,洁净煤、水电、风电、太阳能、氢能和生物质能等清洁能源在近年来得到了广泛的开发和利用[56,57]。

　　应用洁净煤技术替代燃料油,包括应用水煤浆技术替代燃料油。水煤浆作为新型煤基流体燃料,具有燃烧稳定、污染物排放量少等优点。2~2.5t水煤浆替代1t重油,可降低燃料成本500~800元;炼化企业还可得到500元的重油深加工效益。现阶段,10万kW以下燃油热电机组比较适宜采用水煤浆技术进行替代改造。近年来引进国外先进的大型气化技术和装置,煤炭转化率高,环保达标,可大幅度降低生产成本。也可采用其他洁净煤技术替代燃料油,如大中型燃油发电机组改燃煤,一是采用先进成熟的粉煤燃烧加烟气脱硫技术进行代油改造;二是采用洗选煤或动力配煤,在环保达标的前提下,进行煤代油改造。

　　就水电而言,其具有资源可再生、发电成本低、生态上较清洁等优越性,已经成为世界各国大力利用的水力资源。世界上有24个国家靠水电为其提供90%以上的能源,如巴西、挪威等;有55个国家依靠水电为其提供50%以上的能源,包括加拿大、瑞士、瑞典等。我国水能资源丰富,总量位居世界首位,可开发量3.78亿kW,占全世界可开发水能资源总量的16.7%。截至2003年底,我国水电装机达9 217万kW,占发电总装机的24%,占总发电量的15%。

　　在风能方面,风能正在得到前所未有的利用。截至2000年1月底,德国的风力发电已达390万kW,美国达249万kW,丹麦达176万kW,日本达7.5万kW。并且,欧美各国还打算今后进一步推进风力发电事业,如美国计划在2010年前使风力发电达到1 000万kW,荷兰计划扩大到2 000万kW。目前,我国风电装机容量位居世界第10位,亚洲第3位(位于印度和日本之后)。我国正在开发兆瓦级的大型风力发电设备,并且已经建成了32个风电场。

在太阳能方面,因其具有无毒、无味、无污染,开发利用可大大减少温室气体的排放,宜于储存和转化等优点,其资源化利用越来越受到世界各国的普遍重视,各种资源化利用技术也日趋合理和完善。在美国和西欧诸国,太阳能光伏电池技术已经有了很大的发展,光伏电池产业以15%~20%的年增长率在增长,不少国家制定了光伏电池的屋顶规划。此外,太阳能集热器、太阳能泵、太阳能电厂、太阳能电池、太阳能空调等也在研究与应用。在我国,太阳能热水器的生产量和使用量方面都居世界第一。到2002年底,全国太阳能热水器使用量达到4 000万 m^2 ,占全球使用量的40%以上。我国太阳能光伏电池的制造能力已超过2万kW,制造厂有10多家,2002年的实际产量超过1万kW。除了利用太阳能光伏发电为边远地区和特殊用途供电外,我国也开始了屋顶并网光伏发电系统的试验和示范,正在为太阳能光伏发电的大规模利用奠定技术基础。

在氢能方面,欧盟将在未来5年内投入20亿欧元,研究开发氢能技术。日本通产省希望到2010年时有5万辆氢能汽车行驶在日本的公路上,2020年达到200万辆。我国则在全球环境基金和联合国的支持下,启动了"中国燃料电池公共汽车商业化示范项目",推广燃料电池技术用于中国城市公共交通。

生物质能是由植物与太阳能的光合作用而贮存于地球上植物中的太阳能,也是最有可能成为21世纪最主要的新能源之一。据估计,植物每年贮存的能量约相当于世界主要燃料消耗的10倍;而作为能源的利用量还不到其总量的1%。通过生物质能转换技术可以高效地利用生物质能,生产各种清洁燃料,替代煤炭、石油和天然气等燃料,生产电力。既能减少环境污染,更能增加农民收入,是一种很有发展前途的能源利用方式。目前,生物质能发电装机容量约为200万kW,其中蔗渣发电170万kW,其余为稻壳等农业废物、林业废物、沼气和垃圾发电等。

第四节　推广清洁产品

一、环境标志

近年来,除了人们早已熟知的各种生产厂家商标、产品注册商标外,又增加了一种新的标志——环境标志。环境标志,又称"绿色标志"、"生态标志"、"蓝色天使"等,另外还有国家和地区将类似标志称为"再生"、"纯天然"、"符合环保标准"等。为不引起混淆,国际标准化组织(ISO)将其统称为"环境标志"。

1. 环境标志的产生、发展和含义

在产品的生产过程中既要消耗能源、资源,又要污染环境,随着人们环境意识的提高,对产品的认识已经从认识产品的性能、质量、价格到认识产品的生产过程以至扩大到产品的消费[58~74]。在国内外出现了日益扩展的"绿色消费"运动,反映了公众对环境问题的重视和对消除工业生产过程中环境污染的渴望。众多的消费者宁可多花钱,都愿意购买优质的、生产及消费中均对环境无害的产品。产品的"环境性能"已成为市场竞争的重要因素,这将敦促工业界开发、生产既能满足消费者要求又有利于环境的清洁产品,而"环境标志"就是在产品销售时,为消费者进行商品选择而提供的必要信息。

所谓"环境标志",就是附贴在商品上的、表示该产品在设计、生产、使用过程中均对环境无害、并引导消费者的重要标志。早在 1978 年,前联邦德国就率先推行了环境标志制度,特别是在 1984 年,其政府对 33 类产品颁发了 500 个标志,得到了公众的认可,同时获得了工业界的支持,到 1990 年,又有 64 个产品类别获得了3 600 个环境标志。

在前联邦德国的带动下,自 1988 年起,加拿大、日本、挪威、瑞典、芬兰、奥地利、葡萄牙、法国等相继实施了环境标志计划,并逐步扩大到了澳大利亚和新西兰。1992 年,美国及 22 个经济合作与发展组织也参与了这一计划。

我国为提高人们的环境意识,促进清洁生产的发展,合理利用资源,保护环境,提高商品在国际市场中的竞争力也建立了环境标志制度。于 1994 年 5 月正式成立了中国环境标志认证委员会,发布了首批环境标志产品的七项技术要求,有 11家企业、6 类 18 种产品通过了认证并获得了环境标志。1995 年,环境标志认证工作进入发展阶段,3 月 20 日,国家环境保护总局与国家技术监督局在人民大会堂联合召开了首批环境标志产品的新闻发布会,继而,无氟冰箱、无汞电池、无磷洗衣粉等具有环境标志的产品先后问世,这以后中国环境标志技术要求、申请和认证工作有了长足发展。

环境标志是对产品本身即对产品的环境性能的一种带有公证性质的鉴定,亦对产品进行全面的环境质量评价,环境标志受到法律保护,为产品的生产者提供在市场上的竞争优势和机遇。

环境标志是一种产品的证明性商标,它表明该产品不仅质量合格,而且在生产、使用和处理处置过程中符合特定的环境保护要求,与同类产品相比,具有低毒少害、节约资源、能源的环境优势。

环境标志,使消费者对有益于环境的产品一目了然,以便于消费者购买,使用这类产品,通过消费者的选择和市场竞争,可引导企业自觉调整产业结构,采用清洁生产工艺、生产对环境有益的产品。

2. 环境标志可实现的目标

通过实施环境标志制度,可以实现以下几个目标。

(1) 为消费者提供准确可靠的信息

环境标志是对产品性能的公正评价,为消费者提供了良好的购物指南,这对假冒伪劣产品无疑是一个打击。

（2）增加消费者的环境意识

目前,保护环境是人们的共识,消费者在购物时,首先要购买货架上带有环境标志的商品,这体现了人们环境意识的增强。

（3）促进销售和清洁生产技术的推广

环境标志得到了消费者的认可,因带有环境标志销售量增加,因而激励了厂家在清洁生产上更胜一筹而推动生产模式的转变。

（4）保护生态环境

通过广大消费者的消费活动和市场机制,使清洁产品得到认可、鼓励和支持,减少工业活动对生态环境的不利影响。

3. 环境标志制度实施步骤和方法

（1）建立机构

发放环境标志要有专门的机构(政府、非政府组织),必须具有下述功能:

① 权威性:政府或非政府组织,得到公众的认可、信服与拥护;

② 独立性:能独立地做出结论和判断,而不受任何社会利益的约束和控制;

③ 公正性:只有公正的机构才能为公众和工业界所接受,因而能够顺利无阻地推行这种制度;

④ 科学性:评价产品的性能是科学技术含量高,不仅需要广泛的基础知识而且涉及许多专门技术领域的工作。这一机构采取的行动要有充分的科学依据,更离不开专家的参与。

例如,加拿大环境标志计划是由加拿大环境部建立的秘书处主持,环境部长指定由环境、工业、医学界、零售商、消费者等16人组成的审查机构。由政府组织这项工作以保证充分的权威性、独立性、公正性与科学性。

（2）确定产品类别

① 确定原则。由主管机构审查确定产品类别,分类的原则是考虑同类产品应具有相似的使用目的和使用功能,且相互间有直接的竞争关系。

② 确定优先授予环境标志的类别。从庞大的产品体系中优选出授予环境标志的产品,这不仅要有充分的科学依据,且要考虑消费者的利益。优选应考虑消费者急需、市场容量大且工业界乐于支持的产品。

例如,德国的清洁产品共分为7个基本类型,分为64个产品类别,共有环境标志产品3 600个。表4.1是这7个基本类型中的一些重点产品类别。

表 4.1　重点产品类别

可回收利用型	经过翻新的轮胎;回收的玻璃容器;再生纸;可复用的运输周转箱(袋);用再生塑料和废橡胶生产的产品;用再生玻璃生产的建筑材料;可复用的磁带盒和可再装的磁带盘;以再生石膏制成的建筑材料
低毒低害物质	非石棉闸衬;低污染油漆和涂料;粉末涂料;锌空气电池;不含农药的室内驱虫剂;不含汞和镉的锂电池;低污染灭火剂
低排放型	低排放雾化油燃烧炉;低排放燃气焚烧炉;低污染节能型烟气凝汽式锅炉;低排放少废印刷机
低噪声型	低噪声割草机;低噪声摩托车;低噪声建筑机械;低噪声混合粉碎机;低噪声低烟尘城市汽车
节水型	节水型冲洗槽;节水型水流控制器;节水型清洗机
节能型	燃气多段锅炉和循环水锅炉;太阳能产品及机械表;高隔热多型窗玻璃
可生物降解型	以土壤营养物和调节剂制成的混合肥料;易生物降解的润滑油、润滑脂
其他	用于公共交通有益环境的车票

在我国,目前优先开展认证的有六类产品,如表 4.2。

表 4.2　目前优先开展认证的六类产品

国际履约类	保证我国如期履约,促进各行业 CFC$_S$ 替代,保证中国在国际上的声誉。1991 年 6 月,我国签订了《蒙特利尔议定书》,意味着 2000 年、2010 年分两步替代 CFC$_S$ 制品
可再生、回收类	在很大程度上可以节约资源、减少废物、降低污染。这类环境标志产品也是各国环境标志产品认证的重点
改善区域环境质量类	主要针对消耗性消费品,特别是使用数量巨大,对环境三种介质(水、气、土壤)造成严重威胁的产品。其意义在于以市场为导向,为改善区域环境质量提供多种途径
改善居室环境质量类	可以保护消费者权益,改善居室环境质量。主要是针对居室环境的两个方面:空气环境和噪声指标
保护人体健康类	通过此类产品的认证,在一定范围内推动我国人民生活质量的提高,引导消费者逐步淘汰对人体有害的传统产品
提高资源、能源利用率类	可节能降耗,提高产品的资源、能源综合利用率

4. 建立环境标志的标准

制定标准时要考虑从产品的原材料制作到产品使用完毕后的报废,即产品整个生命周期过程中对环境造成的影响来确定环境标准。

具体方法为定性的生命周期评价法:对在生命周期的各阶段——原材料采集、生产、分配、使用、处置中所遇到的环境问题——废物、土壤污染和恶化、水污染、大气污染、噪声、能源消耗、自然资源的消耗等,做出评判后确定标准。确定标准应注意其合理性、明确性,并采取通过或不通过方式,使厂家一目了然。标准应随时代进步、科技发展以及人们的需求而作定期的修改和提高。

如瑞典对用于纺织品洗涤剂获准环境标志标准,提出如下要求,见表4.3。

表 4.3　瑞典对用于纺织品洗涤剂获准环境标志标准

总体要求		无致癌、致敏、致畸物;不含对基因有毒的物质;洗涤剂的 pH 为 7～10
其他要求	表面活性剂	做水蚤、鱼、藻类生长的急性毒性实验 降解产物 不会因通过食物链而引起生物富集或生物放大效应的降解物,厌氧降解大于 80% 不含被列为有害环境的表面活性剂
	其他化学成分	不含磷、磷酸盐,如硼化物,磷酸盐可小于 0.2% 不含增白剂、染料
	用量	对每 1kg 衣物:粉状洗涤剂小于 20g,液体洗涤剂小于 16g
	洗涤效力	对脏衣物有满意的洗涤效力

5. 环境标志获得方法与授予程序

(1) 获得环境标志要经过两个渠道

① 由产品的生产者自愿提出申请;

② 由权威机关(政府、环保部门、公众团体)授予。

(2) 授予产品环境标志应简明、快速、各国程序大同小异,大都要经过申请—审查—公议—批准—授予等步骤

① 申请。申请人可就任何产品提出申请(易燃、易爆、有毒危险品及食品、饮料、药物因另有标准而除外),交费后提交的资料为申请书;产品自我评价材料;产品测试证明、使用说明书、销售情况;必要时提交产品及原料样品实物。

② 审查。主管机关根据申请,邀请专家对产品进行审查。如申请产品属已有产品类别之内,则根据已有的标准进行审查,否则,审查机关首先要确定该产品是否可列入到可授予标志之内,如可授予,则确定相应的标准和要求。

③ 公议。公众议论的目的是为了提高授予过程中的透明度和可信任度,部分国家在公布初审结果后,征求社会公众的异议而对审查结果进行修正和改进。

④ 批准。对申请的审查要强调公正性和科学性,由专家组成的咨询委员会参与或负责批准,要突出权威性并要有法律保障。为保障持续开发清洁产品,在执行批准的程序中,要掌握批准授予环境标志的产品数量,应控制在同类产品市场占有率的 10%～20% 范围内。

⑤ 授予。环境标志批准后,一般使用期为 2～3 年,采取订合同或注册商标形式授予,期满后重新申请或续签合同。

在我国,环境标志的实施分为两阶段:环境标志产品类别的确定及其相应环境标志产品标准的制订;环境标志产品的评审和环境标志证书的发放。

① 第一阶段。

a. 组建环境标志评审委员会,根据收集到的企业及其他社会团体的建议,初步筛选出可开展环境标志的产品类别和目录。产品种类筛选是为了确保具有相似服务目的或相近使用功能的产品均能包括在同一种类中,以保证能为消费者提供准确可比的信息。根据筛选的产品种类,邀请行业专家进行技术经济评价,确定开展环境标志对产品的环境行为和价格等的影响。

b. 组建环境标志技术委员会,审查环境标志产品标准。环境标志技术委员会对有关团体提出的标志产品标准进行技术审查,或推荐采用国外有关的环境标志标准。

c. 公布环境标志产品类别、产品目录及其相应的环境行为评价标准。由国家行政部门通过报纸、电台、电视等形式公布技术审查结果,以便于中外企业申请。

② 第二阶段。

a. 由符合申请认证条件的中外企业向国家指定的认证机构提交书面申请。申请认证条件为:申请日前一年内,未曾受到环保机关处罚;在原料取得、生产、使用、销售或废物回收、清除、处理过程中符合国家标准,对降低环境污染有成效,或使用时节省能源、资源者;产品符合国家规定的质量和标志产品标准。在中国市场销售的国外企业生产的产品可由进口商或符合条件的外国企业提出申请。

b. 国家指定的评审机构对提出申请的企业的生产管理质量体系和环境管理、监测系统进行检查,并对企业申请的标志产品进行现场抽样。对企业生产管理质量体系和环境管理系统的检查由国家注册检查人员负责执行,并按有关规定要求签署检查报告,报送评审机构。根据需要确定是否有必要进行产品现场抽样。

c. 样品由国家确认的检验机构进行检验,检验结果报评审机构。样品检验机构可由国家评审机构指定,亦可由企业聘请,但需经国家行政部门认可。

d. 评审机构根据检查和检验结果进行审查,对审查合格的批准审计,颁发环境标志证书,并准许其使用环境标志。

e. 根据环境标志产品特点,评审机构定期对持有环境标志证书的企业实施监督检查。监督检查内容包括企业的质量体系、环境管理系统有无重大改变、产品环境行为有无重大变化、环境标志使用是否得当等。

6. 环境标志管理与监督

主持发放环境标志的机构除完成上述几项工作外还要进行日常的管理和监督工作。

① 保证环境标志的正常、合理使用,一旦违规则依法采取必要措施。

② 对颁发环境标志的厂家,调查其环境标志使用情况,并随时进行抽查生产、

贮存等环节,并抽取样品进行测试,如发现不符合环境标志标准的情况,有权撤销其使用标志的权力。

我国的环境标志管理机构是中国环境标志产品认证委员会(CCEL),国家环保局于 1993 年 7 月 23 日向国家技术监督局申请授权国家环保局组建"中国环境标志产品认证委员会",1993 年 9 月,国家技术监督局正式批复同意申请。经过半年多的酝酿和筹备,中国环境标志产品认证委员会于 1994 年 5 月 17 日成立,它标志着我国环境标志产品认证工作的正式开始。认证委员会由环保部门、经济综合部门、科研院校、质量监督部门和社会团体等方面的专家组成,是代表国家对环境标志产品实施认证的唯一合法机构,它的成立使我国的环境标志产品认证工作有了组织保证;同时《中国环境标志产品认证委员会章程(试行)》《环境标志产品认证管理办法(试行)》《中国环境标志产品认证证书和环境标志使用管理规定(试行)》《中国环境标志产品认证收费办法(试行)》等一系列工作文件的出台,为环境标志产品的认证、管理和监督奠定了基础。

7. 实施环境标志的成效

对于实施环境标志制度带来的成效可以从三个方面加以评估:

① 消费者行为的改变程度;

② 生产者行为的改变程度;

③ 环境效益。

实践表明,实施环境标志制度确实可以提高消费者对产品环境影响的关注,比如在瑞典第二大零售商店对消费者开展了一次民意测验,约有 85% 的顾客表示愿意为环境清洁产品支付较高的价格。在涂料销售市场中,环境标志对于引导"自己动手"的消费者选择产品,发挥了重要的作用,成为新的竞争手段。德国实施这项计划的十多年经验表明,生产者相信环境标志,可以增加产品销售,且生产厂家也在为使用标志不断提出新的产品方案。1980 年起消费者对再生产品的需求促进了再生纸浆生产量的稳定增长。不少厂家建立了完整的再生纸生产线,包括卫生纸、手巾纸和厨房纸袋等产品。1981 年对再生纸规定的标准是至少含 51% 的废纸量,而 90 年代的新标准已提高到 100% 的废纸量。许多生产厂家认为,环境标志对于在市场为他们产品树立良好形象方面意义重大。一项调查研究结果表明,环境标志培养了消费者的环境意识,强化了消费者对有利于环境产品的选择,促进对环境影响较少产品的开发,达到了减少废物、减少生活垃圾、减少污染的目的。德国为燃油和燃气的加热器引入标志后,短短两年的时间,市场中 60% 的这类产品达到了标准要求的排放限度;由于给涂料发放了环境标志,含有对环境有害物质的油漆已大部分从市场上消失;另外,向环境空气中少排了 4.0×10^4 t 有机溶剂。又如,我国青岛海尔冰箱厂于 1990 年 9 月批量推出了削减 50% 氟利昂的电冰箱,同年 11 月获"欧洲绿色标志",仅销往德国的该类电冰箱就达 5 万多台,在数量上居亚洲国家之首。1995 年广东科龙公司生产出了无氟绿色电冰箱,获得美国环境标志的认证,使得无氟电冰箱的销量大大增加。

另外,实施环境标志有利于国际贸易,扩大出口。环境标志制度是建立在市场经济体制下的一项重要的环保措施。它运用市场这只"无形的手"把企业的经济效益与环境效益紧密联系在一起。环境标志是环境保护与经济发展的结合部,是可持续发展战略的重要组成部分。在国际贸易中,环境标志就像一张"绿色通行证",发挥着越来越重要的作用。在已实行环境标志的一些国家,无环境标志实际已成为一种非正式的贸易壁垒。这些国家把它当作贸易保护的有利武器,他们严格限制非环境标志产品进口。谁拥有清洁产品,谁就将拥有市场。实行环境标志有利于参与世界经济大循环,增强本国产品在国际市场上的竞争力,也可以根据国际惯例,限制别国不符合本国环境保护要求的商品进入国内市场,从而保护本国利益。

二、绿色环境友好型产品

1. 绿色产品的产生与发展

随着全球环保意识的不断增强和可持续发展思想的深入人心,人们对产品内在和外在的环境质量的要求越来越高,消费观念发生了革命性变化,普遍要求食物天然化、环境绿色化和空气、水资源纯净化。崇尚自然,追求健康已成为人们生活消费的潮流。面对日益强烈的环保要求和日渐高涨的绿色需要,企业必须积极开发绿色产品,不断满足这些需求。

在经济飞速发展的今天,"绿色消费"越来越引起人们的关注,"绿色概念"已经成为一个国家、一个民族综合素质、文明程度的重要体现[61,63~77]。绿色产品能直接促使人们消费观念和生产方式发生转变,其主要特点是以市场调节方式来实现环境保护目标。公众以购买绿色产品为时尚,促进企业以生产绿色产品作为获取经济利益的途径。绿色消费不仅包括绿色产品,还包括物资的回收利用,能源的有效使用,对生存环境和物种的保护等。一些环保专家把绿色消费概括成 5R,即:节约资源,减少污染(Reduce);绿色生活,环保选购(Reevaluate);重复使用,多次利用(Reuse);分类回收,循环再生(Recycle);保护自然,万物共存(Rescue)。

2. 绿色产品的含义

绿色产品就是在其生命周期全程中,符合环境保护要求,对生态环境无害或危害极少,资源利用率高、能源消耗低的产品,主要包括企业在生产过程中选用清洁原料、采用清洁工艺;用户在使用产品时不产生或很少产生环境污染;产品在回收处理过程中很少产生废物;产品应尽量减少材料使用量,材料能最大限度地被再利用;产品生产最大限度地节约能源,在其生命周期的各个环节所消耗的能源应达到最少。绿色产品的"绿色"是一个相对的概念,它的标准可以由政府或社会团体制定,也可以由社会习惯形成。在国际惯例中,只有授予绿色标志的产品才属于正式的绿色产品,尽管各国确定绿色产品的标准并不相同,但都强调该类产品应具有有利于人类健康和环境保护的特性。一般来说,绿色产品应符合以下标准:一是产品本身不含有害于人体和环境的成份,且具有节水、节能、降噪等特点;二是在产品的设计、生产及消费中,注重节约资源和保护环境,且在产品使用后易于回收利用,或可以自然分解于环境中。

绿色产品的第一个环节是设计。绿色产品要求产品质量优、环境行为好。

绿色产品的第二个环节是生产过程。要求实现无废少废、综合利用和采用清洁生产工艺。

绿色产品的第三个环节是产品本身的品质。比一般产品更体现以人为本、提高舒适度和健康保护及环境保护程度。

绿色产品的第四个环节是废物便于处理和处置。

绿色产品由三个基本要素组成,即:

(1) 绿色产品的技术先进性

技术先进性是绿色产品设计和生产的前提。绿色产品强调在其寿命周期中采用先进的技术,从技术上保证安全、可靠、经济地实现产品的各项功能和性能,保证产品寿命周期全过程具有很好的绿色特性。

(2) 绿色产品的绿色性

绿色产品的绿色特性包括节能、降耗、环保和劳保四个方面的内容,它是通过在产品寿命周期的各个阶段中采取各种绿色措施,并实施严格的管理来实现的。

(3) 绿色产品的经济性

经济性是绿色产品必不可少的因素之一。一个产品若不具备用户可接受的价格,就不可能走向市场。从寿命周期的角度来看,产品成本应包括企业成本、用户成本和社会成本,即所谓的寿命周期成本。

3. 绿色产品的类型

"绿色产品"是不限定范围的,诸如不施化肥、农药种植的蔬菜,用不含抗菌素、生长激素和其他添加剂的饲料养成的鸡肉,不含有害物质、不含对生态环境造成危害的洗衣粉,能自行降解而安全回归大自然的塑料制品,用回收纸制作的文具用品,用不含氟氯烃物质作制冷剂的冷藏柜,既节省燃料又极易拆、卸、回收、再利用的汽车,完全用木、石、土等天然材料建造的住宅等,都属于绿色产品。

随着绿色消费浪潮的兴起,世界各国都在不断地研究并开发出许许多多新型的绿色产品。这些绿色产品虽然都从不同的角度体现出"保护环境,崇尚自然"这一人类共同的追求和愿望,但又种类繁多、各具特色,可以分为如下类型:

(1) 洁净能源型

这类型的绿色产品以日本设计生产的绿色汽车为主要代表。日本通产省目前制定了一项"洁净能源汽车计划",将着重开发融发动机、电动机和蓄电池于一体的

"混合型电动汽车"。这些汽车的最大特点是都能大大地减少一氧化碳的排放量,从而把废气污染降到很低的程度。

(2) 能源节约型

20 世纪 90 年代初期,美国环保局推出一项能源之星计划,其目的主要是希望微机在待机状态时,其耗电量低于 60W,其中主机和监视器各低于 30W。凡是符合此项标准的 PC 机,均可在外壳贴上 [ENERGYSTAR] 的标志,即所谓的绿色个人电脑。为响应此计划,著名的 IBM 公司率先推出了"绿色电脑"。与普通电脑相比,它首先是耗电只及一般个人电脑的 25%,其次,在阳光充足地区,能利用特别设计的高效太阳能电池供电;此外,机身以再生塑料制成,待电脑废弃后仍可再生制作其他物品。澳大利亚悉尼市为迎接 2000 年奥运会,特意设计出第一家具有节能性能的"绿色体育馆"。该体育馆不是由火力发电厂供电,而是由 1 000 组设在馆顶上的太阳能电池供电,这不但节约了能源,也减少了大气的污染。

(3) 循环利用型

这种类型的绿色产品在汽车行业为数颇多。法国雷诺汽车公司设计出一种报废后所有废料均可回收再利用的绿色汽车,它报废后不会给社会留下难以处置的垃圾。德国宝马公司设计出的绿色汽车,可回收的零部件占一辆汽车重量的 80%。

除了汽车具有很高的回收利用率外,相机行业也不断地研制出回收利用率很高的"绿色相机"。日本有些厂家设计开发的"富士的"、"即可拍"照相机,从成品到包装都融合了环保意识,其硬纸外壳可回收后重新造纸,而塑料机身则可切成碎片再制新机。柯达公司目前卖得最好和最赢利的相机就是一种名为"相谜救星"的绿色相机。这一款式相机的机芯和电子部分的回收并循环使用的次数多达 10 次。产品的循环利用,大大地减少了环境资源的浪费,从而减轻了对环境的压力,同样是对环境保护的贡献。

(4) 无氟利昂型

无氟型绿色产品,主要是将含有对臭氧层有破坏作用的氟利昂经过技术改造不再含有氟利昂的产品。如我国合肥美菱公司采用无背景制冷剂 R134A 替代 R_{12} 后生产的绿色冰箱,已获得中国环保标志即"双绿色"标志,一般称为绿色冰箱。

(5) 使用后易分解型

美国儿童尿片市场过去主要销售纸尿片,在布尿片问世后,双方展开了激烈的竞争。生产布尿片的企业从环保角度出发,强调纸尿片用后埋在土里起码要经过 500 年才能分解,而布尿片用后埋在土里不用多久就会分解腐烂被植物吸收。于是,那些具有环保意识的父母,便纷纷转向使用布尿片。生产布尿片的企业以其产品的"绿色"特征赢得了市场竞争的胜利。

（6）保健型

这类绿色产品是企业通过模仿自然界协调机制生产的产品。世界著名的保健化妆用品店，就是以生产出售保健型绿色产品而取得成功的。这家保健化妆用品店生产出售的 25 种护肤护发的肥皂和乳霜，都是使用天然原料而不是人造化合物为原料制造的。

保健型绿色产品在食品行业为数最多。绿色食品是无污染的安全、优质、营养食品。中国绿色食品发展中心规定，绿色食品从土地到餐桌必须符合有关产地环境、产品质量和生产操作标准，特别是农药残留量标准，并建立全程质量保证体系。截止 1998 年底，全国共开发绿色食品产品 1 018 个，生产总量为 840 万 t，开发面积达 2.26 万 km^2，现已开发的绿色食品产品涵盖了中国农产品分类标准中的 7 大类、29 个分类，包括粮油、果品、蔬菜、畜禽蛋奶、水海产品、酒类、饮料类等，其中初级产品占 30%，加工产品占 70%。

4. 绿色标准

目前，各种环境保护法规和标准多样复杂，就国际环境协议而言，可分为三大类。

（1）保护臭氧层类

1985 年的《保护臭氧层维也纳公约》，1987 年的《关于消耗臭氧层蒙特利尔协议书》等主要用于对氟利昂等物质的生产和使用实行限制，直至淘汰。

（2）保护生物多样性类

1973 年的《濒危野生动植物物种国际贸易公约》，1989 年的《禁止象牙贸易公约》，1992 年的《生物多样性公约》等，其目的是保护野生动植物，保持生态平衡。

（3）控制危险废物越境转移类

1989 年的《控制危险废物越境转移及其处置的巴塞尔公约》。

就环境标准而言，它可以分为两大类。

① 环境技术标准。环境技术标准就是产品及其加工过程中使用的工艺、技术和方法必须满足环境技术条件。它通常包括安全卫生标准。如食品中的农药残留量、瓷器的含铅量、皮革的 PCP（五氯苯酚）残留量、烟草的有机氯含量、织物是否有偶氮染料等。

② 环境管理标准。环境管理标准就是 1996 年 9 月 15 日正式实施的 ISO14000 系列环境管理标准。目前已公布的为 ISO14001《环境管理体系导则和使用规范》；ISO14004《环境管理体系原则、体系和支持技术使用指南》；ISO 14011.1《环境审核导则环境管理体系审核程序》；ISO14012《环境审核导则审核员资格准则》。它包含了环境管理体系及其审核、环境标志实施、产品从设计、制造、使用、报废到再生利用的全过程，即从摇篮到坟墓的生命周期评估等，它规范了企业的环境行为[67]。

三、产品的生态设计

产品生态设计又称绿色设计、为环境而设计、生命周期设计,是利用生态学的思想,在产品开发阶段综合考虑与产品相关的生态环境问题,设计出对环境友好的,又能满足人的需求的一种新的产品设计方法。

1. 产品生态设计的理论基础

产品生态设计的理论基础是产业生态学中的工业代谢理论与生命周期评价。产品的生态设计是 LCA 思想原则的具体实践,LCA 的方法也为产品的生态设计提供了有用的工具。这是近年来工业界出现的新事物,被认为是最高级的清洁生产措施。随着一些国家"循环经济法"的出台,制造厂家应对产品的整个生命周期负责,这也促使厂家寻求一种新的设计策略。目前,产品生态设计在国外已经用于汽车、摩托车、复印机、洗衣机、个人电脑、打印机、照相机、电话等产品的设计开发[78~83]。

2. 产品生态设计的基本思想

产品生态设计的基本思想在于从产品的孕育阶段开始即遵循污染预防的原则,把改善产品对环境影响的努力凝聚在产品设计之中。经过生态设计的产品对生态环境不会产生不良的影响,它对能源和自然资源的利用是有效的,同时是可以再循环、再生或易于安全处置的。

3. 产品生态设计的方法

进行产品生态设计,首先,要提高设计人员的环境意识,遵循环境道德规范,使产品设计人员认识到产品设计乃是预防工业污染的源头所在,他们对于保护环境负有特别的责任。其次,应在产品设计中引入环境准则,并将其置于首要地位,见图 4.1。

此外,产品设计人员在具体操作时,应遵循下述 7 条原则。

(1) 选择对环境影响小的原材料

减少产品生命周期对环境影响应优先考虑原材料的选择。在生态设计中,材料选择是对原材料进行鉴定、然后对原材料在制取、加工、使用和处置各阶段对生态可能造成的冲击进行识别和评价,从而通过比较选出最适宜的原材料。选择的具体原则可依据:

① 尽量避免使用或减少使用有毒有害化学物质;

② 如果必须使用有害材料,尽量在当地生产,避免从外地远途运来;

③ 尽可能改变原料的组分,使利用的有害物质减少;

④ 选择丰富易得的材料;

⑤ 优先选择天然材料代替合成材料;

⑥ 选择能耗低的原材料;

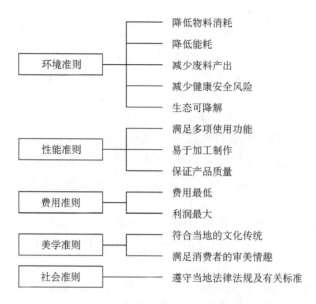

图 4.1　产品设计的各项准则

⑦ 尽量从再循环中获取所需的材料,特别是利用固体废物作为建材。

(2) 减少原材料的使用

无论使用什么材料,用量越少,成本和环境的优越性越大,而且可以降低运输过程中的成本,具体措施有:

① 使用轻质材料。例如,减少汽车自重可以降低油耗,是改善汽车环境性能的首要措施。

② 使用高强度材料也可以减轻产品重量。例如,1994 年发表的一项研究结果表明,通过降低钢材厚度、使用高强度钢材、采用特制的坯料、改进车体设计等措施,可以在不改变汽车装配过程和使用过程性能的前提下,使典型的家庭轿车的重量下降 63.5kg,同时,每辆汽车的生产费用还可节约 37 美元。

③ 去除多余的功能。产品多一项功能不但会增加成本,也会增加环境负荷。因此,不能盲目追求"多功能"、"全功能"。

④ 减小体积,便于运输。

(3) 加工制造技术的优化

① 减少加工工序,简化工艺流程。

② 生产技术的替代,如用精密铸造技术减少金属切削加工。

③ 降低生产过程中的能耗。

④ 采用少废、无废技术,减少废料产生和排放。

⑤ 降低生产过程中的物耗。

（4）建立有效的运销体系

运输贯穿于产品的生命周期之中，与运输和销售相联系的还有包装问题。运输所造成的环境影响可通过下列办法减小：选择高效的运输方式；减少运输过程中大气污染物的排放；防止运输过程中发生洒落、溢漏和泄出；确保有毒有害材料的正确装运。

包装在现代商品社会中发挥着重要的作用，它具有众多的功能，如作为产品的盛装容器、保护产品利于贮藏和保存、便于运输、满足一些特殊商品的安全要求、为消费者提供使用信息、吸引消费者注意、唤起购买欲望等。不少包装只使用一次，废弃的包装材料是城市垃圾的重要组成部分，对于减少因包装造成的环境问题，可采取如下的具体对策。

① 综合运用立法、管理、宣传、市场等多种手段，促进包装废料的最少化。

② 减少包装的使用，不仅可以降低成本，减轻消费者的负担，而且也有利于节约资源，减少废物，有利于环境。

③ 包装的复用，改一次性使用为多次复用。例如，超级市场应该鼓励顾客使用能多次复用的尼龙购物袋，少用一次性塑料袋。

④ 包装材料的回收。制订包装材料回收计划，改废弃为回收。

⑤ 加强回收包装废料的分选工作，促使包装材料的再循环，减少焚烧和填埋的份额。

⑥ 改变包装材料。其目的一是为了有利于包装的回收、复用和再循环；二是为了减少包装材料在生产和使用过程中对人体健康和环境的不利影响。

（5）减少使用阶段的环境影响

有些产品的环境负荷集中在其使用阶段（如车辆等运输工具、家用电器、建筑机械等），因此，要着重设计节电、省油、节水、降噪的产品。另外，用户在产品的使用期内需使用消耗品（例如能源、水、洗涤剂等）和其他产品（例如电池、磁带等）。在产品的设计过程中应考虑减少这些方面可能造成的对环境的不利影响。

① 低能耗。选择节能组件以降低产品的能耗，从而减少在能源开发过程中对环境的影响。

② 清洁能源。使用清洁能源可大大降低对环境有害的污染排放，尤其是对高耗能的产品。

③ 减少必需消耗品。在满足功能的前提下，尽量减少对消耗品的需求。

④ 清洁的消耗品。一旦辅助产品或消耗品为新产品所必须，则须当作具有其自身生命周期的独立产品看待，分别进行分析。

⑤ 无不良的能源和消耗品损耗。使用者的态度可以受到产品设计的影响。例如产品上标示出刻度，可以帮助使用者准确掌握辅助产品的用量（例如洗衣粉），从而避免不必要的浪费。

（6）延长产品使用寿命

一般来说，长寿命的产品可以节约资源、减少废物。合理地延长产品寿命是减轻产品生命周期环境负荷的最直接的方法之一。所谓使用寿命是指产品在正常维护下能安全使用并满足性能要求的时间，延长产品寿命可采取如下办法。

① 加强耐用性。不言而喻，经久耐用能延长产品的使用寿命。但是，应该指出的是，耐用性只能适当提高，超过期望使用寿命的产品设计将造成不必要的浪费，对于那些以日新月异的技术开发出来的产品，很快会因技术的落后而被淘汰，没有必要去设计太长的使用寿命。对于这类产品，强调适应性是更好的策略。

② 加强适应性。一个适用的设计允许不断修改或具备几种不同的功能。保证产品适应性的关键是尽量采用标准结构，这样可通过更换更新较快的部件使产品升级。例如，个人用的小型计算机就是采用了适应性策略，高级计算机都可以向下兼容，使用低版本的软件，而低级计算机也可轻易地升级。

③ 提高可靠性。简化产品的结构，减少产品的部件数目能提高设计的可靠性。因此，应提倡"简而美"的设计原则。

④ 易于维修保养。易于维护的产品可以适当提高使用寿命。

⑤ 组建式的结构设计，可以通过局部更换损坏的部件延长整个产品的使用寿命。

⑥ 用户经心使用，不违反使用规程，注意维修保养。

（7）优化产品报废系统

产品报废系统的优化是任何一个产品设计所必须考虑的，战略重点是要再用有价值的产品组件并对废物进行有效的管理。

① 建立一个有效的废旧物品回收系统。目前，国外倾向确立"谁造谁负责，谁卖谁负责"的立法原则，利用现有的制造系统和销售系统来完成废旧物品的回收任务。

② 重复利用。淘汰产品和报废产品拆卸后，有些部件只需清洗、磨光，再次组装起来，即可达到原设计的要求而再次使用。

③ 翻新再生。磨损报废后的产品和产品部件通过翻新再生后，即可恢复成新的产品。

④ 易于拆卸的设计。报废产品的重复利用和翻新再生都需要在产品寿命结束时拆卸，因此，在设计阶段不但要考虑装配方便，亦要考虑易于拆卸，拆卸是装配的逆过程。有两种装配方式，一是可逆方式如螺钉、螺杆、部件的咬合等，二是不可逆方式，拆卸时要通过破碎才能实现。原则上，只要有效、快速的拆卸，这两种方式都是可行的，但为了兼顾回复用、翻新再生的要求，生态设计更倾向于前一种装配方式。因此，应尽量减少使用粘结、铆焊等手段。

⑤ 材料的再循环。这等于延长材料的使用寿命。金属、塑料、木制品都属于

易于再循环的材料,但为再循环方便,要尽量少用复合材料以及电镀件和油漆件。产品结构中要减少所用材料的数目,注意不同材料间的相容性。部件上要注明材料的名称、组成和再循环的途径。

⑥ 清洁的最终处置。有机废物可以堆肥,或发酵产生沼气,也可通过焚烧回收热量。无机废物除了安全填埋外,可以考虑搅拌在建材的原料中或作为筑路的地基材料。

综上所述,产品的生态设计首先是一种观念的转变,在传统设计中,环境问题往往作为约束条件看待,而生态设计是把产品的环境属性看作是设计的机会,将污染预防与更好的物料管理结合起来,从生产领域和消费领域的跨接部位上实施清洁生产,推动生产模式和消费模式的转变。

产品生态设计的原则和方法不但适用于新产品的开发,同时也适用于现有产品的重新设计。

四、生态包装和绿色服务

1. 生态包装

(1) 生态包装概念的产生和发展

随着人们对生态循环和环境保护意识的增强,生态包装已经越来越受到世界各国工业界、包装界的关注。生态包装是对生态环境和人体健康无害,能循环复用和再生利用,可促进持续发展的包装。也就是说包装产品从原材料选择、产品制造、使用、回收和废弃的整个过程均应符合生态环境保护的要求。它包括了节省资源、能源,减量、避免废物产生,易回收复用,再循环利用,可焚烧或降解等生态环境保护要求的内容。也就是世界工业发达国家要求包装做到的"3R"和"1D"(Reduce,Reuse,Recycle 和 Degradable)原则。它的出现意味着包装工业的一场新的技术革命——解决包装材料废物的处理和降解塑料问题。

生态包装发源于 1987 年联合国环境与发展委员会发表《我们共同的未来》,到 1992 年 6 月联合国环境与发展大会通过《里约环境与发展宣言》《21 世纪议程》,在全世界范围内掀起了一个以保护生态环境为核心的绿色浪潮。生态包装(Ecological Package)也称为"环境之友包装"(Enviromental Friendly Package)或"绿色包装"(Green Package)[59~71]。

(2) 生态包装的分级

生态包装分为 A 级和 AA 级。A 级生态包装是指废物能够循环复用、再生利用或降解腐化,含有毒物质在规定限量范围内的适度包装。AA 级生态包装是指废物能够循环复用、再生利用或降解腐化,且在产品整个生命周期中对人体及环境不造成公害,含有毒物质在规定限量范围内的适度包装。上述分级主要是考虑解决包装废物的处理处置问题,这也是一个尚需继续解决的问题。

（3）生态包装的绿色标识与法规

1975 年,世界第一个生态包装的标识在德国问世,其"绿点"标识是由绿色箭头和白色箭头组成的圆形图案,上方文字由德文 DERGRNEPONKT 组成,意为"绿点"。德国使用"环境标志"后,许多国家也先后开始实行产品包装的环境标志。如加拿大的"枫叶标志",日本的"爱护地球",美国的"自然友好"和证书制度,中国的"环境标志"、欧共体的"欧洲之花",丹麦、芬兰、瑞典、挪威等北欧诸国的"白天鹅",新加坡的"绿色标识",新西兰的"环境选择",葡萄牙的"生态产品"等。

1981 年,丹麦政府鉴于饮料容器空瓶的增多带来的不良影响,首先推出了《包装容器回收利用法》。1990 年 6 月欧共体召开柏林会议,提出"充分保护环境"的思想,制定了《废物运输法》,规定包装废物不得运往他国,各国应对废物承担责任。1994 年 12 月,欧共体发布《包装及包装废物指令》。与欧洲相呼应,美国、加拿大、日本、新加坡、韩国、中国香港、菲律宾、巴西等国家和地区也制定了包装法律法规。

（4）生态包装的主要手段

从用材方面入手,包装材料包括可降解塑料、纸制品、玻璃、竹包装等。目前国际上流行的"可降解新型塑料"具有废弃后自行分解消失、不污染环境的优良品质;由于纸制品包装使用后可再次回收利用,少量废物在大自然环境中可以自然分解,所以世界公认纸制品是绿色产品。目前,国内外正在研究和开发的纸包装材料包括纸包装薄膜、一次性纸制品容器、利用自然资源开发的纸包装材料、可食性纸制品等;如果不含有金属、陶瓷等其他物质,玻璃几乎可以全部回收利用,由于玻璃包装具有可视性强、易于回收复用等优点,它已成为饮料等产品传统包装的主要容器;竹包装具有无毒、无污染、易回收等特点,包括竹胶板箱、丝捆竹板箱等,中国竹林总面积和竹资源蓄积量分别居世界首位和第二位,其具有浓郁传统文化气息的竹包装已受到欧美及日本等国的青睐。

从可重复使用、再生、可食、可降解方面入手,啤酒、饮料、酱油、醋等包装可推行采用玻璃瓶,以便反复使用;可食性包装物可采用糯米纸及玉米烘烤制成的包装杯;可降解塑料包装材料既具有传统塑料的功能和特性,又可以在完成使用寿命之后,通过阳光中紫外光的作用或土壤和水中的微生物作用,在自然环境中分解和还原,最终以无毒形式重新进入生态环境中。

2. 绿色服务

（1）绿色服务的概念

随着全球绿色运动的兴起,人们的生存和发展观念正在发生重大变化,可持续发展思想和环境保护观念已被人们普遍认同,形形色色的绿色服务备受消费者青睐。"绿色服务"顾名思义,提倡的是一种安全、便捷、周到的服务。

（2）绿色服务的发展

① 绿色饭店日渐红火。一些目光超前的宾馆酒店开始认识到环境的重要性,

逐步把环境保护引入酒店管理,一股绿色之风正在酒店业悄然兴起。新加坡香格里拉酒店安装了水流量控制器,每天可节约 1/5 的用水;北京西苑饭店,开展节约能源、保护环境活动,每年节约用水 19 万 t,仅改造热水温控系统一项,日节水量达300t。

②绿色旅游悄然兴起。张家界与美国柯达公司合作,联手推出国内第一条环保旅游线。在游览线上,新型的名称标志牌、景点与推荐景点牌、珍奇物种介绍牌、指路牌、里程牌以及环保公益宣传牌,大约有 300 多种,而且全部取材于自然原料,与大自然的生态环境融为一体。张家界的奇峰、云雾、溪水,加上环保新形象吸引了众多的游客,1999 年游客达 300 多万人。我国第一家通过 ISO14000 绿色认证的旅游单位三亚南山文化旅游区,将中国传统文化与绿色消费融为一体,为企业带来了可观的经济效益。

③绿色商店生意兴隆。调查表明,80% 的德国人在购物时会考虑环境问题,90% 以上的美国消费者在购物时都关心自己所买的东西是否为绿色产品,大约有91.6% 的日本消费者对绿色产品感兴趣,在我国有 84.2% 的人表示,即使绿色产品的价格稍高于普通产品,他们也愿意选择绿色产品。面对日益扩大的绿色需求,许多大商店纷纷打出“绿色牌”,开展绿色营销。目前,我国各地的超级市场先后出现绿色食品专柜,北京、上海、深圳等地已建立了绿色商店,一个绿色产品的营销新热点正在形成。

④绿色信息备受欢迎。近年来,我国部分出口产品因不符合发达国家的环境法规和环境指标而蒙受巨大损失,1995 年这种损失高达 2 000 亿元人民币。为了回避环境风险,冲破绿色壁垒,一些大企业不惜重金聘请环境顾问,搜集绿色信息。各种环境法规信息、绿色消费信息、绿色科技信息备受企业欢迎。

第五章 清洁生产审核方法简介

第一节 清洁生产审核概述

对清洁生产而言,最有效的污染预防措施是源头削减,即在污染发生之前消除或削减污染。而掌握污染的起因和起源是削减污染的基础,一旦明确其起因和起源,就能有的放矢和经济有效地实施污染预防和削减方案,达到清洁生产的目的。企业的清洁生产可以从改进产品设计、改变产品结构、原辅材料替换、改进生产工艺、加强企业内部管理、提高物料循环利用率及进行技术、工艺与设备改造等方面系统筹划,分步实施。在筹划、实施之前,应对整个生产过程进行科学的核查与评估,以找出问题所在,这就是清洁生产审核。

一、清洁生产审核的内涵

清洁生产审核,也称为清洁生产审计,国外也称作污染预防评估或废物最小化评价等。清洁生产审核是指组织对计划进行和正在进行的活动进行污染预防分析和评估。目前,清洁生产审核工作的重点在企业[6~11,15,42,51,52,85~92]。企业的清洁生产审核是指通过对企业从原材料购置到产品的最终处置全生命周期细致调查和分析,掌握该企业产生废物的种类和数量,提出减少有毒有害物料使用以及废物产生的清洁生产方案,在对备选方案进行技术、经济和环境的可行性分析后,选定并实施可行的清洁生产方案,进而使生产过程产生的废物量达到最小或者完全消除的过程。

企业清洁生产审核是企业实施清洁生产的重要内容和有效工具。在进行污染预防分析和评估过程中,通过制定并实施减少能源、水耗和原辅材料消耗、消除或减少生产过程中有毒物质的使用、减少各种废物排放量及其毒性的清洁生产方案,来实现消除和削减污染,提高经济效益。

清洁生产审核之所以能在世界范围内得到迅速推广,不仅仅是因为它有明显的环境保护作用,更重要的是能帮助企业发现按照一般方法难以发现或容易忽视的问题,而解决这些问题常能使企业在经济、环境、社会等诸多方面受益,增强企业可持续发展能力。

二、清洁生产审核的目的

通过实施清洁生产审核,企业可以达到以下目的。

① 对有关单元操作的投入和产出,主要包括原辅材料、产品、中间产品、水和能源的消耗和废物的有关数据和资料;

② 确定废物来源、数量、特征和类型,确定废物削减的目标,制定经济有效的废物削减对策;

③ 提高企业对由削减废物获得效益的认识,强化污染预防的自觉性;

④ 判定企业效率低的瓶颈部位和管理不善的地方;

⑤ 提高企业经济效益和产品质量;

⑥ 强化科学量化管理,规范单元操作;

⑦ 获得单元操作的最优工艺、技术参数;

⑧ 全面提高职工的素质和技能。

三、开展清洁生产审核的思路

清洁生产审核的总体思路为:判明废物的产生部位,分析废物的产生原因,提出方案减少或消除废物。如图 5.1 所示。

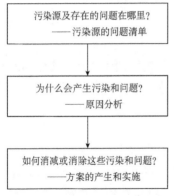

图 5.1　清洁生产审核思路

① 废物在哪里产生或哪里存在问题?通过现场调查和物料平衡找出废物的产生部位和产生量,也可以找出存在问题的地点和部位,列出相应的废物和问题清单,并加以简单描述。

② 为什么会产生废物和问题?通过从原辅材料和能源、工艺技术、管理、过程控制、设备、职工、产品和废物八个主要方面,分析产生废物和问题的原因。

③ 如何削减或消除这些污染和问题?针对每个废物产生的原因,依靠专家、企业清洁生产审核小组和全体员工,设计相应的清洁生产方案,包括无/低费方案和中/高费方案。通过实施这些清洁生产方案,从源头消除这些废物,达到减少废物产生的目的。

四、清洁生产审核的技巧

在通常情况下,一个组织的生产过程可以用图 5.2 简单地表示出来。

从上述生产过程的简图可以看出,一个组织的生产过程实际上包含了八个方面。因此在企业清洁生产审核过程中,应自始至终考虑这八个方面的问题,如问题和污染源查找、原因分析和方案研制都应考虑如下内容。

(1) 原辅材料和能源

原辅材料本身所具有的特性(例如毒性、降解性等)在一定程度上决定了产品

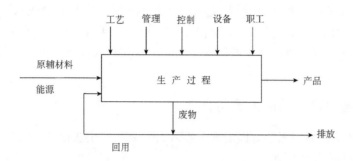

图 5.2　生产过程示意图

及其生产过程的环境危害程度,选择对环境无害的原辅材料是清洁生产所要考虑的重要方面。同样,作为动力基础的能源,在使用过程中也会直接或间接地产生废物,通过节约能源、使用二次能源和清洁能源等将有利于减少污染物的产生。

（2）技术工艺

生产过程的技术工艺水平基本上决定了废物的产生量和状态,先进而有效的技术可以提高原辅材料的利用效率,减少废物产生量。因此,结合技术改造预防污染是实现清洁生产的一条重要途径。

（3）设备

设备作为技术工艺的具体体现,在生产过程中也具有重要作用,设备的适用性及其维护、保养情况等均会影响废物的产生。

（4）过程控制

过程控制对生产过程是极为重要的,反应参数是否处于受控状态并达到优化水平或工艺要求,对产品产率和优质品率有直接的影响,同时也对废物的产生量有重要影响。

（5）产品

产品性能、种类和结构等要求决定了生产过程,产品的变化往往要求生产过程做相应的改变和调整,因此,会影响废物的产生情况。另外产品的包装、储运等也会对生产过程及其废物的产生造成影响。

（6）废物

废物本身所具有的特性直接关系到它是否可在现场被再利用和循环使用。

（7）管理

加强管理是企业发展的永恒主题,管理的水平直接影响废物的产生情况。

（8）职工

职工素质和积极性的提高也是有效控制生产过程和废物产生的重要因素。

当然,以上八个方面的划分并不是绝对的,虽然各有侧重点,但在许多情况下存在着相互交叉和渗透,例如一套大型设备可能就决定了技术工艺水平;过程控制不仅与仪器、仪表有关系,还与管理及职工有关。之所以将其划分成八个方面,唯一的目的就是为了不漏过任何一个清洁生产的机会。因此,从以上八个方面进行原因分析,并不是说废物的产生或所有存在的问题都具有八个方面的原因,它可能是其中的一个或几个。

五、清洁生产审核的人员与作用

清洁生产审核需要三个方面的人员投入,包括专家、企业管理工程技术人员和全体员工,其组成和作用如下。

（1）专家

包括清洁生产审核专家、行业技术专家和环保专家,其中清洁生产审核专家的作用就是组织和培训有关人员,确保清洁生产审核按科学的方式进行,并取得最大成效;行业技术专家的作用就是帮助企业发现生产中存在的问题,解答有关工艺、技术难题,提供国内外的新技术、新设备和新工艺;环保专家的作用就是向企业传授环境保护方面的政策法规和污染防治新技术。

（2）企业清洁生产审核小组

清洁生产需要生产的各个方面全面参与,因此要求审核小组成员能对企业的各个方面和生产过程有所了解。包括决策者、管理人员、工程技术人员、环保技术人员、材料采购人员、市场销售人员和生产人员。有时也可能需要外来指导人员,他们可以来自清洁生产中心、大学、研究机构、工业协会或其他公司。外来人员的选择十分重要,他们的知识有时会对清洁生产审核起到事半功倍的作用。

（3）全体员工

实践已经证实,所有管理人员和车间操作人员全面参与清洁生产审核活动十分关键,因为他们直接参与生产管理和操作,对生产管理和操作有很深的了解,发挥这些人的积极性与创造性,往往会发现更多的清洁生产机会。

六、清洁生产审核的特点

从一个企业的角度出发,进行清洁生产审核就是要通过一套科学、完整的程序来达到预防污染的目的,因此,清洁生产审核具备如下特点。

（1）鲜明的目的性

清洁生产审核特别强调节能、降耗、减污、增效,与现代企业管理要求相一致。

（2）系统性

清洁生产审核以生产过程为主体,考虑影响产生的各个方面,从原材料投入到产品改进、从技术革新到加强管理等,设计了一套发现问题、解决问题、持续实施的系统而完整的科学方法。

(3) 突出预防性

清洁生产审核的目标就是减少废物的产生,从源头削减污染,从而达到预防污染的目的,这个思想贯穿了审核的全过程。

(4) 符合经济性

污染物一经产生需要花费很高的代价去收集、处理和处置它,这就是末端治理费用往往使许多企业难以承担的原因,而清洁生产审核倡导在污染物产生之前就予以削减,不仅可减轻末端处理的负担,同时可将污染物作为有用的原料,能有效地增加产品的产量,提高生产效率。

(5) 强调持续性

清洁生产审核十分强调清洁生产的持续性,无论是审核重点的选择还是方案的滚动实施,均体现了从点到面、逐步改善的持续性原则。

(6) 注重可操作性

清洁生产审核的每一个步骤均能与实际生产情况相结合,在审核程序上是规范的,即不漏过任何一个清洁生产机会;而在方案实施上则是灵活的,即当企业的经济条件有限时,可先实施一些无/低费方案以积累资金,再逐步实施中/高费方案。

第二节 清洁生产审核的过程

一、清洁生产审核的程序

根据清洁生产审核的思路与要求,整个审核过程可分解为具有可操作性的 7 个阶段 35 个步骤。其阶段划分和操作步骤如图 5.3 所示[89]。

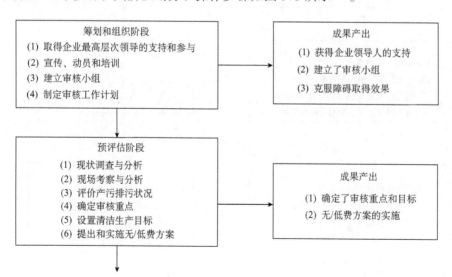

图 5.3 清洁生产审核程序示意图

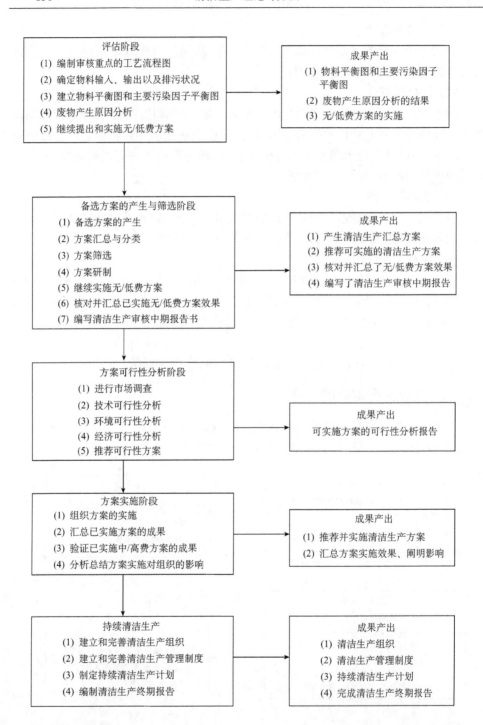

评估阶段
(1) 编制审核重点的工艺流程图
(2) 确定物料输入、输出以及排污状况
(3) 建立物料平衡图和主要污染因子平衡图
(4) 废物产生原因分析
(5) 继续提出和实施无/低费方案

成果产出
(1) 物料平衡图和主要污染因子平衡图
(2) 废物产生原因分析的结果
(3) 无/低费方案的实施

备选方案的产生与筛选阶段
(1) 备选方案的产生
(2) 方案汇总与分类
(3) 方案筛选
(4) 方案研制
(5) 继续实施无/低费方案
(6) 核对并汇总已实施无/低费方案效果
(7) 编写清洁生产审核中期报告书

成果产出
(1) 产生清洁生产汇总方案
(2) 推荐可实施的清洁生产方案
(3) 核对并汇总了无/低费方案效果
(4) 编写了清洁生产审核中期报告

方案可行性分析阶段
(1) 进行市场调查
(2) 技术可行性分析
(3) 环境可行性分析
(4) 经济可行性分析
(5) 推荐可行性方案

成果产出
可实施方案的可行性分析报告

方案实施阶段
(1) 组织方案的实施
(2) 汇总已实施方案的成果
(3) 验证已实施中/高费方案的成果
(4) 分析总结方案实施对组织的影响

成果产出
(1) 推荐并实施清洁生产方案
(2) 汇总方案实施效果、阐明影响

持续清洁生产
(1) 建立和完善清洁生产组织
(2) 建立和完善清洁生产管理制度
(3) 制定持续清洁生产计划
(4) 编制清洁生产终期报告

成果产出
(1) 清洁生产组织
(2) 清洁生产管理制度
(3) 持续清洁生产计划
(4) 完成清洁生产终期报告

图 5.3　（续）

二、清洁生产审核程序各阶段工作内容简介

1. 阶段 1：筹划与组织

筹划与组织是企业进行清洁生产审核工作的第一阶段。目的是通过宣传教育使企业的领导和职工对清洁生产有一个初步的、比较正确的认识，消除思想和观念上的障碍；了解企业清洁生产审核工作的内容、要求及其工作程序。本阶段工作的重点是取得企业高层领导的支持和参与，组建清洁生产审核小组，制定审核工作计划和宣传清洁生产思想。

2. 阶段 2：预评估

预评估是清洁生产审核的第二阶段，目的是通过对企业全貌的调查分析，发现清洁生产的潜力和机会，确定审核重点。此阶段的重点是评价企业的产污、排污状况，确定审核重点，并针对审核重点设置清洁生产目标。

3. 阶段 3：评估

评估的目的是通过对物料平衡的分析与评估，发现物料流失的环节，找出废物产生的原因，查找物料承运、生产运行、管理以及废物排放等方面存在的问题，找出与国内外先进水平的差距，提出清洁生产方案。

4. 阶段 4：方案的产生和筛选

本阶段的目的是通过研制、筛选和产生清洁生产方案，为下一阶段的可行性分析提供足够的中/高费方案。本阶段的工作重点是根据评估阶段的结果，制定审核重点的清洁生产方案；在分类汇总基础上经过筛选确定出应进行可行性分析的中/高费方案；同时对已实施的无/低费方案进行实施效果核定与汇总；最后编写清洁生产中期审核报告。

5. 阶段 5：可行性分析

本阶段的目的是对筛选出来的中/高费清洁生产方案进行分析和评估，以选择最佳的、可实施的清洁生产方案。本阶段工作重点是，在结合市场调查和收集一定资料的基础上，进行方案的技术、环境、经济的可行性分析和比较，从中选择和推荐最佳的可行方案。

6. 阶段 6：方案实施

本阶段的目的是通过推荐方案(可行性的中/高费最佳可行方案)的实施，使企业实现技术进步，获得显著的经济和环境效益。通过评估已实施的清洁生产方案的成果，激励企业推行清洁生产。工作的重点是总结已实施的清洁生产方案的成果，统筹规划推荐方案的实施。

7. 阶段 7：持续清洁生产

持续清洁生产的目的是使清洁生产工作在企业内长期、持续地进行下去。本阶段的工作重点是建立推行和管理清洁生产工作的组织机构，建立促进实施清洁

管理制度,制定持续清洁生产计划及编写清洁生产审核报告,以推进清洁生产的不断深化。

第三节　清洁生产审核障碍及克服方法

在实施清洁生产审核过程中会遇到各种障碍,将严重影响审核效果。为此需要认真研究各类障碍产生的原因以及克服的方法,做到心中有数,才能使清洁生产方案达到预期的效果。这些障碍主要分为七类,包括机构障碍、系统障碍、态度障碍、经济障碍、技术障碍、政府方面障碍及其他障碍[9]。

一、障碍分析

（1）机构障碍

所谓机构障碍是指组织的管理机制不利于清洁生产审核工作,如职工无法参与或不愿参与、审核小组权力较小、过分强调生产、忽视环境保护、频繁更换技术人员等。

（2）系统障碍

所谓系统障碍是指组织的生产与保障系统不利于清洁生产审核工作,如设备维护较差、管理体系不完善、效果差、缺乏专门的职工培训制度、制度生产计划不正式等。

（3）技术障碍

所谓技术障碍是指组织的技术支持能力不能满足清洁生产审核工作的要求,如缺乏检测设备、缺少或没有受过培训的人员、得到的技术信息有限等。

（4）经济障碍

所谓经济障碍是指国家和组织的经济政策、成本核算、投资计划等经济管理机制不利于清洁生产审核工作,如资源价格较低、资金的可用性和费用较低、环境费用未纳入经济分析中、投资计划不完善、投资标准不正式等。

（5）态度障碍

所谓态度障碍是指组织的管理者和生产者长期形成的不利于清洁生产审核的观念和习惯,如缺少良好的设备维护、不愿意改变现状、缺少有效的领导与监督、担心工作失败会影响工作安全等。

（6）政府方面障碍

所谓政府方面障碍是指政府的管理机制和政策导向不利于清洁生产审核工作,如水价政策不合理、环境保护过分强调末端处理、缺乏清洁生产激励措施等。

（7）其他障碍

如缺少专门的机构来促进清洁生产、清洁生产方案研制与实施的外部支持能力不足、缺乏公众的监督和压力等。

二、克服障碍的方法

为确保清洁生产审核的绩效,提高清洁生产的质量,需要努力克服以上障碍。下面针对克服障碍提出如下具体建议。

(1) 机构障碍的解决措施

召开现场会,增加全体职工的清洁生产意识,引起职工对清洁生产项目的参与和关注;企业领导赋予审核小组一定的领导权力;根据审核小组的工作成绩,可适当奖励审核小组人员;进行专门管理,增加在非生产问题上的注意力。

(2) 制度障碍的解决措施

改进记录和报表工作;通过现场示范培训,提高职工的技能。

(3) 技术障碍的解决措施

开发基础设施设备,在各车间和工段安装简单的流量检测仪和分析设备;借助于外部的计量和分析测试能力;借鉴其他企业的先进成熟技术,或外聘技术专家进行技术工艺攻关。

(4) 经济障碍的解决措施

把污染控制费用计入生产成本,综合计算经济效益;在制定投资计划时,考虑清洁生产方案。

(5) 态度障碍的解决措施

开展各种形式的讨论会提高职工意识;提供有效的监督,雇佣额外的监督人员。

(6) 政府和外部机构

① 开发人力资源,政府和有关机构应采取措施培训和增加清洁生产方面的人力资源,服务机构、工业培训机构及有关职业培训机构应开展和进行清洁生产职业方面的培训;

② 建设技术信息网,有关机构应开展信息收集和研究工作,建设清洁生产技术信息网,为工业提供必要的技术信息,如行业废物减量化手册,操作和维护实践,新型设备设计等;

③ 进行工艺技术开发,研发机构要开发适用的工艺技术,政府也应鼓励和支持重要的清洁生产技术工艺研发与推广;

④ 实施财务激励措施,对那些资源耗费低、废物产生量少的企业政府应考虑制订一些财务激励措施(如增强自动控制能力,政府部门优先购买产品,对废物综合治理和利用免收利息等),来鼓励企业进行相关工作;

⑤ 调整水价,水资源的价格应进一步合理化,提高到与其保护费用基本相当的程度,但也不应高到影响企业的利润;

⑥ 转变只注重末端治理的管理模式,对排放标准进行适当修改,以体现出废物利用和清洁生产方面的优势,提出的总量控制标准使企业自觉进行清洁生产,减少污染物产生量;

⑦ 稳定工业产业政策,政府应保持产业政策的稳定性,避免频繁改变,公布长期的工业政策有助于企业进行长期的规划,并采用更具有竞争性的措施落实清洁生产方案;

⑧ 培育和建立清洁生产支持机构,政府应建立相应机构,为清洁生产的推广和废物减量化方案的执行提供足够的技术支持,现有服务机构应进一步加强专业开发和服务能力,进一步为清洁生产服务。

第六章 清洁生产的政策法规

第一节 清洁生产政策法规的研究进展

一、国际清洁生产政策法规概况

世界各国为全面推进清洁生产活动,采取了各种不同措施,其中最主要的手段是通过立法和制定规章制度将清洁生产纳入法制化管理轨道,运用法律手段,消除推行清洁生产的障碍,规范、引导、保障清洁生产活动的有效开展[16]。

1. 美国

在清洁生产立法方面最具代表性的是美国的《污染预防法》(1990 年 10 月)。它以法律形式规定应以污染预防政策取代长期采用的末端治理为主的污染控制政策,将污染预防作为国家处理污染的基本战略,明确规定工业企业必须通过源头削减减少各种污染物排放。通过设备与技术改造、工艺流程改进、产品重新设计、原材料替代以及促进生产各环节的内部管理减少环境造成的污染,并在组织、技术、宏观政策和资金等方面做出了具体的安排。

2. 荷兰

荷兰吸取了美国污染预防的思想,结合本国实际,走出了一条与自己国家的文化传统、经济社会和政治运行手段相适应的推行清洁生产的道路。由于荷兰在清洁生产领域的成功,荷兰编制的若干清洁生产审核手册已被联合国环境规划署和世界银行译成英文向世界各国推广。

在荷兰经济部和环境部的大力支持下,荷兰实行了"污染预防项目"(PRISMA),对荷兰公司进行了防止废物产生和排放的大规模调查研究,制订了防止废物产生和排放的政策及所采用的技术和方法,并将这些技术方法加以推广实践,取得了令人瞩目的成果:95%的煤灰料被用作原料;85%的废油回收作为燃料;65%的污泥被用作肥料;家庭废纸和废玻璃已有一半以上被分类收集和再生利用。

3. 德国

德国于 1996 年颁布实施了《循环经济与废物管理法》。该法规定对废物问题的优先顺序是避免产生—循环使用—最终处置。其定义是,首先要减少源头污染物的产生量。工业界在生产阶段和消费者在使用阶段就要尽量避免各种废物的排放;其次是对于源头不能削减又可利用的废物和经过消费者使用的包装废物、旧货等要加以回收利用,使它们回到经济循环中去。只有那些不能利用的废物,才允许作最终的无害化处置。以固体废物为例,循环经济要求的分层次目标是:通过预防减少废物的产生；尽可能多次使用各种物品；尽可能使废物资源化；对于无法减少、再使用、再循环的废物则焚烧或处理。

4. 日本

近些年来，日本也积极行动起来，谋求建立循环型经济社会，政府先后制定了7项有关处理和利用工业和生活废物、保护生态环境的法律，即《废弃物处理法》《资源循环利用法》《包装容器循环利用法》《家庭电器循环利用法》《建筑器材循环利用法》《食品资源循环利用法》及《绿色采购法》，这些法律大都开始付诸实施。特别是《推进形成循环经济法》，规定了国家、地方政府、企业和国民等各方面在保护生态环境方面的义务，提出了抑制废物发生、零部件的再利用和废物的资源化等基本原则，标志着日本在建立循环型经济社会的道路上迈出了决定性的一步。政府公布的《关于科学技术的综合战略》把环保列为今后重点战略领域之一。国立研究所、大学和企业都已把环保技术作为主要的研究开发对象。

随着环保立法的加强，企业不断增加在环保方面的投资。以大企业为主的一批"零排放工厂"已经建成。以循环利用废物为前提的"逆生产方式"正在日本普及。

5. 泰国

泰国在联合国有关组织的资助和指导下，通过采取有效的清洁生产摆脱目前日趋严重的环境污染与资源短缺的局面。1992 年，泰国政府通过新的环境立法，强调国家管理的整体性，由官方进行管理，包括维护和支持《国家环境质量法》《工厂改革法》《危险品管理法》《促进能源储备法》，颁布新的《公共健康法》，修改《国家清洁和秩序法》。

综上可以看出，各国一般都是根据本国的环境质量、经济实力、法治状况、企业科技和管理能力以及公众意识等多方面的因素出发，来确定符合本国实际情况的清洁生产政策。

二、我国清洁生产政策法规的进展

我国积极利用污染预防与可持续发展的思想，推进清洁生产，制定颁布了多个与其相关的国家性和地方性的政策法规。1993 年 10 月在上海召开的第二次全国工业污染防治会议上，国务院、国家经贸委及国家环保总局的领导提出清洁生产的重要意义和作用，明确了清洁生产在我国工业污染防治中的地位。目前我国共有200 多家企业，40 多个大类，500 多种产品获得了中国环境标志认证，其中约半数产品与消费者衣食住行有关。

1994 年 3 月，国务院常务会议讨论通过了《中国 21 世纪议程——中国 21 世纪人口、环境与发展白皮书》，专门设立了"开展清洁生产和生产绿色产品"这一领域。1996 年 8 月，国务院颁布了《关于环境保护若干问题的决定》，明确规定所有大、中、小型新建、扩建、改建和技术改造项目,要提高技术起点,采用能耗物耗小、污染物排放量少的清洁生产工艺。1997 年 4 月,国家环保总局制定并发布了《关于推行清洁生产的若干意见》要求地方环境保护主管部门将清洁生产纳入已有的环境管理政策中。

与此同时,陕西、辽宁、江苏、山西、沈阳等许多省市也制订和颁布了相应的地方性清洁生产政策和法规。1996 年陕西省环保局和省经贸委联合下发了《关于积极推行清洁生产的若干意见》,提出将部分排污费返回给企业开展清洁生产审计;1997 年辽宁省政府制定了《关于环境保护若干问题的决定》,明确指出各地区要将排污收费总额的 10% 以上用于清洁生产试点示范工程。沈阳市、本溪市政府也都制定了相应的清洁生产政策。1999 年江苏省出台了《关于加快清洁生产步伐的若干意见》,从支持立项审批、加大资金扶持力度、信贷支持、科研推广扶持等 10 个方面制定了具体的优惠、扶持政策。2000 年山西省人大批准颁布了《太原市清洁生产条例》。

清洁生产政策法规对推动我国可持续发展及环境保护发挥了很大的促进作用,为清洁生产的顺利推行创造了良好的社会环境与经济环境,使清洁生产在组织机构建设、科学研究、信息交换、示范项目和推广等领域已取得明显成效[90,93]。

三、《中华人民共和国清洁生产促进法》

近年来,中国政府和人大认识到虽然有关的环境法律已为清洁生产的推行提供了一定的基础,但由于清洁生产是一项系统工程,涉及资源、价格、税收、市场、财政、工艺技术、宣传和教育培训等各个方面,加之清洁生产在中国是一个新概念,缺乏相应的政策和技术支持系统,使得清洁生产的推行面临许多问题,十分有必要制定具备综合性、完整性的清洁生产法。这一法律将对清洁生产进行全方位的规范,从而必将进一步推动这项工作的开展。因此,九届全国人大确定制定《清洁生产法》,全国人大环资委委托国家经贸委起草《清洁生产法》,并于九届全国人大常委会第二十八次会议审议通过了《中华人民共和国清洁生产促进法》。

关于采用"中华人民共和国清洁生产促进法"这一名称是考虑到在社会主义市场经济条件下,应当尊重企业等市场主体的自主性,在立法思路上要注重对清洁生产行为的引导、鼓励和支持,而不宜对其生产、服务的过程进行过多的直接行政控制,这一法律名称有助于准确反映本法的特点和主要内容。

《中华人民共和国清洁生产促进法》共六章、四十二条。第一章总则,包括立法目的、清洁生产定义、适用范围、管理体制等;第二章清洁生产的推行,规定了政府及有关部门推行清洁生产的责任;第三章清洁生产的实施,规定了生产经营者的清洁生产要求;第四章鼓励措施;第五章法律责任;第六章附则。

四、我国清洁生产政策法规的发展趋势

《中华人民共和国清洁生产促进法》以法律的形式规定了政府推行清洁生产的制度和措施,为全面推行清洁生产奠定了法律基础,但法律规定的制度、措施和政策,仍有待进一步具体化,制定配套法规。要以《中华人民共和国清洁生产促进法》为依据,尽快制定《清洁生产审核办法》《强制回收的产品和包装物回收办法》等配套法规。研究制定促进清洁生产的产业政策、财政税收政策、技术开发和推广政策等,鼓励发展符合清洁生产要求的先进技术、工艺、设备和产品,限制和淘汰落后的技术、工艺、设备和产品。

第二节　清洁生产的经济政策

经济政策是指根据价值规律,利用价格、税收、信贷、投资、微观刺激和宏观经济调节等经济杠杆,调整或影响有关当事人产生和消除污染行为的一类政策。在市场经济条件下,采用多种形式、内容的经济政策措施是推动企业清洁生产的有效工具。经济政策虽然不直接干预其企业的清洁生产行为,但它可使企业的经济利益与其对清洁生产的决策行为或实施强度结合起来,以一种与清洁生产目标相一致的方式,通过对企业成本或效益的调控作用有力地影响着企业的生产行为[21]。

一、税收政策

税收手段的目的在于通过调整比价、改变市场信号以影响特定的消费形式或生产方法,降低生产过程和消费过程中产生的污染物排放水平,并鼓励有益于环境的利用方式。由于产品的当前价格并没有包括产品的全部社会成本,没有将产品的生产和使用对人体健康和环境的影响包括在产品的价格中,通过税收手段,可以将产品生产和消费的单位成本与社会成本联系起来,为清洁生产的推行创造一个良好的市场环境。运用税收杠杆,采取税收鼓励或税收处罚等手段,促进经营者、引导消费者选择绿色消费,在世界范围形成共识。从我国的现实情况看,税收手段在促进绿色消费、实施可持续发展方面大有可为,但具体情况是复杂的,政策推出要慎重,需要充分考虑研究论证。

1. 优惠政策

利用税收的各种优惠措施,积极鼓励、引导企业实施清洁生产,生产清洁产品。由于产品的当前价格并没有包括产品的全部社会成本,造成有的采用清洁生产技术的产品成本高于那些不顾及环境影响、浪费能源的产品,在市场上缺乏竞争力,使得清洁生产技术与产品难以推广。通过税收的优惠、鼓励措施,降低清洁产品的生产成本,从而诱发投资者参与清洁生产的热情,降低投资风险,提高投资回报率,

让越来越多的企业积极加入到实施清洁生产的行列中来。具体措施有：

① 在增值税制度中,增加企业购置清洁生产设备时,允许抵扣进项增值税额,以此来降低企业购买清洁生产设备的费用,刺激清洁生产设备的需求。

② 在国内外资企业所得税中,对企业投资采用清洁生产技术生产的产品或有利于环境的绿色环保产品的生产经营所得税及其他相关税收,给予减税甚至免税的优惠。允许用于清洁生产的设备加速折旧,以此来减轻企业税收负担,增加企业税后所得,激活企业对技术进步的积极性。

③ 在进出口关税中,对出口的清洁产品,实行退税,提高我国环保产品价格竞争力,开拓海外市场;对进口清洁生产技术、设备,实行免税,加快企业引进清洁生产技术、设备的步伐,消化吸收国外先进的技术。

④ 在营业税中,对从事提供清洁生产信息、进行清洁生产技术咨询的中介服务机构适当采取一定的减税措施。逐步形成多功能全方位的政策、市场、技术、信息服务体系,为清洁生产提供必要的社会服务。

⑤ 在固定资产投资方向调节税中,对企业用于清洁生产的投资执行零税率,提高企业投资清洁生产的积极性和能力。

⑥ 对于"三废"综合利用产品和清洁产品给予一定的税收优惠,实行与一般产品的差异税收政策,在一定的期限内免交全部或部分税收。如对无铅汽油实行较低税率。

⑦ 对于清洁生产项目的固定投资加速折旧。(从总数上看,加速折旧并不能减轻企业的税负,但税负前轻后重,有延期纳税之利,相当于政府给予企业一笔无息贷款。)

2. 限制政策

税收鼓励与税收限制是相辅相成、密不可分的。在采取税收优惠鼓励措施时,相应的运用税收手段对那些破坏环境的生产加以重税,通过税收手段迫使给环境造成危害的行为人付出一定代价,自行负担损害成本。这样一方面使消费者放弃污染环境的消费,转向无税负的绿色环保消费;另一方面促使企业使用防治污染的技术和设备,以此来降低生产成本,实现利润最大化,对清洁生产的发展起到极大的推动作用。

限制政策的主要措施是扩大消费税的征收范围。在生产消费或处理过程中把对环境有污染的商品列入课税范围之内,并适当提高税率,以此来体现国家限制污染商品的生产和消费。对于使用有毒有害材料的企业,根据有害成分含量和使用数量征收税费。

二、财政政策

资金不足一直是环境保护工作面临的主要问题之一。企业缺乏资金进行清洁生产审核,无从实施清洁生产,即便有些企业通过清洁生产审核找出实现减污降耗的可行性方案,因为缺乏足够的资金实施,最终使企业在做了大量基础工作后却无法实现预期效益,从而严重地挫伤企业的积极性,使清洁生产浮于表面而逐渐丧失生命力,也影响到公众和决策层推行清洁生产的信心。

同时清洁生产作为一项有效的环境保护措施,有很强的社会公益性质,因此政府应在政府财政预算、投资渠道和信贷市场方面给予清洁生产必要的扶持。结合投融资体制改革,统筹规划,逐步增加并统筹使用各种尽可能的财政、金融资源,大力促进清洁生产的发展。政府补贴的形式多种多样,包括低息贷款、直接赠款以及资金分担等。

1. 投资政策

财政投资通过直接集中社会资源进行重点配置来解决社会经济发展中的主要矛盾,以实现资源的合理配置。财政投资是贯彻国家产业政策的最有效手段之一。将清洁生产列为财政投资的重点,加大对清洁生产的投资,以扶持清洁生产的开展,解决目前清洁生产资金不足的问题,从而更好地实现产业结构调整。

2. 价格补贴政策

由于目前产品的价格并没有包括产品环境成本,造成价格与价值相背离,使得有些清洁产品在市场上缺乏竞争力。因此政府对生产清洁产品采用价格补贴政策,弥补清洁产品的生产企业所蒙受的损失。同时实行对于推行清洁生产有利的价格补贴,例如对某些能源价格补贴,增加企业推行清洁生产的积极性。

3. 政府采购

在政府采购招标时,优先采购已实施清洁生产企业的产品。这样一方面由于政府采购的数额巨大,可以形成对清洁生产的资金注入,另一方面又能在社会上产生政府做出的示范效应,从而鼓励刺激清洁生产的发展。

三、清洁生产基金

清洁生产基金是为推行清洁生产筹集专项资金的机构,是解决企业清洁生产资金不足的另一途径。资金可通过争取国际组织(WB、UNEP、UNDP 等)的贷款或赠款,按一定比例从国家的技改投资中划拨一部分资金,排污收费的补助款,技改资金中抽出部分专款或在国家政策性银行中设立国家环境保护专项贷款基金等途径筹集。此外,也可通过其他渠道筹集资金。目前,一些国家已经建立专门的基金来为清洁生产的实施提供软贷款并取得了很好的效果。

四、信贷投资政策

调整信贷政策,使其向清洁生产投资倾斜也是解决企业清洁生产资金不足的一种手段。应增加投向清洁生产的贷款比率,放宽清洁生产项目的贷款要求,并逐步将清洁生产纳入银行贷款项目的评估程序中,对于申请贷款的项目规定一定的清洁生产要求。对于经济效益好、治理效果显著的清洁生产项目给予低息或贴息贷款,对于污染严重的项目与企业紧缩银根或拒绝贷款。

根据各地有关部门的规定,我国金融和信贷机构应该根据各地有关部门的规定,在信贷和投资过程中,鼓励金融机构积极向那些既能产生明显经济效益又能削减污染、保护环境的项目进行投资。应该向金融机构说明清洁生产是良好的投资机会,鼓励金融机构向清洁生产投资,并制定促进清洁生产投资的相关政策。

第三节 清洁生产的产业政策

清洁生产会对一个国家的产业结构及影响国民经济发展方向、水平等各个方面产生广泛而深远的影响。从宏观上讲,调整和优化经济结构包括解决影响环境的"结构型"污染和工业布局等问题,也包括企业节能、降耗、减污、提高管理水平和自身素质、走内涵发展再生产道路的问题。由此可见,推行清洁生产与现阶段我国正在进行的调整和优化经济结构工作具有相互促进、相得益彰的作用,必将有力地促进经济运行质量和企业经济效益的提高。

一、将清洁生产纳入国民经济与社会发展规划

各级政府的发展计划在社会阶段性发展中直接影响到宏观经济政策的导向,在经济和社会发展中有着举足轻重的地位。因此在编制经济和社会中长期发展规划和年度计划时,应对一些主要行业特别是原材料和能源工业推进清洁生产规定具体目标与要求。各工业部门要拟定行业清洁生产的长远规划目标,制定的本行业管理规定和技术政策要有清洁生产的具体目标和措施。在考核企业的经营表现过程中,应该推广清洁生产指标,不断把清洁生产引向深入,引导企业利用实施清洁生产的契机把环境达标与生产管理结合起来。

为了贯彻各项产业政策实现预定的经济目标和环境目标,政府需结合产业结构调整采取必要的行政干预手段和对策。如对产品质量低劣、浪费严重、没有治理价值的企业关停一批;对产品有市场,但工艺技术落后、污染严重的企业限期治理一批;对符合产品政策,但达不到经济规模、污染超标的企业,要改造提高一批;对属于国家经贸委"淘汰落后生产能力、工艺和产品目录"之列的,限期淘汰一批;对产品不适销对路,但设备和人力强而利用率低的企业应转产一批。目前有的省市政府正是按照"五个一批"的要求,对排放未达标企业逐一对号入座,通过专项监察和行政督察,强化实施各项政策的力度。外资项目审批时,也要参照我国产业政策以及技术与设备标准严格审查把关,防止重污染技术和设备进入国内。

二、将清洁生产纳入技改政策

技术改造是企业发展壮大的必由之路,也是治理污染实现清洁生产的大好机遇。资源、能源使用效率低下和浪费严重是造成企业生产污染环境的重要原因。要从根本上解决这一问题,只有通过提高企业技术水平、改进工艺过程和设备来实现,因此要把实施清洁生产作为技术改造的重要内容和基本目标,将技术改造与污染防治、环境治理和生态保护结合起来,运用高新技术和清洁生产技术改造传统工业,把清洁生产的理念、技术和方法贯穿于技术改造和技术创新全过程中。目前,我国财力有限,不可能只靠增加环保投资来治理,将清洁生产纳入技改中,可以解决清洁生产资金不足的困难。

第七章　清洁生产的促进工具

第一节　清洁生产与环境管理制度

推行清洁生产不一定要另起炉灶,一定要和各项行之有效的管理制度紧密结合。我国已实施多年的和一些正在积极执行的制度,如排污收费、环境影响评价、三同时、限期治理等都与推行清洁生产有很密切的关系,以这些制度为基础,可以提高工作效率,减少工作难度,加快工作进度,是推行清洁生产的重要手段和途径。借助这些制度的改革和深化可以推动清洁生产工作的深入进行[93]。

一、环境影响评价制度

环境影响评价是通过预测项目建成后对环境可能造成的不良影响的范围和程度,从而制定避免污染、减少污染和防止破坏的对策,为项目实现优化选址、合理布局、最佳生产设计提出科学依据。随着环境影响评价制度的完善,清洁生产分析已成为环评过程的重要内容。在 EIA 报告书中,对建设项目进行清洁生产分析,充分考虑预防污染的潜力。通过建立相应的评价指标体系,严格规定污染物排放量指标,提出与清洁生产相关的要求,促使企业选择技术起点高,排污量少的清洁工艺。

通过将清洁生产思路运用于环评中,可产生以下三种效果:①清洁生产排斥消耗型的污染治理,使环评注意力由原来的末端治理转移到了从原料到产品的整个生命周期分析,降低了产品的成本和三废处理费用,符合我国目前的环保政策。②在报告编写中运用清洁生产思想使得工程分析、环保措施可行性论证更注重了实用性,尤其对可行性研究中已经设计好的工艺进行审查,对其合理性进行分析,对一些高废工艺给予否定,这是一个很大的进步。③受清洁生产思想的影响,环评中的效益分析更进一步,不仅仅看环保投资占多少比例、取得多少效益,更侧重于综合效益分析。如资金分配的合理性、环境代价的大小、无费/低费方案的选择等。

二、三同时制度

目前"三同时"实施的方案为环境影响评价中提出的污染预防方案,由于现有的环评中对清洁生产没有足够的重视,因而实施的方案多为既定工艺或设备产生的污染物的补救性末端治理设施方案。而对生产工艺过程中是否能采用有节能、减污、降耗效果的清洁生产方案研究评述少。另一方面,"三同时"验收很少对工艺过程的合理性、先进性、清洁生产的推行情况进行审查,清洁生产在"三同时"管理细则中没有得到充分体现。随着我国环境污染防治政策从末端治理走向预防为主和环评报告书制度的不断完善,污染治理不应仅仅局限于针对工程特点规定防治措施,更应利用清洁生产的思想,对建设项目进行生产全过程分析,从生产的源头开始预防污染,重视主体工程本身削减污染物的能力。因而,工业企业就要按照清洁生产的要求进行排污审计,筛选并实施污染防治措施,并且验收时不但要进行污染治理设施的验收,还有必要审查企业的清洁生产情况,从而保证在新改扩项目建设中,充分把握机会实施清洁生产,做到真正的污染预防。

三、排污许可证制度

发放和管理排污许可证制度的核心工作是确定污染物排放总量控制指标、分配污染物总量削减指标。但是近几年来的实际情况是,我们在执行总量控制制度时,一方面没有充分分析组织潜在的污染物削减能力,造成下达的总量指标与组织的实际情况相差较大,难于落实,会使组织产生畏难和抵触情绪,增加该制度的推行难度。实践表明,清洁生产审计是一个进行组织污染总量削减和取得经济效益的有效手段。通过清洁生产审计可以核对有关操作单元、原材料、产品、用水、能源和废物的资料,确定废物的来源、数量及类型,提出废物削减的目标,制定经济有效的废物控制对策,从而提高组织对由削减废物获得效益的认识。因此,环保部门在为组织制定总量削减目标时,不妨采用先审计,后定目标的方法。

四、限期治理制度

被下令限期治理的企业为了实现治理目标,需要采取必要的污染治理措施,采取"末端治理"或者实行清洁生产。末端治理将耗费大量的人力和财力,不仅不能创造经济效益,而且还可能产生二次污染。对于企业来说,末端治理是被动接受、不得已而为之的行为。因此,企业难有积极性,偷排、漏排和治理设备运行率低等诸多问题十分严重。而清洁生产与末端治理不同,是采用生产全过程的污染控制方式,以达到污染最小化,是在保证经济效益的前提下,解决污染问题,并且往往是以经济效益第一、环境保护第二的方式推行工作,在保障同等经济效益或提高经济效益的前提下,尽量采用无/低费方案预防污染或治理污染,其成本大大低于末端治理,因而特别适合中国国情,能给企业带来经济效益,受到企业的欢迎。由于清洁生产强调预防为主,全程控制,采取污染物源头削减措施,故大大减少了需要末端处理的污染物总量和处理设施的建设规模,一次性投资和运行费用必然大大减少,有的措施甚至不用花钱,这样可以克服限期治理中存在的最大困难——资金不足,能促进限期治理任务的按期完成。因此,清洁生产应该是限期治理的首选方案。

五、环境保护目标责任制

环境保护目标责任制是一种具体落实地方各级人民政府和有污染的单位对环境质量负责的行政管理制度。如何加强各级政府、企业主管部门以及企业对清洁生产的重视和领导,将清洁生产作为一项重要环境保护工作来抓是一个急需解决的问题。将其纳入环保目标责任书中是解决这一问题的有效工具。将清洁生产目标纳入各级政府环境保护目标责任书,有利于各级政府将清洁生产列入议事日程,将其纳入国民经济和社会发展计划及年度工作计划;有利于疏通清洁生产资金渠道,使清洁生产工作得到真正落实;有利于协调政府各部门齐抓共管清洁生产,充分调动各方面的积极性,以此打破推行清洁生产时环保部门孤军作战的局面;有利于把清洁生产工作从软任务变成硬指标,实现由一般化管理向科学化、定量化、指标化管理的转变。将清洁生产列入环保目标责任制可以理顺各级政府和各个部门在推行清洁生产中的关系,打破在清洁生产推行上条块分割的局面,形成多部门统一协调规划的良好外部环境,积极推进清洁生产。

六、非正式规章/自愿手段

自愿协议是近年来发达国家在环境领域采用的旨在提高管理效率、降低管理成本、充分发挥污染法规和政策、提高对象积极性的一种综合手段。自愿协议使用的迅速增加反映了政府和工业界降低环境达标费用(包括行政费用)的愿望,更重要的是,也反映了广大公众和环境团体愿意接受政府与工业界间的自愿安排。为此建议在组织推进清洁生产的过程中要逐渐增加与工业界间达成有关增产、减污的自愿协议,减少直接管制的麻烦,提高管理效率。借鉴发达国家的成功经验,按照企业自愿的原则,在污染物达标排放的前提下,试行政府与企业签订进一步节约资源、削减污染物排放的协议,向社会公布自愿协议的企业名单及取得的成果,运用市场机制促进企业自觉实施清洁生产。

第二节　清洁生产与 ISO14000 体系

一、ISO14000 体系

ISO14000 系列标准具有国际通用性和权威性,是已经得到世界各国普遍认可的环境管理体系标准。在某一组织(如企业)范围内按照 ISO14000 标准的要求建立与之相适应的环境管理体系,经正式审核通过后可获得认证。经过认证的组织获得了对外公布良好形象的资质,使组织在贸易、贷款、产品、信誉等方面获得良好的形象,从而提高组织的国际竞争力,实现经济效益与环境效益的统一。

二、清洁生产与 ISO14000 的联系

清洁生产代表着世界工业发展的方向,它与 ISO14000 都是实施可持续发展战略的重要举措,其核心与 ISO14000 实施的重点都是污染预防。ISO14000 标准中明确规定,组织在制定环境方针时应包含污染预防的承诺,并向社会、相关方、全体员工公开。体系在动作过程中始终贯穿以预防为主的思想。ISO14000 中与污染预防有关的条款,见表 7.1。

表 7.1　　ISO14000 中与污染预防有关的条款

标准条款	有关内容要求
4.2 环境方针	最高管理者应制定本组织的环境方针并确保它包括对持续改进及污染预防的承诺
4.3.1 环境因素	标准要求组织在识别环境因素时考虑过去、现在、将来三种时态及正常、异常、紧急三种状态
4.3.3 目标与指标	目标与指标应符合环境方针,并包括对预防传染的承诺
4.4.6 运行控制	组织对环境因素有关的运行和活动建立相应的程序,并予以有效的控制,确定其运行不致偏离环境方针、目标和指标
4.4.7 应急准备与响应	组织应建立并保持程序,以确定潜在的事故或紧急情况,做出响应,并预防或减少可能伴随的环境影响

可以看出,清洁生产与 ISO14000 存在许多相似之处,二者在许多方面体现了相同的思想与内容,即环境保护从“末端治理”转变为“生产全过程”控制、实行污染物的源头削减的策略。

三、推行 ISO14000 有利于实施清洁生产

从实施清洁生产的六个步骤来看,组织要进行清洁生产必须首先获得组织高层领导的支持,要求筹划和组织相应的环境审计队伍。ISO14000 要求组织建立的环境管理体系为清洁生产提供了组织上的支持,通过环境管理体系的建立,组织的最高领导者制定了环境方针,对污染预防做出了承诺,从而保证了组织最高领导层对清洁生产工作的参与,也保证了最高领导层对清洁生产工作开展的必要的资源投入,包括人力、物力及财力,从而使清洁生产工作得到顺利进行。

实施清洁生产必须提高全体员工的有关意识,ISO14000 标准要求建立体系的组织,上至最高领导层下至普通员工都必须执行组织的环境方针,并要求结合各层次工作人员的岗位操作,进行环境意识与技能的培训,这种环境意识的培训也使组织树立了清洁生产的观念,并是任何一种宣传工具难以达到的。

清洁生产工作的开展,其重要手段为清洁生产审核,要做好清洁生产审核这一系列性强、技术要求高的工作,要求组织具备良好的环境管理体系,ISO14000 是融合了世界上许多发达国家在环境管理方面的经验而形成的一套完整的、操作

性强的体系。作为一个有效的手段和方法,该体系在组织原有管理机制的基础上建立一个系统的管理机制,就是将社会环境宏观管理与组织管理结合起来,这种结合使环境管理成为组织全面管理的一个重要组成部分,并运用方针、实施、检查、评审等管理手段,自觉地将环境保护纳入组织目标,并运用内部审核、管理评审、生命周期分析等工具,不仅能提高组织环境管理的能力和水平,也有利于清洁生产审核。

持续改进的体系有利于清洁生产工作的持续进行。就清洁生产的六个步骤来看,其过程与环境管理体系的运行模式很相似。ISO14000 体系是按 PDCA 运行模式所建立的环境管理体系,就是在环境方针的指导下,周而复始地进行体系所要求的规划、实施与运行、检查与纠正和管理评审活动。根据新的情况,不断地加大环保力度,强化体系的功能,达到持续改进的目的,从而推动持续清洁生产。

四、具体措施

我国已在清洁生产和环境管理体系相结合的实践中开展了一些尝试,如北京松下彩色显像管有限公司(BMCC)和厦门 ABB 开关有限公司。前者在实施清洁生产审核的基础上开始建立环境管理体系并通过 ISO14000 认证,而后者是在通过环境管理体系/ISO14000 认证后开展清洁生产审核并获得显著的经济和环境效益。在上述两个企业中二者不是同步进行的,如果同时实施,二者就会起到相辅相成、相互促进、相互补充的作用,使企业的环境保护收到事半功倍的效果。

清洁生产和环境管理体系相结合的总体思路是,以清洁生产战略作为建立环境管理体系的指导思想,以清洁生产审核作为二者在操作上的结合部,在各级环境管理体系文件中体现清洁生产思想,并在体系运行时贯彻清洁生产思想。在实际操作中可有两种做法,其一,是以清洁生产审核的实施为主体,参照 ISO14000 的要求(而不以认证为目的),建立初步的环境管理体系可称为组织污染预防管理体系,以不太复杂的文件为依托,巩固清洁生产审核成果,保障清洁生产在组织中持续实施;其二,是以环境管理体系的实施为主体,参照清洁生产审核的某些做法,按ISO14000 的要求建立环境管理体系并在适当的时候获取 ISO14000 认证,在清洁生产思想的指导和体系内外监督机制的作用下,真正在组织环境的各个方面预防污染的发生,不断提高环境绩效。

清洁生产与 ISO14000 的相互结合与促进,一方面使清洁生产的推行具有更好的制度保障,避免因与组织的整体管理制度体系相脱离而失去实施的基础;另一方面又对 ISO14000 系列标准中有关污染预防的内容加以完善,充实其中的技术含量,使环境管理体系的建立能够为组织的环境状况带来实质性的改善。

第三节　清洁生产与环境标志

环境标志,又称为"绿色标志"、"生态标志",是一种印贴在产品或其包装上的某种特定图形,表明该产品和其他类似产品相比,在环境安全性方面更加优越。获得环境标志的产品,除了在质量方面符合标准外,其在生产、使用及处置等全过程都符合环境保护要求,如对环境危害极小或无害,可回收再生,使资源循环利用。

环境标志制度是经济发展与环境优化统一的措施[58]。由于生态环境的好坏并不直接与企业的经济效益挂钩,因而企业也就不会在环保方面主动投入人力、物力和财力。环境标志制度正是运用市场这只"无形的手"将企业的经济效益与环境效益紧密联系在一起。随着人们在选择产品时不再单纯地注重产品的使用价值或外观包装,而是越来越多地关注产品的环境质量,更愿意选择对健康有益、对生存环境无害的商品。而环境标志通过图形标志、标签等形式告诉消费者该产品不仅在质量上合格,而且有利于保护环境、人身健康。所以,环境标志产品可以看作是一种很好的广告,为企业树立良好形象,提高产品在市场上的竞争力。另外,消费者通过购买环境标志产品的日常活动,直接或间接地参与了环保活动 。所以说,环境标志制度在政府、企业和消费者之间架起一座桥梁,传递着保护环境的信息。目前我国共有 200 多家企业,40 多个大类,500 多种产品获得了中国环境标志认证,其中约半数产品与消费者衣食住行有关。

一、环境标志与清洁生产

对于组织来说,为获得环境标志就必须主动调整产品结构,实施技术改造,自觉地节约能耗物耗,最大限度地减少污染的排放,提高资源的综合利用率,从而使组织在追求经济效益的同时,实现对环境的有效保护。所以说,清洁生产的目标和环境标志是一致的,都是为了降低资源和能源的消耗,并有效防止污染物、废物的产生。

我国环境标志认证的现场检查不要求公司具备环境方针,也不要求有定量的削减目标,因而对组织而言,没有明确奋斗目标和约束力,对认证机构而言,没在可供检验的依据,故无法要求组织进行周期性环境评估,也就无法将持续落到实处,而且认证很少作横向比较及找出改进措施,而这正是清洁生产之所长。所以,在环境标志制度中纳入清洁生产是完善和发展我国环境标志制度的必要前提。同时,清洁生产在具体实施时,由于存在着各种障碍并且有时短期内缺少直接的经济效益,使得组织缺乏足够的参与热情,影响清洁生产的推行。将清洁生产的思想结合到环境标志认证中,能很大程度地提高组织实施清洁生产的积极性,促进清洁生产的推行。

二、利用环境标志制度促进清洁生产的措施

鉴于环境标志认证制度往往只看重自身是否完善和协调一致,很少作横向比较提出改进措施,而清洁生产审核制度未标准化、市场化难以直接增加组织的竞争力,建议将清洁生产审核纳入环境标志认证审核,要求申请环境标志的组织先实行清洁生产审核,并且将清洁生产的思想与方法应用于环境标志审核。具体方法与清洁生产和 ISO14000 相结合时相似。

随着我国环境标志制度的发展,对产品实行全生命周期评价。我国目前环境标志产品认证是根据《环境标志产品现场检查大纲》,对组织作现场检查,内容与 ISO14000 的初始环境评估相似。包括厂区与生产过程的概况,主要的环境影响及其大小,如何控制这些影响,相应的管理结构制度,污染排放与环境达标的情况等。没有考虑产品原材料及其使用过程中和报废后的环境影响。

第四节　清洁生产的监督与管理

清洁生产不同于单纯的污染控制,涉及从能源、原材料到生产过程以及产品的整个生产过程,不能仅仅依靠某一部门的监督管理,而需要政府有关部门从多个方面、不同角度对生产经营者进行引导、鼓励、支持和规范。只有加强相关的机构建设,明确各部门的政府职能以及相互之间的关系,建立有关部门协同配合,共同推进的工作机制,才能使清洁生产得到健康发展。

《中华人民共和国清洁生产促进法》第五条规定:"国务院经济贸易行政主管部门负责组织、协调全国的清洁生产促进工作,国务院环境保护、计划、科学技术、农业、建设、水利和质量技术监督等行政主管部门,按照各自的职责,负责有关的清洁生产促进工作。县级以上地方人民政府负责领导本行政区域内的清洁生产促进工作。县级以上地方人民政府经济贸易行政主管部门负责组织、协调本行政区域内的清洁生产促进工作。县级以上地方人民政府环境保护、计划、科学技术、农业、建设、水利和质量技术监督等行政主管部门,按照各自的职责,负责有关的清洁生产促进工作。"这一规定,一是明确了清洁生产促进工作的牵头部门,与国务院机构改革"一事进一门"的原则是一致的;二是强调了部门间的协调配合,牵头部门必须充分发挥相关职能部门的作用;三是明确了地方政府负责领导本行政区域内的清洁生产促进工作。

《中华人民共和国清洁生产促进法》第二章规定了政府及有关部门支持、促进清洁生产的具体要求,包括制定有利于清洁生产的政策,制定清洁生产推行规划,促进区域性清洁生产,制定清洁生产技术导向目录和指南,淘汰落后技术、工艺、设备和产品,建立清洁生产信息系统和技术咨询服务体系,组织清洁生产技术研究开

发和示范,组织开展清洁生产教育和宣传,优先采购清洁产品等。这些规定,将促进政府为生产经营者实施清洁生产提供支持和服务,创造良好的外部环境。《中华人民共和国清洁生产促进法》对政府及有关部门责任的规定,是在总结当前国内外政府推行清洁生产方面的基本经验的基础上提出的,突出了政府的引导和服务功能。

第五节　清洁生产试点及示范工程

清洁生产示范试点工作对于推动清洁生产的广泛和深入开展具有十分重要的意义。通过清洁生产示范项目可以提高公众和各级领导,特别是组织负责人对清洁生产的认识,在实现组织经济效益提高的同时,为组织实现污染物达标排放做出积极贡献;而且还能为清洁生产在全国积累经验,逐步建立与社会主义市场经济体制相适应的政府推动清洁生产的管理体系、政策体系和运行机制。

一、示范工作应遵循的基本原则

① 坚持组织是实施清洁生产主体的原则,使组织通过实施清洁生产,在获得环境效益和经济效益的同时,逐步认识到实施清洁生产的重要性,使清洁生产成为组织的自觉行动。

② 坚持政府指导推动清洁生产的原则。

③ 坚持推行清洁生产与结构调整、组织技术进步、节约降耗、资源综合利用、加强组织管理相结合的原则,用系统工程的思想和方法,将污染预防贯穿于整个生产过程。

④ 坚持推行清洁生产与建立环境管理体系相结合的原则,为组织持续进行清洁生产提供组织和管理保障,树立组织良好社会形象。

⑤ 坚持"典型示范、注重实效、重点突破、整体推进"的工作原则。

二、清洁生产试点具体实施措施

为了推动试点工作的顺利开展,需要加强组织领导。试点城市要在政府领导下,建立经济贸易行政主管部门牵头组织协调下,环保部门和有关行业主管部门参加的清洁生产领导机构和强有力的办事机构;试点行业主管部门要组织专门力量,切实加强对清洁生产示范试点工作的组织领导,并充分发挥行业协会等中介组织和清洁生产中心的作用,抓好示范试点工作。试点行业还应制定重点行业清洁生产指南、清洁生产技术导向目录的计划。

同时在调查研究的基础上,各试点城市和行业主管部门要制定符合本地区、本行业实际情况的推行清洁生产的实施方案。实施方案的主要内容包括本地区、本行业污染状况分析,实施清洁生产的指导思想、目标任务、重点内容、主要措施和实施方案的进度安排等,并提供优先实施的清洁生产重点技术进步项目规划和清洁生产型示范组织名单。

实施清洁生产试点是一项系统工程,在制定实施方案的基础上,要统筹安排、突出重点、注重实效、分步实施、整体推进。认真分析实施清洁生产过程中存在的问题,研究提出鼓励推行清洁生产各项经济政策,引导组织积极实施清洁生产,使清洁生产逐步纳入法制化管理的轨道。为了工作的顺利进行,要通过加大宣传力度,搞好人员培训,提高各级领导和公众对清洁生产的认识,形成有利于推行清洁生产的良好社会氛围,增强实施清洁生产的自觉性和主动性。

三、实施情况

自 1993 年以来,在环保部门、经济综合部门以及工业行业管理部门的推进下,全国共有 24 个省、自治区、直辖市已经开展或正在启动清洁生产示范项目,涉及的行业包括化学、轻工、建材、冶金、石化、电力、飞机制造、医药、采矿、电子、烟草、机械、纺织印染以及交通等行业,取得了良好的效果。

但从总体上看,推行清洁生产工作进展还比较缓慢。为下一步推动全国清洁生产工作的开展,要进行三个层次的示范工作。一是继续推进 10 个城市(北京、上海、天津、重庆、沈阳、太原、济南、昆明、兰州和阜阳)、5 个行业(石化、冶金、化工、轻工、船舶)清洁生产试点工作。探索符合市场经济要求的新机制、新方法,在试点的基础上全面推行清洁生产;二是抓好重点流域清洁生产示范试点。遵照温家宝总理关于将太湖流域建成全国清洁生产基地的要求,重点推进太湖流域清洁生产促进工作,使其成为流域污染防治的典范;三是组织开展清洁生产示范试点。拟在重点行业选择一批企业,通过开展清洁生产审核,实施清洁生产方案,使示范试点企业经过几年努力,资源利用效率达到同行业先进水平,污染物达到或接近零排放。

第六节　清洁生产的宣传、教育措施

清洁生产是一个双目标优化系统,它追求的是经济与环境的整体最优,是我国工业可持续发展的必由之路,是实现经济与环境协调发展、转变我国经济增长方式的必然选择,因此只有企业、部门和公众充分认识到清洁生产的重大意义和带来的综合效益,并了解清洁生产的原理、技术和方法,才能自觉地实施清洁生产。

现阶段,由于对清洁生产的认识不足,使得清洁生产推行起来遇到很多困难。对企业而言,片面追求经济效益,认为实行清洁生产会对企业正常生产造成不利的影响,因而对推行清洁生产产生抵触情绪;对政府而言,认为清洁生产是环保部门的事,没有引起足够的重视,采取必要的措施加以推行;对公众而言,没有形成良好的消费习惯和起到必要的社会监督与舆论压力的作用。因此,要加大力度,全社会进行清洁生产的宣传教育。

一、宣传

利用大众传媒手段,宣传和普及清洁生产知识与环境资源法律知识,提高公众的清洁生产意识,使公众了解环境的可持续性是经济社会持续发展的基础,创造一个清洁的环境是每个公民应尽的责任,从而获得公众对清洁生产的支持,也对企业产生一种社会舆论压力。

为配合全社会的宣传活动,环保部门与政府应建立清洁产品或实施清洁生产企业公告制度,定期公布清洁产品目录引导公众优先购买清洁产品,促进清洁产品销售,提高企业实施清洁生产的积极性。对于污染严重的企业也要定期公布其环境状况,通过增加社会舆论压力,迫使企业改变现有生产工艺与设备,实行清洁生产技术。同时,对于在推行清洁生产过程中做出突出贡献的企业与个人,给予物质与精神奖励。

二、培训

清洁生产将思想性、知识性和技术性融为一体,因此开展清洁生产技术培训活动,对更加深入持续地推动清洁生产是非常必要的。政府经济与环境主管部门对政府官员、企业管理者、技术人员、研究人员以及非政府组织必须进行清洁生产培训,以改变对清洁生产的认识和态度。首先要对政府有关领导与企业管理者进行培训。推行清洁生产需要他们的大力支持配合,离开政府与企业决策者的支持,清洁生产将无法推行。通过培训,使他们意识到清洁生产的必要性与重要性,并积极自愿地投入到清洁生产工作中,使得清洁生产顺利快速地在全社会推行。另外,清洁生产技术同污染控制技术是不同的,运用清洁生产思想进行技术改进的技能与现有技术的管理技能也不相同,因此那些已经受到科学和工程培训的人员不一定就掌握了清洁生产技术,所以需要对他们进行必要的培训。此外,还需要对生产具体操作者——工人进行必要的培训,加深他们对清洁生产的理解,有助于清洁生产各项具体措施顺利执行[10]。

为增强经济行业和区域发展决策者的清洁生产意识,培训和研讨的主要内容应定为:环境与经济发展的关系;可持续发展理论;把环境保护贯穿于经济行业和区域发展政府的制定过程中;清洁生产的益处;清洁生产与国家宏观经济发展政策和战略的关系。

为增强各级环保部门管理者的清洁生产意识,培训和研讨的主要内容应定为:在企业层次如何达到环保法规的要求;清洁生产对企业带来的益处。

为增强财政和金融管理人员的清洁生产意识,培训和研讨的主要内容应定为:把环境保护纳入到财政和金融的政策中;清洁生产者的好处——良好的投资选择;调整常规收费政策,以便为实施清洁生产施加经济动力并提供经费支持。

培训更多合格的清洁生产审核员。考虑到我国幅员辽阔,企业数量多,应该培训更多合格的清洁生产审核员并且应使用培训教员的方法,首先严格高强度地培训几十位教员,然后这些教员再培训其他受训人员。应制定一个针对省会城市、经济特区、沿海开放城市和重点旅游地区的清洁生产审核员的培训计划,地方环保部门可根据需要制定清洁生产审核员培训计划。由于不同的行业所使用的生产技术和工艺是不同的,所以清洁生产培训应结合实例,并充分考虑各行业的特点,根据我国实际需要,编制更多的清洁生产培训材料,以使这些审核员可以根据各工业行业的特点接受培训。

三、教育

逐步将清洁生产纳入各级教育。首先,可将清洁生产纳入大学企业管理与工程课程中。通常要花很长时间才能说服企业管理者与技术人员改变原有的想法,采用清洁生产的思想进行工作。经验表明,学校教育比各种再教育培训影响大得多。其次,在大学无论是否为工程类专业,都应将清洁生产的概念和理论纳入课程安排。在此基础上清洁生产教育应从幼儿园至大学,以及在职人员的继续教育中进行。这种教育课程的设置必须通过教育、工业、环保以及清洁生产机构的合作才能取得良好效果。

第七节 清洁生产的技术支持

开展清洁生产最普遍的一个障碍就是缺乏来自清洁生产技术方面的支持,这在一些中小型的企业尤为突出。政府应举办有经济(工业)、宣传、教育、法律和环境领域的专家学者、政府官员参加的各种研讨班,学习先进经验,并通过接触了解、交流讨论,传授知识,为在本地区推进清洁生产创造条件。

发展清洁生产技术是促进清洁生产、特别是解决深层次清洁生产问题的重要保障。为此,必须重视加强清洁生产技术的研究与开发,依靠科技进步推动清洁生产的不断深入发展。

各级环境保护部门要积极配合各级科技部门和工业行业部门,在开展清洁生产示范的基础上,筛选出一批迫切需要解决的节能、降耗、减污的清洁生产关键技术项目,列入政府和行业科研计划,组织力量进行科学研究和技术开发,并会同有关部门组织评价、筛选清洁生产最佳适用技术,制定重点行业清洁生产指南、清洁生产技术导向目录的计划,以便组织推广清洁生产技术。同时,在环境保护最实用技术中增加清洁生产技术,改变目前纯粹筛选末端治理技术的传统做法。

对于清洁生产技术的科研开发,首先要将企业的技术改造作为主战场。我国整体工业技术水平还不高,经济实力还不强,清洁生产技术研究开发重点要将传统产业的技术改造和工业企业发展中的重点、难点问题作为解决清洁生产技术的关键,为工业企业技改提供有效的清洁生产技术支持。筛选一批适合国情、比较成熟适用、基础较好的清洁生产技术,采取有力的措施,联合进行清洁生产技术的攻关研究,促进企业的产品、技术的升级换代,提高生产质量和效益。另外,为保持清洁生产的持续开展,清洁生产技术的研究开发需要超前,着眼未来,针对我国工业发展的重大问题,提供清洁生产技术支持,为清洁生产进行科学技术储备。而且随着社会主义市场经济体制的不断完善,对清洁生产技术开发的投资应从国家投资逐步转向工业行业和企业自身投资。

第八节　清洁生产的信息交流与信息系统

清洁生产的开展需要技术、资金等方面的支持,它不可能孤立地进行,它离不开有效的信息交流。这种信息交流是全方位的,包括企业之间、区域内部乃至国际上的信息交流。从另一方面来看,这种信息交流也需要高水平的信息媒体,尤其是信息系统的建设,如现代的互联网技术使信息交流变得更加方便和快捷。

一、清洁生产中心建设

清洁生产中心在清洁生产交流方面越来越发挥着重要作用。我国现有的清洁生产中心在提高清洁生产认识培训试点和示范方面起了很好作用,但这些清洁生产中心在辅助各级环保部门制定清洁生产政策方面,进行清洁生产审核、清洁生产信息和技术服务方面的能力建设尚需大力加强。

因清洁生产审核更多的是与生产工艺相关的,各清洁生产中心都有需要更多的技术与工艺工程师和设计人员,这些工艺工程师和设计人员应该经过清洁生产审核方面的培训。考虑到地域和行业差异,我国需要更多的地区性和行业性的清洁生产中心。

通常在各级环保部门领导下的地区性清洁生产中心应该把重点放在宣传教育,培训和政策支持方面,而各行业的清洁生产中心应该更多地从事本行业的清洁生产技术的推广。各行业主管部门可以把行业清洁生产中心建立在那些以生产技术和工艺为主的研究院、设计院之中,然后对它的工作人员进行清洁生产方面的培训。各地区和各行业清洁生产中心应该与其他研究所、设计院和大学合作,为企业提供全面的清洁生产方面的技术和信息服务。这种清洁生产的技术和信息服务网络应该覆盖各行业和各地区,并且应充分考虑中小企业的特殊需求。

二、清洁生产信息网络建设

为了更好地为推行清洁生产提供信息服务,所有的清洁生产中心、推行清洁生产的组织以及与清洁生产相关的信息服务机构应该组成清洁生产网络,以交流清洁生产信息,共享推广清洁生产方面的经验。此外,随着市场经济的完善与发展,应建立清洁生产的技术信息市场,由市场中介机构向企业提供清洁生产技术信息服务,在市场互利的基础上,由拥有清洁生产技术信息的市场主体推动清洁生产技术信息的传播和扩散。而且这些清洁生产中心还应该加入国际清洁生产网络,参与国际的清洁生产技术交流活动。

三、实施情况

(1) 国家清洁生产中心

1994 年 12 月,国家环保局在联合国工业发展组织和联合国环境署国家清洁生产中心计划的支持和资助下,在中国环境科学研究院内设立中国国家清洁生产中心。中国国家清洁生产中心在清华大学内设立了中国国家清洁生产中心教育与培训分中心。国家清洁生产中心是国家环保总局在清洁生产领域的技术支持单位,为地方环保部门的清洁生产活动提供技术指导,经常举办各种清洁生产培训班。

(2) 地方和行业清洁生产中心

到 1997 年底,上海、天津、陕西、内蒙古、江西、山东、辽宁以及长沙、呼和浩特等地建立了省市清洁生产中心;化工、钢铁、航空船舶等行业建立了行业清洁生产中心。此外,一些地方环保部门设立了推广清洁生产办公室或领导小组。

(3) 国家清洁生产网络

在 1996 年底国家清洁生产网络成立,其成员包括地方和行业清洁生产中心、地方环保部门的清洁生产领导小组推行清洁生产的企业等。国家清洁生产网络秘书处设在国家清洁生产中心,负责直辖市网络的活动,该网络的目的是交流推广和实施清洁生产的信息和经验。到 1998 年 6 月,网络成员单位已达到 80 多家。网络每年组织一次年会,交流推广清洁生产的成功经验和教训。

第九节　清洁生产的国际合作

借鉴国际,特别是发达国家在推进清洁生产、污染预防等方面的有效经验,对于推动我国清洁生产是很有必要的。我们要抓住国际上倡导推行清洁生产的有利时机,学习吸收国际推行清洁生产的经验,加强国际合作与交流,争取更多国际支持,加快我国推行清洁生产的步伐,提高实行清洁生产的水平。

　　积极引进国外先进技术,博采众长,为我所用,加快我国清洁生产技术升级,促进清洁生产的发展。在经济综合部门和工业部门的协调配合下,把引进国外先进清洁生产技术与国内自主研究开发工作统筹规划、有机结合,注重引进关键技术、借鉴相关的新原理、新方法以及先进技术开发、管理的经验。通过技术引进过程,不断提高我国清洁生产技术水平。

　　通过国际合作争取更多的外部援助。清洁生产的外部援助可以采取资金支持、教育与培训、信息交流、技术转让以及硬件援助等形式,把引进国外先进经验与技术同自身能力建设结合起来。

　　多年来,我国有关部门、机构、企业通过多种方式和多种渠道,积极与国际机构、外国政府和产业界开展卓有成效的合作。主要的国际合作项目有:中国－加拿大清洁生产合作项目、世界银行支持的清洁生产项目(B－4 子项目)、世界银行的JGF 项目"中国产值工业废物最少化管理"。我国有关部门、机构、企业通过多种方式和多种渠道,积极与国际机构、外国政府和产业界开展卓有成效的合作。清洁生产合作第二期项目:中国－荷兰清洁生产合作项目、联合国环境规划署(UNEP)的工业环境管理(NIEM)项目、中国－美国清洁生产合作项目等。

第八章　清洁生产审核范例

第一节　啤酒行业清洁生产审核范例

一、企业概况

某啤酒生产企业,占地面积 3.6 万 m^2,总资产 2 925 万元,净资产 1 860 万元。现有啤酒生产能力为 3 万 t/a,计划近期实现年产啤酒 10 万 t 的生产能力。

该公司下设 10 个生产与职能部门,现有员工 200 余人,其中管理人员 16 人,占总数的 8%;各类专业技术人员 66 人,占总人数的 33%。技术力量雄厚。企业主要生产车间为发酵车间和包装车间,辅助车间为动力车间。主要生产装置有糖化设备、发酵罐、瓶装生产线、冰机、空压机、锅炉等。

生产过程中产生的污染物主要有废水(生产废水和生活废水,总废水量为 1 263t/d)、废气(二氧化硫和烟尘,废气排放量为 872 万 m^3/a)、灰渣。

公司成立了环保委员会,下设环保科和环境监测站,建立健全了一系列环境管理制度,配齐了常规环保监测仪器,配备了专职环保管理员和监测员,不断加强对重点污染源的监控,防止污染事故的发生。

二、筹划与组织

1. 获得企业高层领导的支持和参与

聘请清洁生产审核专家对公司有关人员进行清洁生产审核培训,总经理、副总经理、财务部长等均参加了培训。由总经理、副总经理全面负责,各车间和有关科室领导各负其责,公司全体干部、职工全面参与。

2. 组建企业清洁生产审核小组

成立了以总经理为组长,副总经理为副组长的清洁生产审核领导小组,以此为核心全面开展公司清洁生产的审核工作。组员包括技术科长、经理助理、财务科长、环安科长、市场质检部长、包装主任、酿造主任、动力主任、瓶场主任、销售经理10 人,另有一名审核专家和一名啤酒行业专家。

3. 制定审核工作计划

在专家小组的具体指导下,公司清洁生产审核小组按手册要求编制了详细的审核计划,分为筹划与组织、预评估、评估、方案的产生与筛选、可行性分析、方案实施 6 个步骤进行。

4. 宣传和教育

由办公室及环安科负责清洁生产的宣传动员工作,利用宣传栏、标语、专题会议等多种形式进行宣传。在专家的指导下召开了多次清洁生产专题会,并对公司员工进行了清洁生产知识培训。

三、预评估

1. 现状调研考察

针对公司各生产车间的排污现状,审核小组人员进行详细的现场考察和原因分析,发现该公司的废物包括废水、废渣、废气等,主要来源于发酵车间、包装车间和动力车间。

2. 确定审核重点

采用清洁生产权重总和法,确定了本次的审核重点为啤酒生产线,即发酵车间和包装车间,权重考虑了废物产生量、主要消耗、清洁生产潜力、环保费用等方面。

3. 设置预防污染目标

审核小组考虑到发酵车间和包装车间各种污染物的排放情况及危害程度,结合环境治理要求,提出预防污染目标,见表8.1。

表8.1　清洁生产目标一览表

序号	项目	单位	现状	近期目标		中期目标	
				绝对量	相对量%	绝对量	相对量%
1	吨酒耗水量	t/t 酒	14.0	12.6	10.0	11.8	15.7
2	耗电量	kWh/t 酒	81.82	81	1.0	80	2.2
3	耗标煤	kg/t 酒	141.9	132	7.0	120	15.4
4	综合能耗	kg/t 酒	177.9	152	14.6	140	21.3
5	废水排放量	t/t 酒	12.3	10.5	14.6	9.9	19.5
6	COD 排放量	t/t 酒	12.9	11.0	14.6	10.4	19.5
7	BOD 排放量	t/t 酒	4.2	3.6	14.6	3.4	19.4
8	吨酒耗粮	kg/t 折标酒	184.2	180.6	2.0	176.6	4.1
9	啤酒损失率	%	14.8	12.5	15.5	10	32.4

4. 提出和实施无/低费方案

(1) 严格控制入厂原辅材料的质量

(2) 加强职工培训,严格工艺操作

(3) 加强设备维护管理,杜绝跑冒滴漏

(4) 加强技术改造,提高能源、资源的综合利用率

（5）加强生产过程现场管理,减少废物的排放量

四、评估

1．审核重点简述

通过预评估确定啤酒生产线为本次审核的重点,审核小组对啤酒生产的两个车间进行了细致的考察,进一步收集了平面布置图、组织机构图、工艺流程图、物料平衡资料、水平衡资料、生产管理资料等。

2．单元操作表及各单元操作工艺流程图

根据目前生产情况,审核小组将啤酒生产流程分解成以下的单元操作,其单元操作及各单元操作的功能如表8.2所示。

表8.2 主要单元操作功能说明表

单元操作名称	功　能
粉　碎	将原辅料粉碎成粉、粒,以利于糖化工艺操作
糊　化	大米淀粉粒经糊化、液化,被淀粉酶作用,形成糖类、糊精
糖　化	利用麦芽所含酶,将原料中高分子物质分解制成麦芽汁
麦汁过滤	将糖化醪中的麦汁与麦槽分开,得到澄清麦芽汁
麦汁煮沸	灭菌、灭酶、析出可凝固性蛋白质,蒸出多余水分,达到要求浓度
旋流澄清	麦汁静置,分离出热凝固物、酒花渣等
冷　却	析出冷凝固物,麦汁吸氧,降到发酵所需温度
麦汁发酵	添加酵母,把麦芽汁酿制成啤酒
过　滤	去除残存酵母及杂质,得到澄清酒液
灌　酒	把酒液装入瓶内并达一定体积,压盖

3．物料实测

审核小组充分利用该厂现有检测仪表和仪器设备,在正常生产的条件下,根据工艺特点及物料流向,在现场审核期间进一步实测了各生产车间的各操作单元的输入、输出物料流,汇总成物料实测数据表。其现场实测布点位置见表8.3。

表8.3 物料实测布点表

序号	布点位置	监测项目	监测方法	监测频次
1	麦芽	质量	称量	3
2	提升	风量	计算	1
		粉尘杂质	称量	1
		旋风后废气中粉尘量	监测站监测	1

续表

序号	布点位置	监测项目	监测方法	监测频次
3	筛分除杂	杂质	称量	3
4	粉碎	粉尘	称量	3
5	糖化	甲醛	称量	1
		乳酸	称量	1
		糖化酶	称量	1
		石膏	称量	1
		水量	称量	3
		糊化醪量	称量	3
		流出料量	称量	3
6	水处理	加酸量	称量	3
		水量	容量法	3
		冷却水量	差减法	
1′	大米	质量	称量	3
2′	提升	风量	计算	1
		粉尘杂质	称量	1
		旋风后废气中粉尘量	监测站	1
3′	筛分除杂	杂质	称量	3
4′	粉碎	粉尘	称量	1
5′	糊化	淀粉酶	称量	1
		石膏	称量	1
		水量	容量法量	3
		排废量	称量	1
7	过滤	进料量	称量法	3
		热水量	容量法	3
		废气量	差减法	3
		麦糟量	容量法	1
		麦糟含水量	容量法	1
		过滤后的出料量	容量法	1

续表

序号	布点位置	监测项目	监测方法	监测频次
8	煮沸	乳酸	称量法	1
		卡拉胶	称量	1
		酒花	称量	1
		蒸汽	流量法	3
		酒花渣	称量	1
		蛋白絮凝物	称量	
9	沉淀	进料量	称量	3
		废气量	容量	3
		酒花渣	称量	3
		热凝固物	称量	
10	冷却	无菌空气	气量法	3
		冰水	容量法	3
		冷却出酒量	称量法	3
11	发酵	井水量	流量法	1
		废水量	容量法	1
		火碱用水量	容量法	1
		火碱量	称量	1
		蒸汽量	流量法	1
		碱水量(比重容量)	容量法	1
		井水量	流量法	1
		废水量	容量法	1
		甲醛	称量法	1
		火碱排放量	容量法	1
		无菌冲洗用水量	容量法	1
		废水量	容量法	1
		排杂量	容量法	1
		进酵母量	容量法	1
		出酵母量	容量法	1
		进发酵罐量	容量法	3
		出发酵罐量	容量法	3

序号	布点位置	监测项目	监测方法	监测频次
12	过滤	氧化酶	称量	1
		硅藻土	称量	1
		硅藻土滤饼(水固)	称量	3
		回收酒量	容量法	3
		过滤出酒量	容量法	3
13	清酒	空气	流量法	1
		出酒量	容量法	3
14	灌酒	瓶盖	称量法	3
		漏酒量	容量法	1
		灌装进酒量	容量法	3
		灌装出酒量	容量法	3
		瓶量	称量法	3
15	预热	水量	容量法	3
		废水量	容量法	1
16	升温	水量	容量法	1
		废水量	容量法	1
17	杀菌	水量	容量法	1
		废酒	称量法	3
		碎瓶	称量法	3
		废盖	称量法	3
18	预冷	水量	容量法	1
		杀菌机用蒸汽量	流量法	1
19	冷却	水量	容量法	1
		蒸汽	流量法	1
		废水量	容量法	1
20	验酒	不合格酒	称量法	3
		进酒量	称量法	3
		出酒量	称量法	3
21	贴标	商标	称量法	3
		标胶	称量法	3
22	装箱	包装料	称量法	3
		成品酒量	称量法	3

序号	布点位置	监测项目	监测方法	监测频次
23	选瓶	投瓶量	计算	3
24	预浸	不合格瓶量	计算	3
		进瓶量	计算	3
		水量	容量法	1
25	碱液喷冲	氢氧化钠	称量	1
		水	容量法	1
26	除标	除标废物量	称量法	3
		含水量及 COD	计算	1
27	二次预浸	用水量	容量法	1
28	温水喷冲	洗瓶机用蒸汽量	流量法	
		用水量	容量法	1
29	冷水喷冲	水量	容量法	1
		废水量	容量法	1
30	无菌水喷冲	水量	容量法	1
		废水量	容量法	1
		COD		
31	出瓶	不合格瓶量	称量法	3
		破损量	称量法	3
		瓶质量	称量法	3
32	入库	入库量	称量法	3

4. 物料平衡、水平衡

根据各单元操作输入与输出物料的测定结果,绘制出全厂物料流程平衡图。根据对公司各装置用水、排水量的测定,绘制出全厂水平衡图。

(1)阐述物料平衡结果

本次审核的重点是通过物料衡算,找出提高产率、降低水耗和能耗、提高和改进产品质量、减少废物排放等系列改进方案。

(2)阐述水平衡结果

目前每生产 1t 啤酒进入产品的水量为 900kg,吨酒耗水 14.2t,居本行业中下游水平。由水平衡的测定结果可以看出,新鲜水、冷却水的浪费现象较严重,废水中物料流失现象明显,清洁生产潜力较大。

（3）评估

① 原辅材料投入的评估。该公司的原辅材料合格率为90％,质量略低于标准要求。虽然经纯化处理,原料得率在99％以上,但在国内仍居于中下游水平。

生产中使用饱和蒸汽及电力作为能源供应,吨酒耗粮183kg(以标准浓度12度计),吨酒耗电112.6kWh,与国内先进水平相比仍有一定差距,均为啤酒行业三级技术要求。

② 对生产工艺及过程操作的评估。该生产工艺按国内较为成熟的工艺设计,与国内同行业水平相比居于中等偏上水平,与国际先进水平相比有一定的差距。各装置的重要工艺参数有待于进一步优化。同时,过程操作中存在一些问题。

③ 对设备运行维护保养的评估。该公司主要设备完好率92％,主要设备可利用率95％,主要生产设备故障停机率0.4％,维修费用率2.1％。低于国内外先进企业相应的水平。

④ 对废物评估。目前该厂吨酒废水排放量、COD排放量、BOD排放量均较高,各车间生产噪音污染较严重。而废气、固废产生量比较少,且综合利用程度较高,故对环境造成的危害不大。

⑤ 产品质量的评估。该公司产品质量执行并达到国家标准（GB4927－1991）要求,出厂产品合格率为100％。但生产过程中由于管理、技术等原因经常导致不合格品的重新加工处理,而且本公司现有产品主要为中低档产品,产品附加值较低,导致企业生产效益不高。

5. 实施可行的无/低费方案

（1）严格控制入厂原辅材料质量

（2）加强生产过程中的设备管理,建立健全相应的规章制度

（3）配套各单元计量仪表,实行装置能耗定额管理

（4）强化班组管理,建立和完善奖惩制度

（5）积极探讨改进工艺,不断优化操作参数

6. 废物产生的原因分析

通过实测和评估可以看出,影响废物产生的主要因素包括原辅材料和能源、技术工艺、设备、过程控制、产品、管理、员工等,其中原辅材料水分高、质量差,设备维护管理差,生产过程控制管理不严等是影响废物产生的主要因素。另外,职工的节水、节气等清洁生产意识不强,浪费现象严重。

五、方案的产生与筛选

1. 备选方案的汇总

通过组织和发动全厂干部职工的积极参与,企业清洁生产审核小组同专家组

一起从管理、技术、工艺流程、设备维护与检修、水、电、气利用等方面进行了攻关，提出了 130 多个方案，经专家小组与厂内清洁生产审核小组的初步筛选，共归纳整理出 41 个备选方案，见表 8.4。

表 8.4 该公司清洁生产方案清单

类型	编号	方案名称	方案简介	预计投资	预计效果	
					环境效益	经济效益
原辅材料管理	F1	调整仓库布置	对公司三处原材料仓库做布局调整，使其趋向合理，加强出入库管理	——	——	通过调整仓库布局，节省了仓库空间，提高了利用率
	F2	减少原料包装袋滞留麦芽量	强化职工责任感，对原料包装袋进行重复检查			年节约资金6 188元
	F3	严格控制麦芽含水量	严把麦芽入库关，实行不同含水量不同价格，加强入库后的管理	2 300 元	年减排废水40.3m³	年节约资金11.52万元
	F4	加强市场废旧瓶的收购管理	加强市场废旧瓶的质量价格管理	——	——	年增效益 39.84元
	F5	新建酵母培养系统	选用纯培养菌种，减少传种接代次数，采用高活性酵母	82 万元		吨啤酒增收30.88元，年增经济效益92.64万元
工艺技术过程优化及改进	F6	回收利用麦汁煮沸蒸汽	排气管边安装一旁路系统，回收热水用于投料或取暖	8 万元	年减排二氧化硫 255.45 万m³	年节煤 85.43t，年增经济效益2.82万元
	F7	合理改进麦汁冷却输送系统	将薄板换热器移至二楼，减少麦汁浪费，方便操作	2 270 元	年减排 COD 9.45t	年节约麦汁105.6t，年节约资金3.90万元
	F8	发酵罐甲醛杀菌剂改用消毒液	改用消毒液可降低成本且免去最后一遍冲洗水	——	年减排废水 3 000m³，COD 0.45t，BOD 0.18t	年节约资金 6.21万元
	F9	改进洗糟装置，减少废水排放量	过滤糟入水口处设一流量计，根据所测原浓确定加水量	200 元	年减排废水 2 400m³，COD360kg，BOD144kg	年节约资金3 312元
	F10	改变漂白粉地面杀菌方式，减少漂白粉用量	变漂白粉扬洒为水溶液喷洒	500 元	年减排废水215m³，COD32.25t，BOD12.9t	年节约漂白粉 5 479.9kg，节约资金9 315.9元

续表

类型	编号	方案名称	方案简介	预计投资	预计效果	
					环境效益	经济效益
工艺技术过程优化及改进	F11	热水箱保温处理	用玻璃丝布、岩棉对热水箱保温,减少能耗	780.8元	年减排 SO_2 66.03kg,烟尘 107.1kg	年节煤 12.84t,节约资金 2 953.2元
	F12	增设火碱回收装置	蒸煮使用的火碱水回收,澄清后备用	1.00万元	年减排废水 870m³	年增经济效益 1.65万元
	F13	减少副品酒的整改方案	加强装卸管理,减少瓶口裂缝,合理改进洗瓶剂配方,避免污瓶造成污酒	——	年减排废水 766.25m³,COD114.94kg,烟尘 2.18万 m³	年节约资金 4.03万元
	F14	提高洗瓶效果和商标除净率	科学配制火碱溶液浓度	——	年减排废水 882m³	年节约资金 5.88万元
	F15	各单元增设计量仪表,实现各单元能耗定量管理	各单元设置水表、电表、蒸汽流量表	2.53万元	减少废水、废气排放量	降低生产成本,提高产品质量
	F16	降低制冷机润滑油耗量	购置合格的刮油环,定时对制冷机检修	50元	年减排废油 210kg	年节约资金 4 136.4元
	F17	减少沉淀槽酒花槽麦汁流失	安装过滤机,回收麦汁	3万元	年减排 COD108.5kg	节约资金 27.77万元
	F18	准确控制麦汁浓度,提高生产效率	把麦汁浓度控制在较低指标线	——		年节约资金 1.27万元
	F19	严格控制瓶装啤酒容量	更换密封垫,达到国家规定容量标准	——		年节约资金 3.28万元
设备维护与保养	F20	执行设备维修保养制度,降低设备故障率	研制一套完整的维护保养制度,使设备责任到人,提高业务水平和素质,提高设备完好率	——	减少设备泄露造成的污染	设备维修由事故维修转向预防维护,提高设备完好率,延长运行周期,降低消耗
	F21	完善设备及管道保温	对设备进行维修和保温处理	1 107.35元	年减排 SO_2 73万 m³,烟尘 204.2kg	年节约资金 6 971.05元
	F22	加强设备防腐	改进防腐措施,加强设备防腐处理,使设备无锈蚀率达 100%	1 881.76元	——	年节省资金 4 499.89元
	F23	旋流沉淀槽进口主阀门改造	将进口阀门移至弯头以上	——	年减排 COD 0.3t	年节约麦汁 2 400 kg,节约资金 859.15元
	F24	空气过滤器与麦汁主管道的改造	空气过滤器与麦汁主管道的连接改为活节式以便于拆洗,避免微生物在此生长繁殖影响产品质量	50元		提高产品质量,增加效益

续表

类型	编号	方案名称	方案简介	预计投资	预计效果 环境效益	预计效果 经济效益
产品质量改进	F25	改进水处理方式	改低蓄水池出水口,增设离子交换器,调整水的碱度	18万元	——	提高产品质量,增加效益
产品质量改进	F26	改进产品质量	改进不合理工艺,改善工艺控制指标,提高产品质量		年减排 COD 1 267.2kg	年增效益1.78万元
产品质量改进	F27	减少空气等对啤酒质量的影响	增设制氮机,严格控制管路杀菌	33万元		年增效益46.32万元
废物处理与综合利用	F28	水循环再利用	回收制冷机、空压机冷却水、蒸汽冷凝水,再利用	5.7万元	年减排废水13.25万m³	年节约资金18.29万元
废物处理与综合利用	F29	及时处理废旧物品	对现存废旧物品及时处理			年增资金8 548元
废物处理与综合利用	F30	回收利用洗瓶废水	建一个300m³的蓄水池,把洗瓶废水回收用于洗瓶、清洗车或冲刷地面	3万元	年减排废水5.42万m³,COD2 528.8kg	年增效益7.47万元
废物处理与综合利用	F31	CO₂的回收利用	增设 CO_2 回收设备,减少 CO_2 排放量,也可经提纯后加压备用	110万元	年减排 $CO_2$594t	年增效益763.45万元
废物处理与综合利用	F32	包装物的回收利用	联系好固定回收商,定期把编织袋、麻袋等包装物回收			年增效益6.10万元
废物处理与综合利用	F33	回收过滤酒尾	在过滤机前设一台酒尾除酵母设备,回收酒液	8.5万元	年减排 COD 2.70万 kg	年增效益11.07万元
废物处理与综合利用	F34	垃圾、玻璃分类处理	将垃圾中可资源化的废物分类处理,资源化利用			年增效益8.88万元
废物处理与综合利用	F35	原料粉尘的集中回收利用	在旋风分离器上安装布袋,以收集粉尘再利用	20元	年减排粉尘5 400kg	年节约资金1.17万元
废物处理与综合利用	F36	污水处理厂综合改造	对现有污水厂进行综合改造,提高处理能力,保证出水达标	502万元	年减排废水37.89万t,COD56.8t	年增效益64.49万元
管理员工与安全	F37	加强管理,完善奖惩制度	加强对职工的危机教育,实施管理和奖惩的督查制度			增强企业凝聚力,提高效益
管理员工与安全	F38	合理安排生产计划	准确掌握市场信息,在淡季尽量集中投料、包装,以降低能耗			有明显的经济效益
管理员工与安全	F39	提高人员素质,扩大啤酒销售市场	提高职工素质,改善设备性能,提高啤酒质量,加强业务人员学习,采取灵活措施促进销售			有明显的经济效益
管理员工与安全	F40	制定并实施安全生产制度	制定切实可行的安全生产制度,加强职工安全教育,对危险岗位要预防为主,做好保护工作		减少事故导致的污染危害	减少事故损失
管理员工与安全	F41	加强职工培训	制定好培训计划,利用淡季空闲对职工进行教育和培训,提高员工技能			提高生产效率和产品质量

2. 备选方案的筛选

(1) 备选方案的初步筛选

从备选方案的汇总表可以看出,19 个方案是无费方案,17 个方案属于低费方案,2 个方案属于中费方案。经审核小组评估,这些方案均为明显的可行性方案,应尽快着手实施。有 3 个方案属于高费方案,虽是可行性方案,但因投资较大,应进行进一步的可行性研究。

(2) 备选方案的筛选

经过对备选方案的初步评估和筛选,选择了 3 个高费方案进行进一步的可行性研究,利用权重总和计分法进行排序,结果如表 8.5 所示。

表 8.5 方案权重总和计分排序表

权重因素	权重值 W(1~10)	方案得分 R(1~10)		
		F5	F31	F36
环境效果	10	7	8	10
经济可行性	8	9	6	5
技术可行性	7	8	8	10
可实施性	6	6	7	7
总分值(WXR)		234	226	252
排序		2	3	1

(3) 汇总方案筛选结果

根据方案的初步筛选情况,将 41 个备选方案分成 4 类,如表 8.6 所示。

表 8.6 方案筛选结果汇总表

方案情况	方案编号	方案名称
可行性无费方案	F1	调整仓库布置
	F2	减少原料包装袋滞留麦芽量
	F4	加强市场废旧瓶的收购管理
	F8	发酵罐甲醛杀菌剂改用消毒液
	F13	减少副品酒的整改方案
	F14	提高洗瓶效果和商标除净率
	F18	准确控制麦汁浓度,提高生产效率
	F19	严格控制瓶装啤酒容量
	F20	执行设备维修保养制度,降低设备故障率
	F23	旋流沉淀槽进口主阀门改造

方案情况	方案编号	方案名称
可行性无费方案	F26	改进产品质量
	F29	及时处理废旧物品
	F32	包装物的回收利用
	F34	垃圾、玻璃分类处理
	F37	加强管理,完善奖惩制度
	F38	合理安排生产计划
	F39	提高人员素质,扩大啤酒销售市场
	F40	制定并实施安全生产制度
	F41	加强职工培训
可行性低费方案	F3	严格控制麦芽含水量
	F6	回收利用麦汁煮沸蒸汽
	F7	合理改进麦汁冷却输送系统
	F9	改进洗糟装置,减少废水排放量
	F10	改变漂白粉地面杀菌方式,减少漂白粉用量
	F11	热水箱保温处理
	F12	增设火碱回收装置
	F15	各单元增设计量仪表,实现各单元能耗定量管理
	F16	降低制冷机润滑油耗量
	F17	减少沉淀槽酒花槽麦汁流失
	F21	完善设备及管道保温
	F22	加强设备防腐
	F24	空气过滤器与麦汁主管道的改造
	F28	水循环再利用
	F30	回收利用洗瓶废水
	F33	回收过滤酒尾
	F35	原料粉尘的集中回收利用
可行性中费方案	F25	改进水处理方式
	F27	减少空气等对啤酒质量的影响
可行性高费方案	F5	新建酵母培养系统
	F31	CO_2 的回收利用
	F36	污水处理厂综合改造

（4）备选方案实施效果核算

① 已实施的无/低费方案。已实施的无费方案：本次清洁生产审核期间，已实施了 19 个无费方案，其经济效益和环境效益如表 8.4。

已实施的低费方案：本次清洁生产审核期间实施了 10 个低费方案。减少了事故停车，每年削减废水 133 525m³，削减废水中 COD 负荷 33.61t，减少废气排放量 328m³，削减 SO_2 排放量 0.07t；提高了产品质量，年创效益 35.1 万元。

② 实施的低费方案。根据审核小组的工作安排，7 个低费方案正在实施或计划于近期实施。

③ 实施和即将实施的中费方案。根据审核小组的工作安排，2 个中费方案正在实施或计划于近期实施。

3．方案的研制

经过上述分析可知，酵母扩培技术改造项目、发酵车间 CO_2 回收、污水处理厂治理工程综合改造这 3 个方案需进行进一步的可行性分析。

六、可行性分析

1．酵母扩培技术改造项目

（1）技术评估

① 方案简述。采用罐法分两级进行培养，对各级酵母培养的温度、压力、充氧和麦汁添加量等均实行微机自动控制，并配有自动清洗系统，符合酵母纯种培养的要求。

② 技术评估。该方案实施后，酵母品质提高，死亡率在 1% 以下，产品质量明显提高，按每吨啤酒增收 30.88 元计，年可增加经济效益 92.64 万元。

（2）环境评估

该方案实施后可提高酵母活力，减少酵母死亡率，降低废酵母的排放量和排杂数量，有较好的社会效益和环境效益。

（3）经济评估

该方案的总投资费用为 82 万元，年运行费用节省金额 92.64 万元，年增加现金流量 64.77 万元，偿还期为 1.3 年，内部投资效益率为 78.01%。

2．发酵车间 CO_2 回收

（1）技术评估

① 方案简述。该方案是针对发酵车间缺少 CO_2 回收设备而提出的废物回收利用方案。CO_2 先经压缩机加压，送入水洗塔洗涤，经活性炭吸附除杂，进行二级压缩、冷却脱水、干燥去湿后，再经氨压缩机进一步压缩，冷却液化后贮存于耐压贮罐内。

② 技术评估。该方案技术成熟,CO_2 回收率在 99.9% 以上,市场销售前景广阔,年可回收 $CO_2$594t,创经济效益 74.25 万元,具有很好的社会效益和经济效益。

(2) 环境评估

该方案实施后,可回收发酵产生的大部分 CO_2,年减少排放 594t,减少环境空气污染危害,具有很好的环境效益。

(3) 经济评估

方案总投资费用为 110 万元,年运行费用总节省金额 63.45 万元,年增加现金流量 46.15 万元,偿还期 2.38 年,内部投资效益率 40.57%。

3. 污水处理厂治理工程综合改造

(1) 技术评估

① 方案简述。该治理工艺采用较成熟可靠的"厌氧(UASB)→好氧(接触氧化)→斜板沉淀"工艺技术,重点强化了 UASB 和接触氧化工艺,提高了设施的耐负荷冲击能力,从而保证了污水的生化处理效果。

② 技术评估。本方案设计在处理效果达到国家排放标准的同时,在能耗、物耗、定员、占地、投资及运行费用方面均加以优化。建成后不仅可以解决污水排放达标问题,还可为将来扩大生产提供废水处理能力的可靠保证,同时还可以实现废水回用,从而产生良好的经济效益和社会效益。

(2) 环境评估

该方案本身是一个环保项目,在设计上充分考虑了环境保护因素,尽可能压缩"三废"排放,装置生产过程中产生的废水和污泥均得到妥善处理,所以装置建成后对周围环境的保护将会有改善作用。

(3) 经济评估

方案总投资费用为 502 万元,年运行费用节省金额 64.49 万元,年增加现金流量 59.77 万元,偿还期 8.4 年,内部投资效益率 3.31%。

七、方案的实施

1. 组织方案的实施

污水处理厂综合改造方案的可行性研究及项目设计均委托专业公司承担,工艺技术属国内外成熟可靠工艺,属技术可行、环境效益明显的方案。

设备采购应严格执行设备进货验收程序。

该方案的土建工程量较大,质量要求较高,公司必须选用专业污水工程建筑公司进行施工建设。公司专门安排土建施工员、工艺技术员和安全员,进行现场检查和监督。

2. 评估和汇总已实施方案的成果

自开展清洁生产审核以来,及时地实施了绝大多数无/低费方案和部分经济效益较好的中费方案。实施的 19 个无费方案年减排废渣 2.4t,废水 4 847.2t,削减 COD 负荷 0.75t,年节省资金 94.9 万元;实施的 17 个低费方案年减排废水 3 525t,削减 COD 负荷 33.61t,削减二氧化硫排放量 0.07t,年创效益 35.1 万元。

3. 分析总结方案实施后对企业的影响

到清洁生产审核现场工作结束为止,共实施了 29 个明显可行性方案,正在实施部分中/高费方案,且已实施方案的技术指标均达到了原设计要求,取得了良好的环境效益和经济效益。

(1) 环境效益

年节约新鲜水 2.2×10^4t、蒸汽 1.8×10^3t、电 1.6×10^4 kWh;年减排废水 $2.2 \times 10^4 \mathrm{m}^3$、COD35t、废气 $79 \times 10^4 \mathrm{m}^3$、二氧化硫 0.68t。

(2) 经济效益

年增净收益为 432.9 万元。其中,年节约原材料费 51.98 万元,能源费 68.53 万元,水费 16.52 万元,污水处理费 9.71 万元,排污费 6 万元;实现税金 152.74 万元。

八、持续清洁生产

1. 建立和完善清洁生产组织

通过清洁生产审核,使全公司领导和员工对清洁生产的意义和方法有了更深刻的理解。公司决定成立清洁生产领导小组,经常性地对职工进行清洁生产教育和培训,选择和确立下一轮清洁生产审核重点,以便有计划的开展清洁生产活动。

2. 建立和完善清洁生产管理制度

公司将系列改进方案纳入了领导小组的管理范围,制定了管理标准、操作规程和技术规范,有效地防止了清洁生产流于形式和走过场。

为了持续地推动清洁生产,公司在财务上采用单独建账,统计清洁生产产生的经济效益,并从中抽出部分资金建立奖励基金,用来激励和保障清洁生产活动的持续进行。

3. 持续清洁生产计划

公司一方面继续实施本次审核工作中新提出的中/高费方案,一方面也制定了下一轮的审核重点,计划通过不断地找问题和改进技术管理,使企业管理水平再上一个新台阶。

第二节　炼油行业清洁生产审核范例

一、企业概况

某化学公司是一个以石油炼制为主,制药、餐饮、运输为辅的中(一)型企业,是当地经济发展的龙头企业。拥有总资产 2.13 亿元,30 万 t/a 的常减压装置,12 万 t/a 的催裂化装置。员工 637 人,大、中、专毕业生 223 人,专业技术人员 140 人,占总人数的 63%,其中高级工程师 2 人。

二、筹划与组织

1. 获得企业高层领导的支持和参与

公司领导对清洁生产工作高度重视,多次召开了中层领导会议,安排总工程师全面负责清洁生产审核工作,总经理助理配合,各生产车间及相应部门全面参与,并要求公司全员参加,全力以赴开展清洁生产审核。

2. 组建企业清洁生产审核小组

成立了以董事长为组长,总经理、总工程师、财务总监、总经理助理为副组长的清洁生产审核领导小组,并成立了由各部门和生产车间共同参与的清洁生产审核小组,通过召集生产、质检、财务等部门各级领导召开专题会议,部署清洁生产审核的各项工作,搞好公司内清洁生产的宣传、教育,并以此为基础全面开展清洁生产审核工作。

3. 制定审核工作计划

在专家小组的具体指导下,公司清洁生产审核小组按手册要求编制了详细的审核计划,分为筹划与组织、预评估、评估、方案的产生与筛选、可行性分析、方案实施 6 个步骤进行。

4. 宣传和教育

以人力资源部、安全环保科为主负责清洁生产的宣传动员工作。在公司范围内利用宣传栏、公司内部网络等多种形式宣传,并召开了多次清洁生产专题会,对中层以上管理人员进行了清洁生产知识培训。

三、预评估

1. 现状调研考察

审核小组组员分别到各车间、科室进行深入的调查,并收集了全厂的资料,调查发现废物包括废水、废气、废渣等,主要来源于催化车间、常减压车间、动力车间。

2. 确定审核重点

(1) 确定备选审核重点

经过对企业现状调研及横向对比,选取催化车间、常减压车间、动力车间作为备选审核重点。

(2) 确定审核重点

该公司各车间排放的污染物不同,而且相应的能耗、水耗差别也很大。通过清洁生产权重总和法确定本次的审核重点,考虑了废物量、主要消耗、清洁生产的潜力与机会、环保费用等方面,经排序确定本次清洁生产审核的重点是催化车间和常减压车间。

3. 设置预防污染目标

审核小组仔细研究了企业实际情况,结合环境治理要求,特提出以下预防污染的目标,见表8.7和表8.8。

表8.7　常减压车间清洁生产目标一览表

序号	项目	单位	现状	近期目标		中期目标	
				绝对量	相对量%	绝对量	相对量%
1	用水量	t/吨原油	0.20	0.17	15	0.13	35
2	废水排放量	t/吨原油	0.25	0.22	12	0.18	28
3	废气排放量	m³/吨原油	187.82	137.83	26.6	107.32	42.86
4	COD 排放量	g/吨原油	65.28	32.56	50.12	29.35	55
5	硫化物排放量	g/吨原油	5.5	4.1	25.5	3.05	44.5
6	石油类排放量	g/吨原油	15.10	7	53.6	5.23	65.36
7	轻质油收率	%	62.2	64.5	2.3	66.2	4
8	吨油加工费	元/吨原油	18.00	12.00	33.3	8	60

表8.8　催化车间清洁生产目标一览表

序号	项目	单位	现状	近期目标		中期目标	
				绝对量	相对量%	绝对量	相对量%
1	用水量	t/吨原油	0.65	0.45	30.76	0.30	53.8
2	废水排放量	t/吨原油	0.85	0.60	29.4	0.41	51.76
3	废气排放量	m³/吨原油	1 329.11	671.39	49.44	230.7	82.64
4	COD 排放量	g/吨原油	552.20	500	9.45	450.1	18.48
5	硫化物排放量	g/吨原油	15.59	12.50	19.8	10.5	32.64
6	石油类排放量	g/吨原油	29.01	13.5	53.46	10	65.53
7	轻质油收率	%	85.2	87.1	1.9	88.9	3.7
8	催化剂单耗	kg/吨原油	0.65	0.58	10.77	0.5	23.08
9	吨油加工费	元/吨原油	89.32	80	10.43	70	21.63

4. 提出和实施无/低费方案

(1)严格控制入厂原辅材料的质量

（2）加强职工培训，严格工艺操作

（3）加强设备维护管理，杜绝跑、冒、滴、漏

（4）加强生产过程环保管理，减少废物的排放量

四、评估

1. 审核重点简述

（1）常减压车间简述

常减压车间的工艺流程为原油经净化车间加温，在电场作用下除盐后进入闪蒸塔，塔底油再经常压塔分馏，得到汽油、轻柴油、重柴油。塔底的渣油一部分做燃料，一部分经减压蒸馏，送成品油罐区。

（2）催化车间简述

催化车间的工艺流程为自成品车间来的蜡油与金属钝化剂汇合一并进入提升管进料喷嘴，发生气化反应，反应油气在分馏塔内被分离为气体、粗汽油、轻柴油、回炼油和油浆，气体去压缩机。

2. 单元操作表及各单元操作工艺流程

（1）常压车间

根据目前生产情况，审核小组将常减压车间的生产流程分解成原油脱盐、司炉、常压、减压 4 个单元操作，各单元操作的功能说明见表 8.9，各单元工艺流程图略。

表 8.9　常减压装置各单元操作功能说明书

序号	单元名称	功　能
1	原油脱盐	原油换热到 130℃进电脱盐罐，注水 3.5%，注破乳剂 0.5%，在电场作用下油水分离，洗去油中盐分，脱后原油含盐≤50mg/L，进一步换热，切水送污水处理场处理
2	司炉	控制常压炉出口温度 370℃左右，减压炉出口温度 410℃左右，符合常减压蒸馏要求
3	常压	由常压炉来的原油在常压塔内分离，液相（常渣）由常底泵送减压炉，气相在常压塔内分离成汽油、柴油、重柴油等，为防止设备腐蚀，常顶油气线注氨 7ppm，注水 4%
4	减压	由减压炉来的常渣在减压塔内利用减压方式进行分离。减一、减二、减三线的蜡油换热冷却后送成品管区，减渣经减黏装置及换热冷却后送渣油罐，减顶靠真空泵产生负压，污油由污油泵送往罐区

（2）催化车间

根据目前生产情况，审核小组将催化车间的生产流程分解成反应系统、再生系统、外取热系统、分馏系统、吸收稳定系统 5 个单元操作，各单元操作的功能说明见表 8.10。各单元工艺流程图略。

表 8.10 催化车间单元操作说明

序号	单元操作	功 能
1	反应系统	自成品罐区来的150℃的蜡油,换热到240℃,与钝化剂汇合,一并进入提升管进料喷嘴。提升管反应器进料进入提升管下部,通过两个喷嘴用蒸汽进行雾化,分散成细小微粒,与来自再生器的催化剂接触,立即气化并反应。产生的反应油携带催化剂沿提升管向上流动,在出口处通过旋风分离器分离,分离出来的油气去分馏塔,回收下来的大部分催化剂经料腿流入气提段,底部送入蒸汽
2	再生系统	经气提后的催化剂,与外取热器来的催化剂混合,并由主风机提供空气,进行烧焦,再生后的催化剂到提升管反应
3	外取热系统	利用高温再生催化剂,与除氧水换热,产生蒸汽,而去热用的除氧水由供应车间提供
4	分馏系统	来自沉降器的反应油气进入分馏塔,塔下部装有9层人字挡板,塔内装有29层塔盘,油气自塔顶抽出,冷却到40℃进入油气分离器,达到汽液平衡后,气体去压缩机,粗汽油送往吸收塔;轻柴油自第16层塔盘抽出,自流入汽提塔;油浆自塔底抽出,与原料油换热,在经蒸汽发生器冷却后,其中一部分去反应塔,另一部分进一步冷却后送罐区
5	吸收稳定系统	从分馏塔出来的气体馏分经压缩机压缩后,进入油气分离器,分离出油气和凝缩油,富气在吸收塔中与粗汽油进行逆流吸收,吸收塔出来的贫气进入再吸收塔,用轻柴油做吸收剂进一步回收组分,自凝缩油罐来的凝缩油在解析塔中脱除轻组分,脱乙烷汽油换热后进入稳定塔,丁烷及更轻的馏分从塔顶馏出得到液化气,塔底得到脱丁烷汽油

3. 物料实测

审核小组充分利用该厂现有监测仪表和仪器设备在正常生产条件下,根据工艺特点及物料流向,在现场审核期间进一步实测各生产车间的各操作单元的输入、输出物料流。各单元现场实测布点位置表分别见表8.11、表8.12、表8.13。

表 8.11 水平衡图实测布点一览表

序号	布点位置	监测项目	监测方法	监测频次
1	外来水管线	新鲜水	流量计	6
2	地泵出口	地下水	流量计	6
3	新鲜水出口	补循环水	无仪表	
4	水处理入口	新鲜水	无仪表	
5	动力	去动力水	无仪表	
6	动力除氧	除氧水	无仪表	
7	动力	常减压	无仪表	
		催化	无仪表	
		锅炉	无仪表	
8	动力	蒸汽水量	无仪表	
9	常减压	排污水量	分析法	

续表

序号	布点位置	监测项目	监测方法	监测频次
10	水场	循环总量	无仪表	
11	污水	外送污水总量	无仪表	
12	水场	回水总循环量	无仪表	
13	水场	生活用水	无仪表	
14	锅炉房	常减压用新鲜水量	无仪表	
15	锅炉房	催化用新鲜水量	无仪表	
16	锅炉房	动力用新鲜水量	无仪表	
17	总务部	损失	分析法	6
18	常减压	损失	分析法	6
19	催化	损失	分析法	6
20	动力	损失	分析法	6
21	成品	循环量	无仪表	
22	净化	循环量	无仪表	
23	动力	循环量	无仪表	
24	常减压	循环量	无仪表	
25	催化	循环量	无仪表	
26	成品	损失	分析法	6
27	净化	损失	分析法	6
28	动力	损失	分析法	6
29	常减压	损失	分析法	6
30	催化	损失	分析法	6
31	总务部	应用蒸汽	分析法	6
32	总务部	冷凝水	分析法	6
33	成品	应用蒸汽	分析法	6
34	成品	冷凝水	分析法	6
35	净化	应用蒸汽	分析法	6
36	净化	冷凝水	分析法	6
37	常减压	应用蒸汽	分析法	6
38	常减压	冷凝水	分析法	6
39	催化	应用蒸汽	分析法	6
40	催化	冷凝水	分析法	6

表 8.12　常减压装置物料实测布点一览表

序号	布点位置	监测项目	监测方法	监测频次
1	原油进装置	原油进装置流量	流量计	8
		原油水、含硫	分析	3
2	电脱	脱前、脱后含盐	分析	1
		切水量	容积法	1
		切水含油、含硫	分析	1
3	常压	注汽量	理论计算	
		注软化水量	流量计	
		注氨量	流量计	
4	汽油回流罐	切水量	容积法	1
		切水含油、含硫	分析	1
5	汽油精制	注碱量	流量计	
6	汽油出装置	汽油产量	流量计	8
		汽油含硫	分析	1
7	轻柴汽提塔	汽提蒸汽量	理论计算	
8	轻柴精制	注碱量	容积法	
9	轻柴出装置	轻柴产量	流量计	8
10	重柴汽提塔	注汽量	无仪表	
11	重柴出装置	重柴产量	流量计	8
		含硫	分析	1
12	蜡油出装置	蜡油产量	流量计	8
		含硫	分析	1
13	抽真空系统	减顶瓦斯量	理论计算	1
14	污油出装置	切水量	容积法	1
		切水含油、含硫	分析	1
15	污油出装置	污油产量	流量计	3
		污油含硫	分析	1
16	减渣出装置	减渣产量	检尺	3
		减渣含硫	分析	1

表8.13　催化装置物料实测布点一览表

序号	布点位置	监测项目	监测方法	监测频次
1	原料油进料	蜡油量	流量计	6
		油浆量	流量计	6
2	钝化剂泵	钝化剂注入量	计算	1
3	提升管	雾化蒸汽	流量计	6
		预提升蒸汽	流量计	6
		松动蒸汽		6
4	反应沉降器	汽提蒸汽	流量计	6
		松动蒸汽		6
		防结焦蒸汽		6
5	分馏塔	注氨量		6
		注水量		6
		搅拌蒸汽量		6
6	汽提塔	汽提蒸汽量		6
7	轻柴油外送	轻柴油产量	流量计	6
8	油浆外甩	油浆外甩量	检尺	3
9	再生器	主风量	流量计	6
		流化风量	流量计	6
		新鲜催化剂量	检尺	1
		再生催化剂量	理论计算	3
		催化剂损失	理论计算	3
10	余热锅炉	产蒸汽量	流量计	3
		烟气量		6
		污水		6
		除氧水		6
11	外取热器	产蒸汽量		6
		除氧水		6
		污水		6
12	助燃剂	加助燃剂量	计量	1
13	油气分离器	含硫污水		6
14	压缩机	污水		6
15	凝缩油罐	含硫污水		6
16	再吸收塔	干气量		6
17	汽油外送	汽油外送量	流量计	6
18	液化气出装置	液化气量	检尺	3

4. 物料平衡、水平衡、硫平衡、Cat 平衡和干气平衡

根据实测结果,绘制出物料平衡、水平衡、硫平衡、Cat 平衡和干气平衡的图表。

(1) 阐述水平衡结果

由水平衡的测定结果可知,新鲜水、软水的浪费现象较严重,循环水损失较严重,清洁生产潜力较大。

(2) 阐述硫平衡结果

重油含硫量非常高,入油浆为 1.0%;各产品的含硫量都超过国家标准;废水、废气中的含硫量都非常高。因此必须严格控制进厂原料油含硫量,并进行技术改造,降低汽油、轻柴油中的硫含量。

(3) 阐述催化剂平衡的结果

催化剂失活较快,利用率低,与我国先进的催化装置仍有一定差距。所以,必须控制催化剂的进厂质量,进行技术改造,降低催化剂的排放。

(4) 全厂干气的分配平衡及成分分析

该公司的干气共由两部分组成,催化车间产生的干气和常减压车间的瓦斯气。

(5) 评估

① 原材料投入评估。由于稠油脱水较困难,只能够单独处理,造成原料脱水用破乳剂耗量增加。装置辅料消耗均达到设计标准,但与国内先进水平相比仍有一定差距。

② 对生产工艺操作的评估。工艺技术参数有待进一步优化,同时操作中存在的一些问题,如各装置能耗普遍偏高,能耗损失问题突出等。

③ 对设备运行维护保养的评估。该公司一直非常重视设备管理工作,对设备选型、购置、安装、投用、维修直到报废实行全过程管理,对设备的现象管理实行全员管理维修制度,采用现代化手段对设备进行管理。

④ 对废物的评估。公司对废水、废气进行综合有效的末端治理,在常减压和催化各自建立循环水池,对机泵和主风机的冷却水回收再利用。

⑤ 产品质量的评估。该公司按照 ISO9002 质量保证模式建立了质量体系,并获得认证证书。多年来,省市质量监督部门抽检公司产品合格率均为 100%。

5. 实施可行的无/低费方案

(1) 以质论价,严格控制入厂原油、蜡油质量

(2) 加强生产过程工艺、设备管理

(3) 配套各单元计量仪表,实行装置能耗定额管理

(4) 强化班组管理,建立和完善奖惩制度

(5) 积极探讨改进工艺,不断优化操作参数

6. 废物产生的原因分析

通过实测和评估,可以看出影响废物产生的主要原因,原辅材料和能源、技术工艺、设备、过程控制、产品、管理、员工等,其中原辅材料性质复杂,设备维护管理难度大,生产过程控制管理不严格是影响废物产生的主要因素。另外职工的节水、节气等清洁生产意识不强,回收及循环利用的潜力很大。

五、方案的产生与筛选

1. 备选方案的汇总

企业清洁生产审核小组同专家组一起从管理、技术、工艺流程、设备维护与检修、水电气及废物利用等方面进行攻关,提出了 200 多个预防方案。经专家小组与厂内清洁生产审核小组的初步筛选,共归纳出 42 个备选方案,见表 8.14。

表 8.14　清洁生产方案汇总表

类型	编号	方案名称	方案简介	预计投资	效益分析		实施情况	对应部门
					环境效益	经济效益		
原辅材料	F1	严格控制入厂原油、蜡油质量	外收原料油先切水后过磅,达不到要求的重新切水,二次过磅;由质监科制定外采原料油标准,改进化验设备,采用四组分测定仪对蜡油进行分析	3万元	年减排污水约1.5万t;减少硫化物的污染	年回收切水污油200t,增加效益30万元,降低污水处理费用20万元	已实施	净化成品车间
	F2	严格控制物资采购,保证质量	严格控制进货程序,保证质量,同时货比三家	—	—	提高采购质量,减少不合格品的出现	已实施	各使用单位
	F3	减少催化剂跑损	精心操作稳定再生器压力;将风动滑阀更换为电液滑阀	50万元	减少催化剂跑损,降低大气污染	减少催化剂单耗,年增加效益15万元	部分实施	催化车间
	F4	采用新型催化剂	根据原料变化采用新型催化剂 ZC-7300MLC-500 代替原 RHZ-300 催化剂提高原料转换率	—	减少催化剂跑损,降低大气污染	减少催化剂单耗,年增加效益15万元	已实施	催化车间
	F5	测样用废油回收入库	将化验废油倒入油桶,送至净化车间卸油池回炼	—	减少环境污染	回收废油约15t,年增效益3万元	已实施	化验室
	F6	降低脱硫剂损耗	增大脱硫再生塔顶冷却效果,使用沸点高的脱硫剂	0.5万元	年减排污水3 000t	延长设备使用寿命,减少脱硫剂损耗10%,年增加效益6.5万元	已实施	催化车间

续表

类型	编号	方案名称	方案简介	预计投资	效益分析		实施情况	对应部门
					环境效益	经济效益		
工艺技术优化过程及控制改进	F7	改善冷却水质量	在循环水内加入阻垢剂或灭藻剂,防止冷却器结垢	2万元	—	提高产品质量合格率,延长开工周期	已实施	动力车间
	F8	改善油浆泵冷却效果	催化油浆泵冷却效果差,对其冷却水线加粗,由DN15改为DN20	—	—	改善油浆泵冷却效果,延长了使用时间,稳定了操作	已实施	催化车间
	F9	催化干气的回收利用	催化年产干气6 300t且压力达到10kg,对其进行回收做干气预提升和常减压两炉燃烧	4万元	减轻因气体排放造成的环境污染	节约蒸汽198t,燃料油56t,年增加效益11.47万元	部分实施	催化车间
	F10	成品柴油加降凝剂	在柴油罐中按5‰的比例加入降凝剂	42万元	—	可提高轻柴油收率2%,年增效益72万元	已实施	成品车间
	F11	降低气压机负荷	催化汽油冷后温度过高,冷却效果不佳气压机负荷过大,新增一台水冷器	5万元	—	降低了气压机负荷,年增效益66.6万元	已实施	催化车间
	F12	防止催化剂中毒	催化装置催化剂失活较快,在原料进提升管前,用计量泵加入钝化剂	22万元	—	延长催化剂使用时间,降低催化剂单耗,年增效益23.4万元	部分实施	催化车间
	F13	煤炉烟道处加清理孔	在锅炉烟道处开一直径80mm的孔,观察烟道负压情况,当负压降低时,用高压水枪冲洗烟道	0.1万元	—	延长了锅炉运行时间	已实施	动力车间
	F14	改善软化水质量	将动力车间水处理树脂交换器改为阴阳床交换器	32万元	—	减少了锅炉过热器结盐,每年减少停炉10次左右,节省资金10万余元,同时减少了对设备的腐蚀,延长了设备开工周期	已实施	动力车间
	F15	解决催化反应进料压力和蒸汽压力冲突的问题	将催化提升管底部单喷嘴拆除,提升罐由底部增长0.5m,在提升管0.5m处增加对喷式进料喷嘴	3万元	—	改善了雾化效果,催化总收率提高了1.0%,年增效益156万元	已实施	催化车间
	F16	改善催化凝缩油罐的油气分离效果	将凝缩油罐由4.6m³改为12m³	3万元	减少了成品液化气罐区释放的不凝气,减少了环境污染	降低了解析塔负荷,设备易操作,产品合格率提高	已实施	催化车间

续表

类型	编号	方案名称	方案简介	预计投资	效益分析		实施情况	对应部门
					环境效益	经济效益		
工艺技术优化过程及控制改进	F17	催化主风机进排气阀改造	将催化主风机进排气阀全部更换为PEK阀	6万元	减少噪音污染，避免事故发生	减少了维修次数，由原来每月修一次到现在每年修1~2次，减少了工人劳动强度，减少了维修费用，年节约资金10万元	已实施	催化车间
	F18	净化原油切水，加脱水罐，原油切水加自控仪	在原油进发油罐之前先进脱水罐，在油罐脱水处增设切水自控仪，减少切水带油量	8万元	减少了因切水带油对环境的污染	节省回收费30万元；节省污水处理费15万元	部分实施	净化车间
	F19	常减压两炉改烧减渣	从减压塔底泵出口接燃料线至常压炉和减压炉；加大雾化蒸汽，增强雾化效果，防止结焦	0.1万元	—	可节约燃料费55万元	已实施	常减压车间
	F20	提高电脱盐效果	提高注水温度，改变注水的流程，控制油水的混合强度，留有脱前原油温度控制的设计余量，优化筛选合适的原油破乳剂，降低装置设备腐蚀速率，降低后续催化装置的催化剂金属污染，延长装置的开工周期	1.2万元	延长装置的开工周期，提高装置设备的安全运行系数	—	未实施	常减压车间
	F21	常顶瓦斯的回收利用	采用真空火嘴，利用蒸汽提升，将常顶瓦斯引入加热炉做为加热炉的燃料	1.8万元	降低环境污染，提高安全系数	年增效益375万元	未实施	常减压车间
	F22	提高加热炉热效率，降低燃料消耗	增设烟气中氧含量的在线分析仪和送风机的变频调速器	8万元	—	年增效益60万元	未实施	常减压车间
	F23	烟气管线增设烟气自动在线分析仪表	增设氧含量在线仪表，根据实时的在线氧含量数据及时调节主风量，适应不同的烧焦强度	8万元	—	有利于改善产品分布结构，降低焦炭产率，提高经济效益	未实施	催化车间

续表

类型	编号	方案名称	方案简介	预计投资	效益分析		实施情况	对应部门
					环境效益	经济效益		
设备维护保养及改造	F24	成品车间装车泵管径加粗改造	将装车泵流量由25m³/h改为50m³/h,出口管线由DN80改为DN150	11.5万元	—	缩短装车时间,提高装车速度,提高顾客满意度	已实施	成品车间
	F25	减压炉火咀改造	将火咀更换为TZ-SH-YQ200型油气混烧火咀	1.5万元	—	节约燃料油,年增效益50.4万元	已实施	常减压车间
	F26	增建减黏炉	在减渣油进减黏塔前加一圆筒型加热炉,利用催化干气做燃料加热渣油	30万元	—	降低了渣油黏度,提高了顾客满意度	已实施	常减压车间
	F27	分馏吸收稳定塔塔盘改造	更换催化分馏塔及稳定系统塔盘将原浮阀塔盘改为GTST立体塔盘,提高处理量	21万元	—	利于控制产品质量,合理分布油品馏程,增加处理量	已实施	催化车间
	F28	改善液化气脱硫效果	催化脱硫泵改造,加大扬程和流量,增大脱硫剂量	0.5万元	—	提高液化气合格率,年节约资金1.2万元	已实施	催化车间
	F29	新增气分装置(丙烯)	增设3万t/a液化气分离装置,增加液化气附加值	1000万元	—	年增效益177万元	未实施	技术设备科
	F30	分馏气液分离罐切水再利用	从分馏气液分离罐底引罐线至粗汽油泵入口,将污水和粗汽油送至吸收稳定系统作冲洗水	0.2万元	—	对含硫污水再利用,减少稳定系统硫堵塞现象,延长开工周期	未实施	催化车间
	F31	液氨罐改造	在两氨罐顶建遮阳棚或增加喷淋水装置,防止液氨罐夏季超压	0.1万元	防止氨罐泄漏,造成环境污染,提高安全系数	—	已实施	常减压车间
	F32	采用变频新技术	采用变频调速代替原恒速异步电动机,节约用电	80万元	降低噪音污染	日节电3168kW,年增效益52.272万元,	已实施	电仪车间
	F33	杜绝跑、冒、滴、漏现象	各车间采取"自查整改"的措施,发现一个解决一个,不能整改的报技术设备科,采取措施消除隐患	—	减少了三费排放及环境的污染	提高设备完好率,减少了计划外停工	已实施	生产车间

续表

类型	编号	方案名称	方案简介	预计投资	效益分析		实施情况	对应部门
					环境效益	经济效益		
废物回收利用	F34	废旧零部件回收利用	将有利用价值的旧零部件经维修后重新利用,节约成本	—	减轻环境污染	年增效益约50万元	已实施	各车间
	F35	雨水沟、污水沟合理布置	系统划分,做到雨污分流,减少污水处理费用	0.5万元	减轻环境污染	—	已实施	技术设备科
	F36	新建污水处理厂	新建180t/h污水处理厂,实现污水达标,为新建、扩建项目提供污水处理能力的保障	595.80万元	年减排废水30万t,石油类污染物4.873t,硫化物0.325t,COD 0.325t,环境效益显著	节约污水处理费129.87万元	未实施	技术设备科
	F37	改善污水值班室工作环境	用铝合金将污水泵房与值班室隔断,在污水泵房北侧安装轴流风机,在泵房上面安装防护	0.3万元	减少噪音及空气污染	提高员工积极性	已实施	动力车间
	F38	罐区地沟改造	将地沟由水平式改为斜坡式	0.3万元	—	节约清理时间,减少人员工作强度	已实施	净化车间
其他	F39	提高员工技术水平	制定、实施培训计划;建立事故突发应急机制并进行反事故演练;定期进行岗位轮换和岗位考试,考试成绩与技能工资挂钩	0.5万元	提高操作技能,减少事故发生和废物排放	—	已实施	各车间
	F40	制度执行规范化	加强制度培训,提高职工的业务素质和道德素质,建立反馈机构,对制度的执行进行监督	—	—	调动职工积极性,提高劳动效率	已实施	人力资源部
	F41	健全激励机制和奖惩制度	对制度进行持续性的改进和监控,建立健全奖惩制度	—	—	提高职工积极性和主观能动性	已实施	人力资源部
	F42	科学管理,减少开停工次数	采取各种措施减少非计划停工,延长开工周期以减少废物排放	—	减少停工次数,进而减少因停工造成的污染	—	已实施	各车间

2．备选方案的筛选

（1）备选方案的初步筛选

从备选方案的汇总表可以看出,10个无费方案,22个低费方案,7个中费方案,均为明显可行性方案,不需要进行进一步的可行性研究,应尽快着手实施。3个方案属于高费方案,应做进一步可行性分析。

（2）备选方案的筛选

针对 3 个高费方案进行进一步的可行性研究。利用权重综合计分法进行排序,结果为 F29＞F32＞F36,如表 8.15 所示。

表 8.15　方案权重总和积分排序法

权重因素	权重值 W(1～10)	方案得分 R(1～10)		
		F 29	F 32	F 36
环境效果	10	8	9	10
经济可行性	8	8	7	5
技术可行性	7	6	6	5
可实施性	6	6	5	3
总分 $\Sigma(W \times R)$		222	218	193
序号		1	2	3

（3）汇总方案筛选结果

根据方案的初步筛选情况将 42 个备选方案分成 4 类,如表 8.16 所示。其中,F29、F32、F36 方案应做进一步的研制与可行性分析,而其他方案均为可行性方案,无需再进行可行性研究。

表 8.16　方案筛选结果汇总表

方案情况	方案编号	方　案　名　称
可行性 无费 方案	F2	严格控制物资采购,保证质量
	F4	采用新型催化剂
	F5	测样用废油回收入库
	F8	改善油浆泵冷却效果
	F11	降低气压机负荷
	F33	杜绝跑、冒、滴、漏现象
	F34	废旧零部件的回收利用
	F40	制度执行规范化
	F41	健全激励机制和奖惩制度
	F42	科学管理,减少开停工次数

续表

方案情况	方案编号	方 案 名 称
可行性 低费 方案	F1	严格控制入厂原油、蜡油质量
	F6	降低脱硫剂损耗
	F7	改善冷却水质量
	F9	催化干气的回收利用
	F13	煤炉烟道处加清理孔
	F15	解决催化反应进料压力和蒸汽压力冲突的问题
	F16	改善催化凝缩油罐的油气分离效果
	F17	催化主风机进排气阀改造
	F18	净化原油切水,加脱水罐,原油切水加自控仪
	F19	常减压两炉改烧碱渣
	F20	提高电脱盐效果
	F21	常顶瓦斯的回收利用
	F22	提高加热炉的热效率,降低燃料消耗
	F23	烟气管线增设烟气自动在线分析仪表
	F25	减压炉火咀改造
	F28	改善液化气脱硫效果
	F30	分馏气液分离罐切水再利用
	F31	液氨罐改造
	F35	合理布置雨水沟、污水沟
	F37	改善污水值班室工作环境
	F38	罐区地沟改造
	F39	提高员工技术水平
可行性 中费 方案	F3	减少催化剂跑损
	F10	成品柴油加降凝剂
	F12	防止催化剂中毒
	F14	改善软化水质量
	F24	成品车间装车泵管径加粗改造
	F26	增建减黏炉
	F27	分馏吸收稳定塔塔盘改造
高费 方案	F29	新增气分装置(丙烯)
	F32	采用变频新技术
	F36	新建污水处理厂

（4）备选方案实施效果核算

① 已实施的无/低费方案。已实施的无费方案：本次清洁生产审核期间，已实施 9 个无费方案，不仅延长了设备开工周期，每年减排废水 5 万 t、石油类负荷 3.52t、COD 负荷 7.13t，年可节省资金 134.6 万元。经济效益和环境效益十分明显。

已实施的低费方案：本次清洁生产审核期间已实施 17 个低费方案，不仅减少了计划外事故停车，延长了设备使用寿命，而且年可节水 15.2 万 t，减排废水 15.12 万 t、石油类负荷 0.98t、硫化物负荷 0.192t、COD 负荷 0.93t，减排废气 1 125.01 万 m³、SO₂ 42t，年创效益 460.57 万元。

② 已实施的中费方案。本次清洁生产审核期间已实施 6 个中费方案，节约新鲜水 7.25 万 t，削减废水中石油类负荷 2.71t、COD 负荷 18.12t，减排废气 9 250 万 m³，年创效益 110.4 万元。

3. 方案的研制

经过上述分析可知，新增气分装置（丙烯）、新建污水处理厂这两个方案需进行进一步的可行性分析。

六、可行性分析

1. 增建气分装置方案

（1）技术评估

① 方案简介。该方案是增建气分装置对液化气的深加工方案，计划增建气分装置对液化气进行脱丙烯处理，以提高液化气附加值。

② 技术评估。此套装置工艺流程简单，设备要求不高，温度压力等操作参数易受外界影响。

（2）环境评估

该方案实施后，可提取液化气中的丙烯，提高了产品成品率和产量，有效地减少废气的排放，环境效益显著。

（3）经济评估

总投资费用 1 000 万元，年运行总节省费用 177 万元，年增加现金流量 366.59 万元，偿还期 2.73 年，内部投资收益率 32.6％。

2. 新增污水处理场方案

（1）技术评估

① 方案简述。该方案工艺采用较为成熟可靠的"隔油—浮选—生化"工艺技术，重点强化了浮油和浮选工艺，减少了活性污泥受油类的冲击，从而保证了污水的生化处理效果。

② 技术评估。该方案设计工艺与同类型同等规模的污水处理工艺相比，可以在处理效果达到国家排放标准的同时，在能耗、物耗、定员、占地及投资方面均加以

优化。建成后不仅可以解决污水排放达标问题,还可为将来扩大生产提供废水处理能力的可靠保障。方案设计合理、技术成熟,可行性强。

（2）环境评估

该方案本身是一个环境项目,它的建成投入使用将有效地减少对环境的危害,同时在本身设计上充分考虑了环境保护因素。尽可能压缩"三废"排放,装置生产过程中的废水、浮渣等均得到妥善处理,装置建成后将对周边环境的保护具有重要的积极意义。

（3）经济评估

总投资费用 595.80 万元,年运行费用节省金额 126.88 万元,年增加现金流量 116.8 万元,偿还期 5.1 年,内部投资收益率 14.58%。

七、方案的实施

1. 组织方案的实施

（1）增建气分装置方案的实施

该方案的可行性研究及项目设计委托专业公司承担,工艺技术属国内先进技术,是技术可行性与效益显著的方案。

设备采购应严格执行设备进货验收程序。

该方案的土建工程质量要求高,公司必须选用专业工程建筑公司,确保施工质量。施工期间,公司专门安排人员现场监督检查施工质量。

（2）新增污水处理场方案的实施

该方案的可行性研究及项目设计委托专业公司承担,工艺技术是国内外成熟可靠工艺,属技术可行性、环境效益显著的方案。

设备采购应严格执行设备进货验收程序。

该方案的土建工程量大,质量要求也较高,公司必须选用专业水利工程建筑公司,确保施工质量,设备制作及安装由工程公司工程指挥部负责。施工期间,公司专门安排人员现场监督检查施工质量。

2. 评估和汇总已实施方案的成果

该公司及时地实施了绝大多数无/低费方案和部分经济效益较好的中/高费方案,实施的 9 个无费方案每年减排废水 5 万 t、石油类负荷 3.52 万 t、COD 负荷 7.13t,年节省资金 134.6 万元。实施的 22 个低费方案每年节水 15.2 万 t,减排污水 15.12 万 t、石油类负荷 0.98 万 t、硫化物负荷 0.192t、COD 负荷 0.93t,减排废气 1 125.01 万 m^3、SO_2 42t,年创效益 460.566 万元。实施的 6 个中费方案节约新鲜水 7.25 万 t,削减废水中石油类负荷 2.71t、COD 负荷 18.12t,减排废气 6 250 万 m^3,年创效益 110.4 万元。实施的一个高费方案减少了电机噪音,节省资金 52.272 多万元。

3. 分析总结方案实施后对企业的影响

到清洁生产审核现场工作结束为止,已经实施了 38 个明显的可行性方案,正在实施部分中/高费方案,且已实施方案的技术指标均达到了原设计要求,方案实施取得了良好的环境效益和经济效益。

(1) 环境效益

每天节约新鲜水 297.62t、软水 6.2t、蒸汽 15.62t、电 9.6×10^3 kWh、燃料油 5.82t、燃煤 5.2t;每天减排废水 202.2t、COD10.2t、石油类污染物 0.83kg;每年减排废气 6 929.78 万 m³、硫化物 32.82kg。

(2) 经济效益

产生的净收益为 291.9 万元。节约原材料费 688.5 万元,能源费 969.28 万元,水费 35.71 万元,污水处理费 10.85 万元,排污费 1.12 万元;增加产值 4 125.1 万元,税金 377.32 万元。

八、持续清洁生产

1. 建立和完善清洁生产组织

通过清洁生产审核,该公司审核小组学会了一种提高经济和降低污染物排放的新思维和新方法,并为公司培育了清洁生产人才。该公司决定成立清洁生产领导小组,有计划地开展清洁生产工作活动。

2. 建立和完善清洁生产管理制度

清洁生产领导小组的全体成员一起针对清洁生产审核期间提出的系列改进方案进行消化吸收,并纳入了领导小组的管理范围。公司内财务上采用单独建账,统计清洁生产所取得的经济效益,并从清洁生产所获得的经济中抽出部分资金建立奖励资金,用来奖励和保证持续推行清洁生产活动。

3. 持续清洁生产计划

公司一方面继续实施本次审核工作中所提出的中/高费方案,一方面也正准备根据炼油行业的特点,结合先进企业的清洁生产经验,制定下一轮的审核重点。

第三节　水泥行业清洁生产审核范例

一、企业概况

某水泥厂占地面积 60 000m²,设三科二室,下辖 6 个生产车间和 4 个辅助车间。主要生产设备有烘干机、生料磨机、混化机、烧成回转窑、预热器、煤粉磨、水泥磨、包装机等。在职职工 218 人,其中管理与工程技术人员 40 人。

生产工艺是利用磷铵生产废渣磷石膏制硫酸联产水泥,解决了磷复肥工业"三废"污染环境的世界性难题,开辟了硫酸工业和水泥生产新的原料路线。同时,避免了石灰石制水泥排放二氧化碳引起的温室效应问题,在全国率先实现了经济、社会和环境效益的有机统一。

成立了以生产副厂长为组长,各科室、车间负责人为成员的环境保护领导小组,并下设安全环保科,负责全厂的环境保护工作,实现了环保工作的统一领导、统一协调,保证了环保与生产的协调发展。

水泥生产的主要污染物为烟尘、粉尘、噪声。

二、筹划与组织

1. 组建企业清洁生产审核小组

成立了以厂长为组长,生产厂长、设备厂长为副组长,环保科长、各职能部门负责人及车间主任组成的清洁生产审核小组。

2. 制定审核工作计划

根据清洁生产审核标准,总结各方面意见,结合审核工作进行总体安排布置,分厂清洁生产审核小组按标准要求编制出清洁生产审核工作计划,分筹划与组织、预评估、评估、方案的产生与筛选、可行性分析、方案实施6个步骤进行。

3. 宣传和教育

为做好清洁生产审核工作和宣传发动工作,审核小组对车间主任及关键岗位操作人员进行了清洁生产知识培训,针对车间开展清洁生产审核工作可能存在的障碍提出了思想、知识、组织和技术保障。

三、预评估

1. 现状调研考察

审核小组组员分别到各车间、科室进行深入的调查,并收集全厂的资料,调查发现废物包括烟尘主要来源于烘干车间、辅料车间、煤粉车间的沸腾炉,噪声主要来源于生料车间和水泥车间球磨机、煤粉车间沸腾炉,粉尘主要来源于包装车间的包装机和成品库。

2. 确定审核重点

水泥厂所排放的粉尘属于细小颗粒,各车间排放粉尘浓度相差较大,通过权重分析,权重考虑了废物产生量、经济效益、环保费用,确定本次企业审核的重点为水泥车间。

3. 设置预防污染目标

根据分厂实际情况,结合环境治理要求,制定清洁生产目标,见表8.17。

4. 提出和实施无/低费方案

(1)严格控制入厂原辅材料的质量

(2)加强职工培训,严格工艺操作

8.17　水泥车间清洁生产目标

序号	项目	单位	现状	审核年	近期目标
1	耗电	kWh/t	36.99	38.12	35
2	粉尘排放	mg/m³	80	83.5	70
3	水泥损失率	%	0.016	0.0167	0.145

（3）加强设备维护管理，杜绝跑冒滴漏

（4）加强生产过程现场管理，减少废物的排放量

四、评估

1. 审核重点简述

水泥车间是水泥厂比较重要的车间，年磨制水泥 30 万 t。

工艺简介：圆库中的熟料、混合材、石膏经过电子计量，通过皮带机提升入水泥磨进行粉磨，粉磨后的物料入旋风分离器进行分离，细粉成品入水泥库储存；粗粉返回磨头继续粉磨，分离器后用布袋除尘器回收细粉，并入成品库，净化后的气体排入大气。

2. 单元操作表及各单元操作工艺流程

水泥车间各单元操作见表 8.18，工艺流程图略。

表 8.18　水泥车间单元操作表

单元操作	功　能
配料	将熟料、混合材、石膏按一定的比例混合以满足工艺要求
粉磨	将入磨料磨制到一定细度，成品率达到 70% 以上
选粉	将出磨好料粗、细分开
除尘器	将细粉存入成品库，排放浓度达到排放标准要求

3. 物料实测

审核小组在正常生产的条件下，根据工艺特点及物料流向，对水泥车间的输入、输出物料流进行了现场实测，其布点位置见表 8.19。

4. 评估

（1）原材料输入的评估

水泥车间生产消耗的材料是水泥熟料、盐石膏和热电厂沸腾炉渣，属无毒无害原料。

（2）对生产工艺及过程操作的评估

水泥车间整个生产过程包括配料、粉磨、选粉、除尘，最终产品由水泥圆库储

存,工艺是国内成熟工艺,在同行业水平居上中游,除尘用气箱式脉冲布袋除尘器,为国内先进技术。

表 8.19 水泥车间物料实测布点位置表

序号	本仓储量	监测项目	监测方法	监测频率
1	皮带称(石膏、混合材)	质量、水分	称量	3 次
2	磨机入口	质量、水分	称量	3 次
3	选粉机	出口(粗、细粉)	称量	3 次
4	除尘器	下灰口	称量	3 次
		排风口	监测站	1 次
5	成品圆仓入口	质量	称量	3 次

（3）对废物评估

水泥车间主要是用布袋除尘器回收尾气中的细小粉尘,废气中的粉尘污染物的排放浓度满足国家二级标准要求。

（4）产品质量评估

公司已取得 ISO9001 认证,产品质量执行并达到国家标准(GB175—1999)要求,出磨水泥合格率 100%,保证了出厂水泥合格率 100%。

5. 实施可行的无/低费方案

（1）严格控制熟料、混合材、盐石膏质量

（2）加强设备管理,杜绝跑冒滴漏

（3）强化班组管理,建立和完善奖罚制度

五、方案的产生与筛选

1. 备选方案的汇总

审核小组通过对生产设备管理和技术方案的调研分析论证,汇总了 18 个备选方案(见表 8.20),并且在审核期间逐步实施。

表 8.20 备选方案汇总表

序号	主要内容	预计效果
F1	入磨皮带机除铁器必须正常运转	除去原料中杂物
F2	减小炉渣粒度	每吨费用下降 0.1 元/t
F3	改进磨机机配	增加 0.5t/h
F4	正常状况下不允许开单机	节约电能

序号	主要内容	预计效果
F5	电站增加电容,提高功率因数	节约电能
F6	改变全员岗位培训,严格工艺操作规程	
F7	严格管理,杜绝跑冒滴漏现象	
F8	严格工序管理,努力降低消耗	
F9	合理调节利用率,更换一些不配套大功率电机	
F10	台时产量必须达到 40t	
F11	压缩机润滑油用量大	
F12	执行班组管理,制定员工的奖罚措施	
F13	加强班组管理,制定员工的奖罚措施	
F14	合理计划安排生产,降低能源消耗	
F15	制定安全生产制度,采取防护措施,减少工伤事故	
F16	加强职工培训,提高职工素质,改进产品质量	
F17	增加炉渣细碎机	3.2 万元
F18	增加熟料细碎机	提高产量 5%

2. 备选方案的筛选

(1) 备选方案的初步筛选

审核期间共研制了 13 个无费方案,3 个低费方案,2 个中/高费方案,其中无/低费方案均为明显可行性方案。

(2) 备选方案的筛选

选择 2 个高费方案,从环境效益、经济效益和技术可行性等方面进行进一步的可行性研究。

(3) 备选方案实施效果核算

① 已实施的无费方案。清洁生产审核期间共实施了 13 个无费方案。这些方案的实施每年减少粉尘排放 20t,节电 4.7 万元,经济效益和环境效益均十分明显。

② 已实施的低费方案。清洁生产审核期间共实施了 2 个低费方案,减少了电耗。

六、可行性分析

1. 增加炉渣细碎机

(1) 技术评估

① 方案简述。在现炉渣仓下面,增加一台破碎机,将炉渣粉碎到 10mm 以下

入仓贮存,但必须同时增加一台布袋除尘器。

②技术评估。该方案属于成熟、可行方案,实施后可明显改进产品的质量,提高生产效率,而且方案易于现有的生产工艺相衔接。因此,方案在技术上是可行的。

(2)环境评估

该方案实施后,可增加磨机产量,节约电能,有较好的社会效益和环境效益。

(3)经济评估

方案实施后,可提高水泥磨机产量,按提高磨机产量1%计算,年节电3.6万千瓦时,增加经济效益1.69万元。方案总投资为3.2万元,年运行费用总节省金额1.69万元,偿还期为2年。

2. 增设熟料细碎机

(1)技术评估

①方案简述。在熟料入提升机前,增设一台熟料细碎机,将熟料研碎至0.5mm,可使磨机产量增加5%,扬尘点由原配置电除尘处理。

②技术评估。该方案是成熟技术,投资23万元,年创经济效益10万元,具有很好的社会效益和经济效益。

(2)经济评估

方案总投资费用23.0万元,年运行费用总节省金额22.0万元,投资偿还期为2年。

3. 方案评估结果

通过比较评估结果可知,增加炉渣细碎机方案优于增加熟料细碎机方案,经济效益好,投资少,见效快,而且不影响正常生产,应当首先予以实施。

七、方案的实施

1. 组织方案的实施

方案设计由公司设计院承担;资金落实由财务处落实;设备加工由机修厂加工,验收达标;厂建公司施工,设计院监督;机修厂安装、调试,设备处、水泥厂验收。

2. 评估和汇总已实施方案的成果

水泥厂由清洁生产审核以来,及时地实施了绝大多数无/低费方案和部分经济效益较好的中费方案。13个无费方案年创经济效益5.0万元;3个低费方案年节电创效10万元。

3. 分析总结方案实施后对企业的影响

清洁生产审核期间,实施了16个明显可行性方案,实施方案的技术指标均达到了原设计要求,取得了良好的经济、社会和环境效益。

环境效益:节约用电3.1kWh/t熟料、石膏20kg/t熟料、润滑油0.005kg/t熟料;节电 1.5kWh/t 水泥。

经济效益:节约电耗(熟料)1.46 元/t,节约电耗(水泥)0.71 元/t。

八、持续清洁生产

1. 建立和完善清洁生产组织

通过清洁生产审核,水泥厂审核小组学会了一种提高经济效益和降低粉尘污染的新思维和新方法,为厂方培育了清洁生产人才。清洁生产小组经常性地对职工进行清洁生产教育和培训,对有关工作进行明确的分工,以便有计划地开展清洁生产活动。

2. 建立和完善清洁生产管理制度

清洁生产领导小组针对清洁生产审核期间提出的加强管理、规范操作、严格工艺过程控制等持续的先进方案,成立了长期的清洁生产领导小组和工作小组,制定了管理标准、操作规程和技术规范,并建立和完善了清洁生产奖励机制,充分激励职工的积极性,有效地防止了清洁生产流于形式和走过场。

3. 持续清洁生产计划

企业一方面继续实施本次审核期间所提出的清洁生产方案,另一方面也在接受国内外先进清洁生产经验的基础上,筛选并确定了新一轮的审核重点,力求通过不断地找问题和改进技术管理,使企业管理水平再上一个新台阶,使工艺技术赶超世界先进水平。

第四节　造纸行业清洁生产审核范例

一、企业概况

某板纸厂占地面积 4 万 m², 建筑面积 1 万 m², 总资产 10 236 万元,净资产 5 000万元。主要生产各种规格的 B、C、D 级包装用箱纸板,年产量在 4 万 t 左右。

该厂下设生产科、质量管理科、安全环保科、财务科、企业管理科、供应科、销售科和原料车间、抄纸 1# 车间、抄纸 2# 车间、污水处理厂等 7 个职能部门和 4 个生产车间,有员工 360 人,其中管理人员 21 人,占 5.8%,各类专业技术人员 70 人,占总人数的 19.4%。

产生的主要污染物有废纸分拣出的塑料打包带及其他硬质塑料,烘干工序排放的水蒸汽,圆桶筛选工艺排放的污染物,水力碎浆机排渣,高浓除渣器、跳筛、沉砂盘排放物,生活污水,污水处理厂排放物。该厂现有污水处理厂一处,处理后的水质达到了《污水综合排放标准》,(GB8978—1996)中的二级标准;产生的污泥经污泥处理系统处理后,排放到厂外垃圾厂。

二、清洁生产的实施情况

为了减少污染物的产生量,减轻末端治理负担,改进生产工艺,降低生产成本,提高生产效率,增加经济效益,该厂在外来清洁生产审核专家和造纸行业专家的帮助下,实施了清洁生产审核,从管理技术、技术、工艺流程、设备维护与检修、能耗等方面进行了评估和分析,提出了 36 条清洁生产预选方案。经过进行经济、技术、环境等分析,共研制出 22 个可行性的方案。

通过贯彻边审核、边实施的发展,清洁生产审核期间,及时地实施了部分无低费方案,取得了明显的环境和经济效益。

(1) 已实施的无费方案

清洁生产审核期间,共实施了 9 个无费方案,年增加资金 149.77 万元,减少废水排放量 11 705.17t/a,减少 COD12.5t/a;$SO_2$5.75t/a;烟灰 3.97t/a;渣 35.76t/a。

(2) 已实施的低费方案

清洁生产审核期间,实施了 10 个低费方案,共投资 21.26 万元,年增加经济效益 343.41 万元,减少污水排放量 19.93 万 t。改进生产工艺稳定产品质量,提高生产效率,取得了明显的经济效益。

第五节　印染行业清洁生产审核范例

一、企业概况

某印染厂占地 13 000 m^2,固定资产总值 3 210 万元,流动资产 1 509 万元。年生产坯布 600 多万米,印花布 1 000 多万米。职工总人数 528 人,其中各类技术人员 78 人,占 14.8%。该厂共设 13 个职能科室和生产车间,安全环保科负责全厂的环保工作。

污染物主要有生产废水(染槽洗布废水、印花废水、洗桶废水),织布车间排放的棉纱废物,锅炉车间排放的废气和废渣,生活污水等。企业拥有日处理废水 240t/d 的废水综合处理设施一套,处理的废水可实现达标排放,但处理能力不能满足生产要求,排放废水差异较大。

二、清洁生产的实施情况

为实现污染的源削减,企业清洁生产审核小组同专家小组一起从管理、技术、工艺流程、设备维护与检修、水电汽利用等方面进行攻关,提出了 120 多个预防方案。经专家小组与厂内清洁生产审核小组的筛选和可行性分析,共归纳出 47 个备选方案。清洁生产审核期间及时地实施了部分方案,取得了巨大的环境经济效益。

清洁生产审核期间共实施了 32 个无/低费方案,正在实施一个高费方案,实施方案的技术指标均达到了原设计要求,获得了巨大环境经济效益。

环境效益:每天可减少浆料排放 24.6kg、色浆增稠剂和黏合剂 240kg、固体废物 17.975kg、新鲜水用量 315.37t、废水排放量 315.37t。

经济效益:年增加净收益 145.97 万元。其中,降低原材料费用 18.46 万元,减少能源费用 29.95 万元、水费 1.69 万元、污染控制费 91.05 万元。

参 考 文 献

[1] 王学军,何炳光,赵鹏高等.清洁生产概论.北京:中国检察出版社,2000.61~332

[2] 周律.清洁生产.北京:中国环境科学出版社.2000.49~84

[3] 石磊,钱易.国际推行清洁生产的发展趋势.中国人口·资源与环境,2002,12(1):64~67

[4] 布莱恩(新西兰).肉类加工厂的环境实践——新西兰经验.产业环境,2000,22(2):41~44

[5] 何炳光.加拿大污染预防联邦行动战略.中国能源,2002,(04):26~29

[6] 王汉臣,冯良.清洁生产案例选编与分析.北京:中国检察出版社,2000.201~213

[7] 王守兰,武少华,万融等.清洁生产理论与实务.北京:机械工业出版社,2002.22~83

[8] 王新荣.推行清洁生产,走工业与环境持续发展道路.陕西环境,1995,2(2):3~5

[9] 田立江,李英杰,李多松.清洁生产审核过程中应注意的几个问题.环境科学与技术,2004,27(3):92~93

[10] 田立江,李英杰,李多松.论企业持续清洁生产.污染防治技术,2003,16(3):74~77

[11] 史捍民.企业清洁生产实施指南.北京:化学工业出版社,1997.17~96

[12] 曹磊.简述国内外污染预防和清洁生产.甘肃环境研究与监测,1997,10(1):28~31

[13] 刘青,吕航.末端处理与清洁生产的比较评述.环境污染与防治,2000,22(4):34~36

[14] 刘颖辉."末端治理"和"清洁生产".中国环保产业,2002,6:14~15

[15] 李进.企业实施清洁生产的意义.中国环保产业,2004,4:30~31

[16] 李有润,沈静珠.生态工业与生态工业园区的研究与进展.化工学报,2001,52(3):189~192

[17] 段宁.清洁生产、生态工业和循环经济.环境科学研究,2001,14(6):1~5

[18] 余德辉,王金南.发展循环经济是21世纪环境保护德战略选择.环境保护,2001,10:37~38

[19] 张凯.全面小康社会与环境保护.北京:中国环境科学出版社,2004.71~77

[20] 张凯.循环经济理论研究与实践.北京:中国环境科学出版社,2004.3~23

[21] 王金南.环境经济学——理论·方法·政策.北京:清华大学出版社,1994.55~152

[22] 李克国.环境经济学.北京:科学技术文献出版社,1993.35~283

[23] 张帆.环境与自然资源经济学.上海:上海人民出版社,1998.36~265

[24] 张兰生,周福祥等.实用环境经济学.北京:清华大学出版社,1992.30~390

[25] 张象枢,魏国印,李克国.环境经济学.北京:中国环境科学出版社,1994.30~85

[26] 曹瑞钰.环境经济学.上海:同济大学出版社,1993.140~232

[27] 程福祐.环境经济学.北京:高等教育出版社,1993.125~234

[28] 朱善利.微观经济学.北京:北京大学出版社,1994.20~405

[29] 宋承先.现代西方经济学(微观经济学).上海:复旦大学出版社,1994.65~405

[30] 郭伟和.福利经济学.北京:经济管理出版社,2001.35~130

[31] 沈满洪.论环境经济手段.经济研究,1997,10:54~61

[32] 杨云彦.人口、资源与环境经济学.北京:中国经济出版社,1999.65~400

[33] Allan A J, Leif H B et. al.. Life Cycle Assessment—a guide to approaches, experiences and information sources. Copenhagen: European Environment Agency, 1998. 15~30

[34] Thomas E. Product Life Cycle Assessment—Principles and Methodology. Copenhagen: Nordic Council of Ministers, 1992. 15~45

[35] 孙启宏.生命周期评价在清洁生产领域的应用前景.环境科学研究,2002,15(4):4~6

[36] 施耀等.21世纪的环保理念——污染综合预防.北京:化学工业出版社,2002.20~129

[37] 王如松,杨建新.产业生态学和生态产业转型.世界科技研究与发展,2000,22(5):24~32

[38] 邓南圣,吴峰等.工业生态学——理论与应用.北京:化学工业出版社,2002.135~194

[39] 刘佛翔,张欣.论工业技术生态化.科学管理研究,2001,19(1):26~28

[40] Suren E,Ramesh R.工业生态学:一种新的清洁生产战略.产业与环境,2002,24(01-02):64~67

[41] Graedel T E,Allenby B R.产业生态学(第2版).施涵译.北京:清华大学出版社,2004.18~21

[42] 朱慎林,赵毅红,周中平编.清洁生产导论.北京:化学工业出版社,2001.20~130

[43] 李立峰,张树深.清洁生产定量评价方法的研究与应用.化工装备技术,2003,24(1):49~53

[44] 魏宗华.工业企业清洁生产评估指标的研究.环境保护,2000,5:22~24

[45] 贾爱娟,靳敏,张新龙.国内外清洁生产评价指标综述.陕西环境,2003,10(3):31~35

[46] 陈平.清洁生产指标评价方法.化工环保,2004,24(1):55~57

[47] 熊文强等.生产清洁度讨论.重庆环境科学,1999,21(5):4~5

[48] 郑建青.清洁产品的设计综合评价研究.科技进步与对策,2000,3:101~102

[49] 朱国伟,陈锦伦.第三产业清洁生产指标体系.污染防治技术,2002,15(1):31~34

[50] 胥树凡.建立与完善清洁生产环境标准体系.中国环保产业,2002,12:8~9

[51] 石磊,施汉昌,钱易.清洁生产技术框架探讨.化工环保,2002,22(2):97~101

[52] 石磊.浅议清洁生产技术.产业与环境,2003,增刊:27~29

[53] 沈晟,罗卫红.清洁能源技术的发展与前景.能源工程,2002,2:18~21

[54] 阮燕良.谈清洁生产与节能.能源与环境,2004,1:60~61

[55] 张天孙.清洁能源与煤的清洁燃烧.电力学报,2003,18(3):173~175

[56] 朱国伟,曲福田.中国清洁能源计划的思考.生态经济,1999,2:52~53

[57] 陈学俊.能源工程的发展和展望.世界科技研究与发展,2004,26(1):1~6

[58] 中环.环境标志推动绿色产品大潮.中国农村科技,2004,3:49~50

[59] 王峰.建立中国绿色包装体系之我见.环境保护,1999,4:40~42

[60] 刘昌勇,吕宏艳.浅析我国绿色产品市场.价格与市场,2002,6:28~29

[61] 孙玲.拓展绿色产品营销通道.湖南财经高等专科学校学报,2004,1:80~82

[62] 任健.绿色产品———一个亟待开发的新领域.经济论坛,1995,8:7~8

[63] 吉福林.绿色产品经营浅论.企业经济,2002,1:103~104

[64] 陈敏.绿色产品实施战略研究.机械设计,2003,2:1~2

[65] 杨平.跨越技术贸易壁垒,扩大绿色产品出口.经济问题探索,2003,8:74~76

[66] 陆满平.绿色产品价格.价格月刊,1997,9:12~13

[67] 郭从彭.绿色产品·绿色标准·绿色壁垒.标准化报道,1997,2:3~9

[68] 贺晓霞,刘峰.绿色产品监测的法制建设.中国人口·资源与环境,2003,5:98~101

[69] 袁凤.IPP——欧盟绿色产品战略.企业标准化,2004,2:31~33

[70] 隋丽辉,邵弘.21世纪绿色产品的打造.科技与管理,2003,4:14~18

[71] 崔鹤同,稽维柏.绿色消费·绿色产品与绿色营销.中国标准化,2001,4:7

[72] 彭峰.发展绿色产品·应对绿色壁垒.中国环保产业,2002,10:46~47

[73] 蓝楠,兰霞.加入WTO后我国绿色产品开发的对策研究.中国环保产业,2002,8:46~47

[74] 雷鸣,廖柏寒.迎接入世,打造绿色产品.中国环境管理,2003,1:35~37

[75] 潘润泽,王永刚,高清海.试论培育绿色产品市场的策略.环境科学动态,2004,2:44~45

[76] Boons F. Greening products: a framework for product chain management. Journal of Cleaner Production, 2002,10:495~505

[77] V.N. Bhat.美国绿色产品开发规划.宣文译.科学学与科学技术管理,1994,8:41~42

[78] 王毅,陈劲,许庆端.基于生命周期的生态设计探讨.中国软科学,2000,3:117~119

[79] 刘远航.生态设计、绿色产业与循环经济.上饶师范学院学报,2003,23(3):88~91

[80] 杨建新.产品生态设计的理论与方法.环境科学进展,1999,7(1):67~72

[81] 苗泽华.浅谈工业企业产品生态设计与规划.生态经济,2001,6:47~48

[82] 徐可.企业市场营销的生态设计策略.环境保护,2000,12:40

[83] 耿勇.生态设计策略研究.中国软科学,2003,1:82~87

[84] 席德立.清洁生产和产品的生态设计.上海环境科学,1994,13(12):3~12

[85] 刘志峰,宋守许.绿色产品制造技术——清洁生产.机械科学与技术,1996,5(3):419~422

[86] 肖天存,王光和.无费低费方案的实施是清洁生产成功的关键.化工环保,1997,1:41~45

[87] 宋世伟.清洁生产技术方案综合评价方法初探.环境保护科学,1999,25(1):16~21

[88] 周长江,袁谋.油田清洁生产培训教材.东营:胜利石油管理局,胜利油田有限公司,2003.102~185

[89] 国家环境保护局.企业清洁生产审计手册.北京:中国环境科学出版社,1996.4~10

[90] 高广生.中国推行清洁生产探讨.中国人口-资源与环境,1995,5(2):34~39

[91] 雷恩范伯克(荷兰).清洁生产评价原理及其在食品加工业中的应用.产业环境,1996,18(1):8~15

[92] 魏宗华.清洁生产是我国工业持续稳定发展的必由之路.环境工程,12(5):56~59

[93] 宋国勇.清洁生产对环境政策的要求.辽宁城乡环境科技,2004,24(1):52~53